U0192422

人工智能新质生产力理论与实践丛书

多模态人工智能

大模型核心原理与关键技术

王金桥 著

電子工業出版社
Publishing House of Electronics Industry
北京•BEIJING

内 容 简 介

本书是一本人工智能通识课程教材，它系统地介绍了多模态人工智能的基础理论、关键技术及应用场景，深入分析了多模态学习、多模态训练、多模态大模型、多模态理解、多模态检索、多模态生成、多模态推理、多模态交互、多模态模型安全与可信等核心技术，旨在为读者提供一个清晰、全面的多模态人工智能的知识框架，从而帮助读者更好地理解和应用多模态人工智能技术。本书的出版有助于培养人工智能领域的科技人才，推动新质生产力发展，为建设科技强国提供支撑。

本书适合高等院校计算机科学与技术和人工智能等专业的本科生、研究生阅读，也可供对多模态人工智能技术感兴趣的工程师和研究人员参考。

图书在版编目（CIP）数据

多模态人工智能 : 大模型核心原理与关键技术 / 王金桥著. -- 北京 : 电子工业出版社, 2024. 8. -- (人工智能新质生产力理论与实践丛书). -- ISBN 978-7-121-48319-6

Ⅰ. TP18

中国国家版本馆 CIP 数据核字第 2024MG5902 号

责任编辑：刘　皎
文字编辑：李利健
印　　刷：天津裕同印刷有限公司
装　　订：天津裕同印刷有限公司
出版发行：电子工业出版社
　　　　　北京市海淀区万寿路 173 信箱　　邮编 100036
开　　本：720×1000　1/16　印张：16　字数：277.2 千字
版　　次：2024 年 8 月第 1 版
印　　次：2024 年 12 月第 4 次印刷
定　　价：100.00 元

凡所购买电子工业出版社图书有缺损问题，请向购买书店调换。若书店售缺，请与本社发行部联系，联系及邮购电话：（010）88254888，88258888。

质量投诉请发邮件至 zlts@phei.com.cn，盗版侵权举报请发邮件至 dbqq@phei.com.cn。

本书咨询联系方式：faq@phei.com.cn。

前　言

在人工智能的浪潮中，多模态学习作为一颗冉冉升起的新星，正引领着技术的未来。以 ChatGPT 为代表的人工智能技术，给我们的方方面面带来了深刻的影响。越来越多的人对这项人工智能技术产生兴趣，同时受限于技术的鸿沟而难以学习、理解。我们希望通过本书，结合多模态人工智能理论的前沿进展，为读者提供一个全面的学习和研究指南。

多模态人工智能是研究、开发用于模拟、延伸和扩展类人的多模态智能的理论、方法、技术及应用系统的一个重要的研究方向。视觉、听觉、触觉、嗅觉、味觉是人类拥有的 5 种感知觉，每种感知觉都为我们提供了世界独特的信息。虽然这 5 种感知觉各不相同，但我们对周围世界的感觉却是统一的多感觉体验。人类可通过多种感知觉获得对物理世界的统一的多模态的体验。

当今时代，多模态人工智能已成为人工智能领域的重要研究热点。这一技术融合了多种模态数据，如文本、图像、音频和视频等，使机器能够更好地理解和处理复杂的信息。因此，对多模态人工智能的研究具有重要的科学意义和广泛的应用价值。多模态人工智能模型通过学习来源更广的知识，正逐步展现出超越人类在速度和效率上的理解与生成能力。这种技术已经在智能驾驶、医疗健康、娱乐等多个行业得到实际应用，并且正在加快技术创新的步伐，成为推动各行各业进步的重要动力。我们相信，随着模型和算力的发展，多模态人工智能模型会像智能手机一样成为扩展、改造人类生产和生活的必备工具。

本书详细介绍了多模态人工智能的基础理论，旨在为读者提供一个清晰、全面的多模态人工智能的知识框架。本书章节顺序的设计，希望以最直观、最系统的方式展现多模态人工智能的全貌。我们从基础知识的铺垫开始，逐步深入模型构建的核心技术，最后探讨模型的安全性和未来发展方向，以此确保读者能够按照具有一定逻辑的学习路径，逐步深化理解。

全书共 12 章，主要围绕多模态人工智能模型的构建和评估展开介绍。

第 1 章和第 2 章：介绍多模态大模型的基础知识与发展历程，让读者对多模态人工智能有初步了解。

第 3 章至第 10 章：分别从多模态学习、多模态训练、多模态大模型、多模态理解、多模态检索、多模态生成、多模态推理和多模态交互 8 个方面系统介绍多模态人工智能模型的特点，以及后续的改进工作。这些内容在构建多模态人工智能方面起着至关重要的作用。

第 11 章和第 12 章：探讨多模态模型的安全与可信问题，以及未来发展方向。

本书适合高等院校计算机科学与技术和人工智能等专业的本科生、研究生阅读，也可供对多模态人工智能技术感兴趣的工程师和研究人员参考。我们希望读者能够从中获得有关多模态人工智能的基础知识，从而更好地应用多模态人工智能技术解决实际问题。

作　　者

提示：为方便查阅资料，读者可用微信扫描封底“读者服务”处的二维码，按提示说明，获取本书参考文献。

目　录

第 1 章 绪论

1.1 引言

人工智能（Artificial Intelligence，AI）是以计算机科学为基础，由计算机、心理学、哲学等多学科交叉融合的一门新兴学科，用于模拟、延伸和扩展人类智能的理论、方法、技术及应用系统。几十年来，人工智能取得了长足的进步，技术的快速发展引领着我们进入了一个宽领域自动化的时代。近年来，机器学习领域在从图像识别到自然语言处理等不同方面取得了重大进展。然而，这些模型大多聚焦于单模态、单任务的学习，即通过单个类型数据的监督学习来完成某一项任务，例如，图像识别、文本翻译或语音合成。相比之下，真实世界的数据通常来自多种模态，如图像和文本、视频和音频，或多个来源的传感器数据。在这个过程中，多模态人工智能崭露头角，成为人工智能技术创新的一个重要方向。在本章中，我们将介绍多模态人工智能的基本概念、发展历程和应用现状，对该领域有一个基本的理解。

想象一下：你做了一个美好的梦，醒来之后试图用文字来描述这个梦境，你竭尽所能地记录下了足够多的细节，可是文字终究是单调的，无奈自己又不会画画或不愿大费周章。此时，你想到用多模态人工智能：通过对画面的文字描述，用扩散模型（Diffusion Models）[4]生成一幅细节丰富、内容逼真、符合描述的图画（见图 1-1）。于是你见到了梦中情人、父母年轻时的模样、铁马冰河等，人工智能绘画工具不仅使普通人的艺术创作变得更容易，也为专业艺术家提供了快速创作和验证想法的工具，同时还催生了 AI 画家这一新兴职业。

图 1-1　使用 KOSMOS-G 模型[1]进行图文组合创作

你还可以想象一下：你要求人工智能为你设计一个 7 天的旅游攻略。模型通过在线搜索各大社交软件、购票订房软件、百科知识，为你设计了详细且可行的衣食住行和游玩日程，并为你提供了酒店、餐厅、景点丰富的配图，以及选择理由和背景介绍。你也可以事先为旅行设置一个预算，模型可以随时根据预算重新设计整个攻略。

多模态人工智能也可以作为生活的辅助感官。设想一下智能眼镜加入手语生成功能，一方面，将实时听到的对话生成文字和手语动作并显示在镜片上，另一方面，将手语翻译成文字和语音，从而实现听障人士与非听障人士之间自然、无缝的沟通。

这些美妙的设想生动地展现了多模态人工智能如何贴近生活，为我们的日常带来了更加智能和便捷的体验。在这个激动人心的时代，多模态人工智能正在以令人惊叹的方式点亮我们生活的方方面面。

1.2　基本术语

1.2.1　传感器

在人工智能的发展历程中，传感器扮演了关键角色。传感器是能够感知和测量现实世界物理量的设备，它们是连接物理世界与数字世界的桥梁。传感器可以感知光、声音、温度、压力等多种信息，它们已经广泛地存在于各种产品中，如用相机拍摄照片、视频，用激光雷达收集三维空间信息，用传声器（俗称麦克风）录制音频，用卫星导航系统收集运动轨迹信息，用智能穿戴设备收集睡眠、心率、体温等信息。传感器为人工智能系统提供了丰富的数据源，使得模型能够更全面地理解世界，然后进行推理、决策，最终实现对世界的改造。

1.2.2　模态

模态是指感知事物和表达信息的方式，每一种信息的来源或者形式都可被称为一种模态。就像人有触觉、听觉、视觉、嗅觉等多种模态信息一样，我们通过传感器获取的信息有音频、视频、文字等。其中的每一种都可被称为一种模态，同时模态也可以有更加广泛的定义，比如，我们可以把两种不同的图像来源（可见光和近红外光）作为两种模态，也可以把两种不同的语言作为两种模态。

1.2.3　多模态

多模态是指通过多种不同的感知通道来获取和表达信息。通常，多模态包含两个或者两个以上不同形式的模态，这意味着它可以从多个视角对事物进行描述。人们在日常生活中经常使用多模态来理解和表达信息。例如，在交流的时候，我们会听到对方讲话，同时会观察对方的表情、动作，这些可以帮助我们更好地理解对方想表达的意思。又如，在浏览文章的时候，我们不仅会看到文字，还会看到插图、表格等信息，这些都能帮助我们理解文章的内容。

下面通过几个场景实例阐述实际应用中可能使用到的多模态数据。

（1）自动驾驶的多模态数据

自动驾驶的多模态数据涵盖了“天—地—车”一体的多种传感器的信息。车载摄像头捕捉道路、车辆和行人的图像，为车辆提供实时的视觉信息；雷达点云提供障碍物的距离和形状；超声传感器探测车辆周围的近距离物体；卫星定位信号提供位置信息和运动轨迹；高精度地图提供路况的详细信息；IMU 和里程计记录车辆的运动状态；方向盘操作反映了驾驶员的意图等。这些数据相互交织，构成了车辆全面感知的基础。

（2）医疗多模态数据

医疗领域的多模态数据来自多种多样的诊断技术。

医学影像数据：医学影像是医疗领域中最常见的多模态数据之一，包括 X 射线、计算机断层扫描（CT）、磁共振成像、超声波等。这些图像数据提供了关于患者器官结构和功能的丰富信息，可用于疾病诊断、治疗规划和监测疾病进展。GPT-4V[2]基于医学影像做出诊断如图 1-2 所示。

输入：看看下图中肺部的 CT 影像，告诉我出了什么问题。

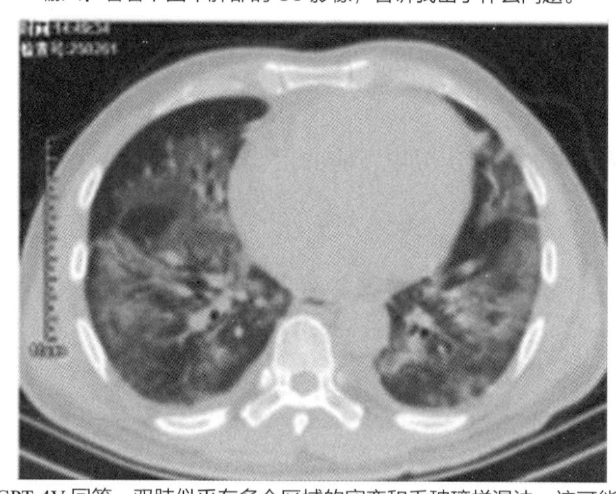

GPT-4V 回答：双肺似乎有多个区域的实变和毛玻璃样混浊，这可能是肺部感染或炎症。在右上肺叶处可能有一个肿块或结节，需要进一步评估和根据临床相关性来进行确切的诊断。

图 1-2　GPT-4V 基于医学影像做出诊断

临床记录和报告：包括患者的电子健康记录、实验室报告、手术记录等。这些文本数据中包含了患者的病史、症状描述、医生的诊断和治疗建议等信息。结合图像数据，能够提供更全面的患者信息。

生物信号数据：涵盖了患者的生理参数，如心电图、脑电图、体温、血压等。这些数据能用于监测患者的生理状态、识别异常情况和评估治疗效果。

基因组学数据：随着基因测序技术的发展，基因组学数据成为医疗领域中的重要组成部分。通过分析基因组学数据，医生可以了解患者的遗传背景，个性化地制定治疗方案。

语音和文字数据：医疗记录、患者访谈、医生的语音记录等属于语音和文字数据。这些数据可以用于自然语言处理任务，帮助提取关键信息并支持医疗决策。

综合利用这些多模态数据，医疗研究人员和临床医生可以更全面、深入地了解患者的健康状况，提高疾病诊断的准确性，实现个性化的医疗服务。然而这也带来了数据融合和交叉学科合作的挑战，需要先进的多模态人工智能方法来有效地处理和分析复杂的医疗数据。

（3）工业物联网数据

工业物联网（IIoT）领域的多模态数据通常指由多种类型工业传感器监控产生的数据。工业物联网系统广泛应用于制造、能源管理、设备监控等领域，以提高生产效率、降低成本，并实现更智能的运营。以下是工业物联网领域中常见的多模态数据来源。

传感器数据：在工业物联网中使用各种传感器，包括温度传感器、湿度传感器、压力传感器、加速度传感器、声音和振动传感器等。这些传感器产生的数据可以提供关于设备状态、环境条件和生产过程的丰富信息。通过融合这些传感器数据，企业可以实时监测设备的运行状况，预测可能的故障并进行相应的维护。

视频监控：工业场所通常部署摄像头进行监控，以确保工作区域的安全性、监测设备的运行状态和记录事件。视频数据可以提供对生产线、工人行为和设备操作的视觉理解，有助于提高生产过程的可视化程度和安全性。

设备日志和报警数据：工业设备生成详细的日志和报警信息，包括设备的运行日志、报警信息、故障代码等。整合这些数据可以帮助企业分析设备的历史运行状况，预测潜在的故障，并采取预防性措施。

RFID 技术：射频识别（RFID）技术常用于跟踪和管理物流、库存和生产流程。通过 RFID 标签，企业可以实时追踪物体的位置和状态，提供实时的物流和生产链路信息。

通过综合利用这些多模态数据，工业企业能够实现智能化的生产和运营，提高生产效率、降低维护成本，并优化供应链管理。然而，有效处理和分析这些多样化的数据源也带来了数据整合、安全性和隐私保护等方面的挑战，这需要先进的数据分析技术和智慧大脑来综合应对。

1.2.4 算法模型

多模态人工智能的基础是多模态算法模型，而主流的单模态算法模型是由深度学习、计算机视觉、自然语言处理发展出来的神经网络模型。目前，研究人员通过组合或者扩展单模态算法模型，并设计跨模态生成模型，得到了多模态大模型。

使用最广泛的自注意力神经网络架构[5]的模型可以作为通用架构来理解序列数据和关系数据，如转化为特征向量的图像、文本、语音等数据；卷积神经网络（CNN）能够从二维图像 RGB 空间提取出特征向量；循环神经网络（RNN）对于序列数据和文本处理任务很有效；图神经网络（GNN）适用于处理图数据，如社交网络、知识图谱等，可以应用于整合图像、文本和其他类型的信息；生成对抗网络（GAN）是一种用于生成逼真数据的模型，它适用于多模态生成任务，如图像生成和文本生成；扩散模型适合生成高分辨率、高质量的图像。

算法模型的选择取决于任务的性质和模态。除了基础框架的选择，如何将不同模态的语义空间对齐（相互理解），并巧妙地结合不同模态的模型，是多模态算法的研究重点。

1.2.5 表征学习

表征学习（Representation Learning）的目标是从原始数据中学习出简要的嵌入（Embedding）表示，帮助系统理解数据的内容，从而使模型具有多模态理解和输出能力。多模态特征表示则是在此基础上，结合来自不同模态（如视觉、语言等）的信息，以获得更丰富和互补的数据理解。它通常采用联合表示和独立表示两种形式，联合表示是将多个模态的信息一起映射到一个统一的多模态向量空间，从而使语义相近的不同模态的信息具有相近的特征表示，即“模态对齐”；独立表示则是将每个模态分别映射到各自的表示空间，在多模态任务中通过模型算法将不同的模态结合使用。相关内容参见 1.2.9 节的介绍。

1.2.6 语义理解

多模态语义理解是指对不同模态进行独立的理解、分析。例如，在处理图像和文本两种不同类型的数据时，多模态算法模型首先需要对这两种数据分别进行独立的语义理解，然后将获得的信息进行综合，得到一个结合两者内容的输出。这通常涉及使用不同的算法、编码器进行特征提取、表示学习和语义理解。

1.2.7 迁移学习

多模态迁移学习是迁移学习的一种形式，其特点是在不同的模态（如图像、文本、语音等）之间共享知识，以提高执行目标任务的性能。其核心是学习一个共享的表示，使得不同模态的数据可以映射到共同的表示空间。因此，对齐和融合是多模态迁移学习的关键技术。例如，在视觉问答（Visual Question Answering，VQA）任务中，模型需要理解图像中的内容，并回答与图像相关的问题。模型基于从海量图像和文本等多模态数据中学习共享的特征，从输入图像中学到物体的视觉表示，并将这些表示与问题文本关联，提高对问题的理解和回答的准确性。

1.2.8 内容生成

多模态内容生成是指根据某一种或多种模态数据，生成另外一种或多种模态数据。单模态的跨模态生成包括图像—文字、文字—图像、文字—音频、音频—文字、文字—手语等领域。多模态—单模态或多模态—多模态的生成需要使用模态融合技术或模态对齐技术，例如，将文字和图像的信息融合在一起，生成与文字和图像相关的新图像（见图 1-3）。在知识图谱的生成过程中，可以使用多模态生成技术将不同模态的数据（如图像、文本、语音等）融合在一起，生成具有丰富语义信息的知识图谱，用于智能问答、推荐系统等领域。

输入：<图片> 你可以把图中穿蓝色衬衫的女士分割出来吗?

输出：当然可以，请看<分割图>。

图 1-3　LISA 模型[3]同时生成文字和分割图

1.2.9　模态融合

模态融合的目的是将不同模态的输入信息进行整合，以实现多模态的特征提取。例如，将从图像和文本数据中提取出的特征拼接在一起，作为大语言模型的输入，通过监督训练使模型理解两种模态信息。需要注意的是，模态融合并不要求不同模态的语义空间进行对齐，它强调的是模型具备了同时接收不同模态信息的能力，并在模型内部进行联合计算后输出一个包含多模态信息的结果。

1.2.10　模态对齐

模态对齐旨在建立对不同模态的共同理解，它通常将不同模态的语义空间进行对齐，即在提取含义相近的不同模态数据的特征后得到相近的特征向量。其算法原理可分为显式对齐和隐式对齐。

显式对齐是指模型训练的一个目标函数就是不同模态数据的对齐程度。例如，CLIP[6]使用一个双塔结构（编码器），其中图像塔和文本塔分别处理图像和文本数据。在训练过程中，输入数据为语义相关的图文对，CLIP 通过最小化图像塔和文本塔之间的余弦相似度来学习图像和文本之间的映射关系。通过显式模态对齐，图像和文本能够共享一个特征空间，从而实现跨模态检索和识别等功能。

隐式对齐不是直接将两个模态的语义空间进行对齐，而是将这种对齐过程作为另一个任务的中间步骤。例如，LLaVA[7]使用简单的连接层将通过图像塔提取的特征映射到大语言模型的输入空间，随后语言模型结合文本指令和映射后的图像特征，输出有关图像内容的回答。经过监督学习，最终语言模型能够理解映射后的图像特征。

多模态人工智能中的“模态理解”、“模态融合”和“模态对齐”是相互关联的。模态理解是基础，它负责对不同模态的数据进行独立的理解和分析；模态融合是在模态理解的基础上进行的，它通过同时使用不同模态的数据来获得更丰富、更全面的信息；模态对齐则是连接不同模态数据的桥梁，它使得不同模态的数据可以相互映射和交互，从而在更广的范围内实现信息共享和传递。

1.2.11　多模态学习

多模态学习是一个综合性的概念，指使用大规模的多模态数据进行模型训练，得到一个具有强大泛化能力的智能系统。模型训练方法主要继承自计算机视觉和自然语言处理的深度学习基础，同时发展了多模态的训练方法和超大规模数据处理方法。多模态学习开创了丰富多彩的内容生成领域，其学习方法也在与时俱进。

以上这些概念共同构成了多模态人工智能的基本要素，在实际应用中，这些概念相互交织，形成了一个整体的多模态智能系统。

1.3　发展历程

单模态人工智能的发展历程可以追溯到 20 世纪 50 年代 Frank Rosenblatt 提出的感知机（Perceptron），经过玻尔兹曼机、非深度学习、卷积神经网络、循环神经网络等不同架构，直到 2017 年 Transformer 架构和随后 Vision Transformer（ViT）[8]的提出，模型结构趋于统一，人工智能对于输入信息的理解能力逐渐成熟。

随着 Transformer 模型的成功应用，大语言模型开始成为研究的热点。2018 年，OpenAI 发布了 GPT 系列模型，实现了对自然语言生成和理解的强大能力。GPT 系列模型通过大量的语料库进行训练，学会了生成人类语言的强大能力。随后，其他机构也相继发布了类似的大语言模型，如 BERT[9]、RoBERTa[10]等。

在这些大语言模型的基础上，研究人员开始探索如何将多模态数据和大语言模型进行融合。2020 年，谷歌发布了 CLIP 模型，实现了文本和图像的显式模态对齐。基于对齐的编码空间，研究人员发明了诸多生成模型（解码器）。在图像生成领域最近的一个值得关注的贡献是扩散模型，它在训练时逐步向图像添加噪声，然后要求模型逐步去噪，最终实现了高质量、高分辨率的图像生成效果。通过模态对齐和交叉注意力机制，可以将文本作为输入条件，控制图像生成的内容。

2023 年提出的 BLIP-2[11]、LLaVA 通过轻量化的连接层，更有效地将图像特征输入大语言模型，从而利用大语言模型的强大能力进行图像理解和推理。

总之，多模态人工智能是当前人工智能领域的重要发展方向之一。通过将不同类型的数据和信息进行融合和处理，多模态人工智能可以实现更准确、更全面的理解和应用。随着技术的不断进步和应用场景的不断扩展，多模态人工智能将会在更多领域得到应用和发展。

1.4 应用现状

多模态人工智能在各个领域都展现出强大的应用潜力，为人们的生活和工作提供了巨大的便利，同时也创造了社会生产力，赋能千行百业。

1. 跨模态搜索

跨模态搜索是基于模态对齐能力，实现更便捷、更全面、更准确的搜索。跨模态搜索的起点通常是一个查询模态，比如文本查询、图像查询或语音查询。查询模态是搜索任务的初始触发点，其终点是一个或多个模态，从中寻找与查询信息关联度高的内容。例如，在相册检索中，用户可以通过输入文字描述或者上传图片，搜索内容相关的图片或视频。跨模态搜索的技术基础是模态对齐，在共享语义空间中进行相似性查询。

2. 跨模态推荐

跨模态推荐是指在不同模态的数据之间进行任务推荐，包括推荐系统首先从一个或多个模态的数据中得到用户的历史喜好信息，然后在其他模态的数据中为用户提供个性化的推荐。这种任务通常涉及多种类型的数据。例如，根据用户看过的电影推荐相关的商品、图书和旅游目的地。

3. 跨模态问答

跨模态问答是指利用多模态人工智能技术回答用户的问题。用户要求模型综合理解相关的图像、视频、文本等内容，如图像中的物体信息、位置信息、数字信息、背景故事等，模型根据综合信息进行逻辑推理，给出符合用户要求的回答。典型的问题有“这个电影适合孩子看吗”“图像中有几个苹果”“这些人在干什么”“统计手账中列出的总开销并分析消费偏好”等。

4. 跨模态生成

跨模态生成领域的发展使得计算机能够生成具有多模态的内容，输入可以是结合文本、图像、结构图等信息的多模态内容，从而向模型提出更准确的要求。生成任务有：为图像添加注解文字、根据文字信息进行绘画、按照骨架图或草图生成图像、为图片换一种风格、为人物更换表情或服装等。

5. 跨模态融合

跨模态融合是指将来自文本和图像的信息进行组合，使模型能够分析图像的描述信息，从而定位物体和分析场景，进而可以回答文本中提出的问题。在视频分析等应用中，整合来自音频和视频的信息可以产生更强大的模型。如在智能监控系统中，模型可能使用音频线索来增强对视觉场景的理解。在医疗健康领域，跨模态方法涉及整合来自医学图像、患者记录、生理监测信息等。这种整体视图可以帮助模型得出更准确的诊断和个性化的治疗方案。在教育环境中，模型可以自动生成教案、配图，甚至设计题目和答案。

6. 智能驾驶

智能驾驶是多模态人工智能的典型应用，通过整合来自多种传感器的信息，实现车辆在复杂的交通环境中的自主导航。多模态人工智能在智能驾驶领域的应用主要集中在以下几个方面。

感知和识别：多模态融合感知和识别车辆周围的环境，包括道路、车辆、行人、交通信号灯等，从而为决策提供依据。

行为理解和预测：分析司机意图、对车辆周围的人和物的行为进行理解和预测，为自动驾驶决策提供丰富的依据。

场景理解和语义分割：对图像和视频等数据进行深度学习，实现场景理解和语义分割，从而为自动驾驶车辆提供更准确的环境信息。

决策和规划：基于多模态信息，结合大语言模型、强化学习等技术，实现准确、安全的决策和规划。

7. 虚拟主播

虚拟主播是指通过人工智能技术和 3D 建模技术，将虚拟主播打造成为一个具有人类形象、语音和动作的数字化形象，从而实现其在网络直播、视频平台等多种场景下的直播表演。多模态人工智能技术可以用于实现虚拟主播的语音识别、语音合成等功能，也可以实现对真人的肢体动作进行捕捉、模拟和风格化，从而实现虚拟主播的动态表现。

1.5 小结

多模态人工智能正在成为推动技术进步的重要动力。通过学习来源广泛的知识，多模态人工智能正逐步展现出超越人类在速度和效率上的理解和生成能力。目前多模态人工智能技术已经初步在智能驾驶、医疗健康、娱乐等领域取得了广泛应用。我们相信，随着模型和算力的发展，多模态人工智能模型会像智能手机一样成为扩展、改造人类生产和生活的必备工具之一。

在本书中，我们将深入探讨多模态人工智能的理论基础、关键技术和应用前景，旨在为读者提供全面且深入的理解。通过对多模态人工智能的系统性介绍，我们将为读者搭建起这一领域的基础知识框架，帮助读者更好地理解和应用多模态人工智能技术。

第 2 章 基础知识

机器学习是实现人工智能的一个重要技术途径，它通过算法让计算机系统利用数据进行学习和改进，最终实现预测或决策的能力。本章将深入探讨人工智能的基础知识，包括传统机器学习、深度学习、优化算法和应用领域等。通过对本章的学习，读者将对人工智能的基础知识有一个全面的了解，为进一步深入学习和应用人工智能技术打下坚实的基础。

2.1 传统机器学习

在人工智能这个日新月异的领域中，了解传统机器学习是迈向深入理解的第一步。本节将带领读者探讨传统机器学习的基础知识，包括模型评估与选择、线性模型的简单使用、分类与回归的关键概念等。本节将为读者打开人工智能的大门，揭示背后的原理和方法，为接下来更深层次的学习奠定坚实的基础。通过了解这些基础概念，读者将能够理解机器学习在实际应用中的威力，并为探索更先进的技术做准备。

2.1.1 模型评估与选择

在机器学习中，误差（error）指的是模型的预测与真实值之间的差异，而经验误差（empirical error）与泛化误差（generalization error）是两个至关重要的概念。根据训练数据优化得到的模型可能在这批数据上表现非常出色，即模型在已知数据上的误差非常低，这就是我们所谓的经验误差。然而，机器学习的终极目标是在未知数据上表现良好，而不仅仅是在训练数据上，这引出了泛化误差的概念。泛化误差是模型在未知数据上的表现，它衡量了模型的泛化能力。一个可以投入实际应用的模型应该能够对新数据做出准确的预测，而不仅仅是记住训练数据。

模型的泛化误差高通常涉及过拟合（overfitting）和欠拟合（underfitting）两种情况。发生过拟合的情况是模型对训练数据过于敏感，以至于学到了数据中的噪声和细节，而无法很好地泛化到新数据。这就好比一个学生死记硬背了所有问题的答案，但并没有真正理解问题的本质，因此，在面对新问题时无法正确回答。在机器学习中，该情况通常会直观地表现为训练误差低但泛化误差高。相反，欠拟合则是指模型没有很好地捕捉到训练数据的特征，导致在训练数据上的表现和泛化能力都较差。这可以类比为一个没有认真学习的学生，对很多问题都一无所知。欠拟合的一个直观的表现是训练误差与泛化误差都较高。

为了选择一个泛化误差低的可以投入使用的模型，我们需要在独立于训练数据的测试集上进行模型评估。在评估中，常用的指标包括准确率、精确率、召回率、F1 分数（balanced F Score，精准率和召回率的调和平均数）等，具体的选择取决于问题的性质。

此外，在选择模型时，我们也需要考虑模型的复杂度。一个过于复杂的模型也可能会在训练数据上表现得很好，但在未知数据上可能会产生过拟合的问题。如图 2-1 所示，在训练数据不变的情况下，模型的复杂度越高，对训练数据的拟合程度越高，而在过拟合情况下，泛化性能会下降。因此，我们需要在模型的简单性和性能之间取得平衡，以确保我们选择的模型能够在实际应用中取得良好的效果。

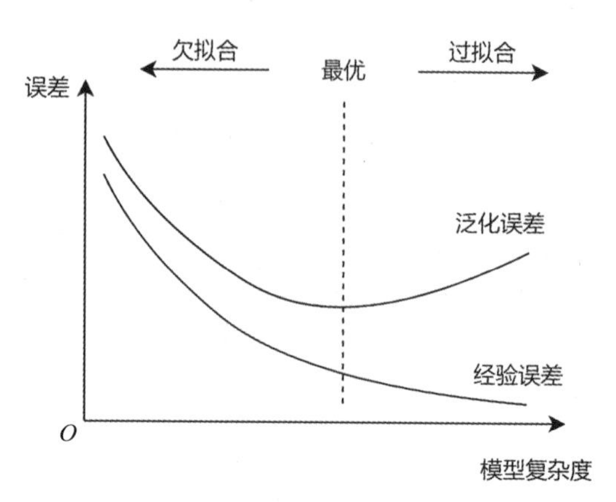

图 2-1　模型复杂度与误差的关系

综上所述，机器学习是一个关于在已知数据上学习并在未知数据上泛化的过程。通过理解经验误差与泛化误差、过拟合与欠拟合，以及模型评估与选择的关系，我们能够更好地设计和训练模型，使其在实际应用中取得良好效果。

2.1.2　线性模型

线性模型是机器学习中一类基本且强大的模型，其核心思想是通过对输入特征的线性组合来进行预测或分类。在线性模型中，每个特征都与一个权重相关联，模型通过将输入特征与相应权重相乘并求和得到预测值。这使得线性模型具有解释性强、训练速度快的优点，适用于多种应用场景。

最简单的线性模型是一元线性回归模型，其表达为$\hat{y} = wx + b$，其中$\hat{y}$是预测值，x是输入特征，w是权重，b是偏差。通过调整w和b的数值，模型可以拟合数据集，使得预测值$\hat{y}$与实际值y之间的差距最小。图 2-2 展示了一个简单的线性回归模型示意图。在多元线性回归模型中，模型可以包含多个输入特征$\boldsymbol{x} = (x_1; x_2; \cdots; x_n)$，表达为：

$$\hat{y} = \boldsymbol{w}^{\mathrm{T}}\boldsymbol{x} + b = w_1x_1 + w_2x_2 + \cdots + w_nx_n + b \tag{2-1}$$

这使得线性模型能够处理更为复杂的问题，如房价预测、销售预测等。

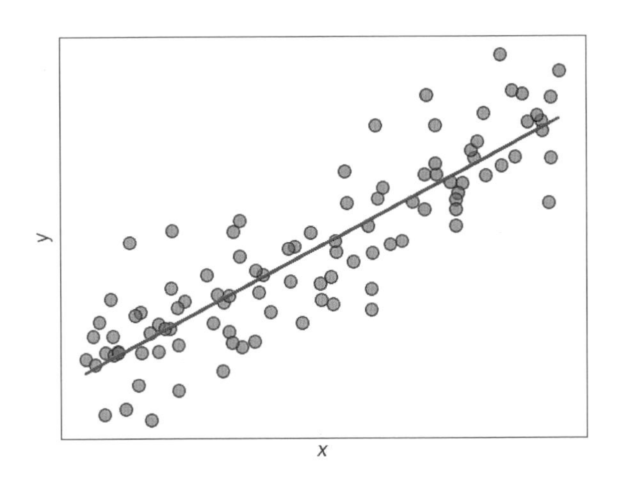

图 2-2　一元线性回归模型示意图

线性分类模型是线性模型的另一类应用，其目标是在特征空间中找到一个超平面，将不同类别的样本分开，如图 2-3 所示。逻辑回归模型是其中的一种经典线性分类模型，通过对线性组合的结果进行 sigmoid 函数变换$\hat{y} = \sigma(\boldsymbol{w}^{\mathrm{T}}\boldsymbol{x} + b)$，将输出映射到 0~1 的范围内，从而实现概率估计。

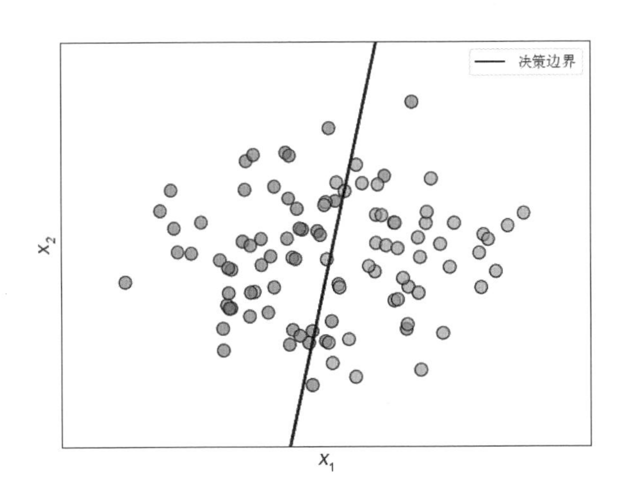

图 2-3　线性分类模型示意图

总的来说，线性模型虽然简单，但在许多实际问题中表现出色。在大规模数据集和高维空间中，线性模型的高效性使其成为机器学习领域的重要工具之一。

2.1.3 分类

分类问题是机器学习中一类常见的任务，其目标是将输入数据划分到不同的类别中。一个分类问题的数据集通常包含多个样本$\mathcal{D}_{\text{cls}} = \{(\boldsymbol{x}_i, y_i)\}_{i=1}^{N}$，每个样本都有一个或多个特征$\boldsymbol{x}_i = (x_{i1}; x_{i2}; \cdots; x_{id}) \in \mathbb{R}^d$，以及一个与之关联的类别标签$y_i \in \{0,1,\cdots,C\}$。在分类问题中，算法学习一个模型$f$，该模型能够根据输入数据的特征将其分配到预定义的$C$个类别中$f: \mathbb{R}^d \rightarrow \{0,1,\cdots,C\}$。表 2-1 给出了关于贷款申请批准的训练数据示例，该示例中特征维度d为 2，样本数N为 5，类别数C为 2。

表 2-1　贷款申请批准的训练数据示例

申请金额（万元）	收入水平（万元/年）	申请结果
10	5	批准
20	8	批准
15	4	拒绝
25	10	批准
12	6	拒绝

为了让这个函数f对数据进行正确分类，需要利用训练数据集学习模型的参数。以二分类问题中的逻辑回归模型为例，模型表达为：

$$f(\boldsymbol{x}) = P(y = 1|\boldsymbol{x}) = \sigma(\boldsymbol{w}^{\mathrm{T}}\boldsymbol{x} + b) \tag{2-2}$$

其中，$\sigma(z) = 1/(1 + \mathrm{e}^{-z})$为 sigmoid 函数，权重$\boldsymbol{w} = (w_1; w_2; \cdots; w_d)$与偏置$b$为待训练的模型参数。sigmoid 函数的输出范围在 0 和 1 之间，上述表达式表示观测到类别$y = 1$的概率。这个模型的训练目标通常是最小化损失函数，例如，二元交叉熵损失（Binary Cross Entropy Loss）：

$$J(\boldsymbol{w}, b) = -\frac{1}{N}\sum_{i=1}^{N} y_i \log(\hat{y}_i) + (1 - y_i)\log(1 - \hat{y}_i) \tag{2-3}$$

其中，y_i是真实标签，$\hat{y}_i = f(\boldsymbol{x})$是模型的预测值。通过最小化损失函数，并利用梯度下降等优化算法来调整模型参数，可以使模型学会准确地估计类别概率。在预测时，逻辑回归模型的决策规则通常基于一个阈值，如 0.5。如果$f(\boldsymbol{x})$大于阈值，则模型预测样本属于类别 1，否则模型预测样本属于类别 0。逻辑回归模型是一个简单且有效的分类器，特别是在线性可分的情况下表现良好。然而，对于更复杂的问题，可能需要使用更复杂的模型。

分类问题的应用非常广泛，包括但不限于垃圾邮件过滤、医学诊断、手写识别、金融欺诈检测、语音识别等。

2.1.4　回归

回归问题是机器学习中另一类常见的任务，其主要目标是预测一个连续值的输出，而不是将输入数据划分到不同的类别。在回归问题中，模型通过学习输入特征与相应输出之间的关系，从而能够对新的、未见过的输入进行预测。回归问题的数据集通常可被表示为$\mathcal{D}_{\text{reg}} = \{(\boldsymbol{x}_i, y_i)\}_{i=1}^{N}$，每个样本都有一个或多个特征$\boldsymbol{x}_i = (x_{i1}; x_{i2}; \cdots; x_{id}) \in \mathbb{R}^d$，以及一个与之关联的连续值$y_i \in \mathbb{R}$。一个典型的回归问题是房价预测，表 2-2 展示了该任务的数据集示例。

表 2-2　房价预测数据集示例

卧室数量（间）	浴室数量（间）	房屋面积（平方米）	价格（万元）
3	2	180	250
4	3	220	300
2	1	120	180
5	4	350	500
3	2	200	320

为了得到一个可以预测房价的模型$f(\boldsymbol{x}): \mathbb{R}^d \rightarrow \mathbb{R}$，我们需要在训练数据集上对模型进行参数优化。以最简单的线性回归模型为例：

$$f(\boldsymbol{x}) = \boldsymbol{w}^{\mathrm{T}}\boldsymbol{x} + b \tag{2-4}$$

其中，权重$\boldsymbol{w} = (w_1; w_2; \cdots; w_d)$与偏置$b$为待训练的模型参数。回归模型的训练目标通常是最小化损失函数，例如，均方误差（Mean Squared Error，MSE）：

$$J(\boldsymbol{w},b)=\frac{1}{2N}\sum_{i=1}^{N}\left(y_i-(\boldsymbol{w}^{\mathrm{T}}\boldsymbol{x}+b)\right)^2 \tag{2-5}$$

训练完成后，模型可以用于对新的输入特征进行预测。给定一个新的特征向量 $\boldsymbol{x}_{\text{new}}$，模型的预测值为$\hat{y}_{\text{new}}=\boldsymbol{w}^{\mathrm{T}}\boldsymbol{x}_{\text{new}}+b$。

上述表达式是线性回归的一个例子，而回归问题中的模型可以更加灵活，例如，多项式回归模型通过引入高阶特征来考虑非线性关系。回归问题的目标是通过学习训练数据中的模式，建立输入特征与输出变量之间的映射关系。这使得模型能够对未见过的数据进行预测，从而具有广泛的应用，包括房价预测、股票价格预测等。

2.2 深度学习

作为目前机器学习领域的热门方向，深度学习以其卓越的表现在图像、语音、自然语言处理等任务中取得了显著的成功。本节将深入研究深度学习的核心技术，包括卷积神经网络（CNN）、循环神经网络（RNN）和 Transformer。这些强大的模型在对复杂、非结构化数据的理解和处理方面展现了其卓越的能力。通过深入了解这些深度学习模型的原理和应用，读者将能够更全面地把握当今机器学习领域的前沿动态，为实际问题的解决提供更灵活、强大的工具。

2.2.1 卷积神经网络

卷积神经网络（CNN）是深度学习领域的里程碑之一，革命性的设计和卓越的性能使其成为图像处理任务的首选工具。卷积神经网络的起源可以追溯到 20 世纪 90 年代末，最早的 LeNet-5 模型[12]是为手写数字识别任务而设计的。然而，在当时，受限于有限的计算能力和稀缺的数据集，这些早期模型的表现受到了一定的制约。2012 年，Alex Krizhevsky 等人提出的 AlexNet[13]在 ImageNet 竞赛上一举夺魁，引起了广泛的关注。AlexNet 的成功主要归功于其深层次结构、ReLU 激活函数的使用和大规模数据集的训练，标志着卷积神经网络进入了一个新的时代。在 AlexNet 之后，出现了一系列的网络模型，如 GoogLeNet[14]、VGGNet[15]和

ResNet[16]。GoogLeNet 采用了 Inception 模块[14]，VGGNet 通过使用层次深且均匀的卷积层提出了一种简单的结构，而 ResNet 引入了残差学习的概念，使得网络可以更轻松地训练超深层次的结构。

卷积神经网络的典型结构包含输入层、卷积层、池化层、全连接层、输出层等关键组件。输入层接收原始图像数据，通常被表示为矩阵形式。卷积层通过应用卷积核提取图像的局部特征，每个卷积核在图像上滑动，执行卷积运算，产生特征图。卷积层之后通常需要应用激活函数，引入非线性。而池化层主要用于减小特征图的空间维度，降低计算复杂度。全连接层将前面层的信息整合成一个向量，为最终分类做准备。输出层提供最终的预测结果，通常通过 softmax 函数进行多类别分类。

下面以 LeNet-5 结构为例，展示一个典型的卷积神经网络的结构。如图 2-4 所示，网络由输入层、卷积层 1、下采样层 1、卷积层 2、下采样层 2、全连接层 1、全连接层 2、全连接层 3 和输出层构成。其中输入层为$\boldsymbol{x} \in \mathbb{R}^{1\times32\times32}$，第一个卷积层采用的卷积核大小为$5\times5$，滑动步长为 1，数目为 6，模型在此层的输出为$\boldsymbol{y}_1 \in \mathbb{R}^{6\times28\times28}$；第一个下采样层将特征图分辨率降为原来的$1/2$；第二个卷积层采用的卷积核大小为$5\times5$，滑动步长为 1，数目为 16，模型在此层的输出为$\boldsymbol{y}_2 \in \mathbb{R}^{16\times10\times10}$；第二个下采样层将模型的输出分辨率进一步降为前一层的$1/2$；在第二个下采样层后接一个全连接层，特征图分辨率为 1，神经元的数量为 120，再加入 ReLU 激活函数，后续接入全连接层；最后一个全连接层的神经元输出数量为类别个数，用于最终分类。

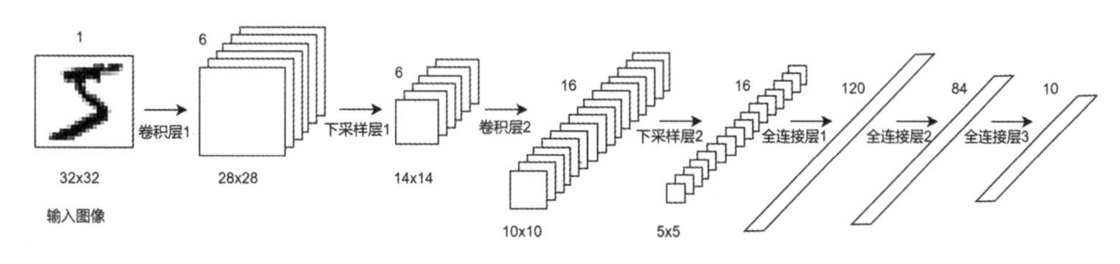

图 2-4　LeNet-5 结构示意图[12]

随着时间的推移，卷积神经网络不仅在图像领域取得了显著进展，还在自然语言处理和音频处理等多模态领域得到了广泛应用。总体而言，卷积神经网络的发展历程既是技术不断创新的过程，也是计算力和数据丰富度逐渐提升的历史见证，为深度学习在多个领域取得成功打下了坚实基础。

2.2.2 循环神经网络

循环神经网络（Recurrent Neural Network，RNN）是一类专门设计用于处理序列数据的神经网络。与传统神经网络不同，RNN 具有记忆性，能够捕捉和利用先前时间步的信息，因此在处理时序数据时 RNN 非常有效。RNN 的基本思想是引入循环结构，使网络具有记忆能力。在每个时间步，网络接收输入和前一时刻的隐藏状态，并生成输出和当前时刻的隐藏状态。RNN 的隐藏状态是一个包含网络在过去时刻看到的信息表示，这使得网络能够在处理序列数据时保留先前的上下文。最简单的循环单元是具有一个权重矩阵的简单全连接层，但更复杂的单元如长短时记忆网络（Long Short-Term Memory，LSTM）[17]和门控循环单元（Gated Recurrent Units，GRU）[18]也被广泛使用。典型的 RNN 结构示意图如图 2-5 所示。

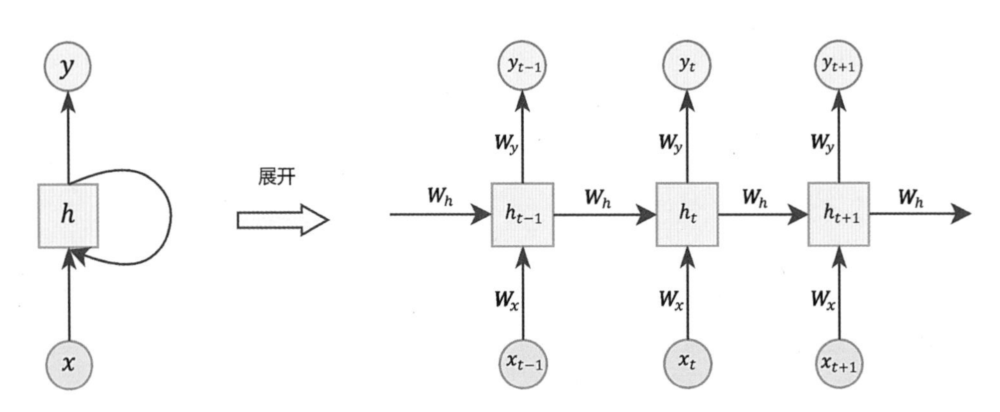

图 2-5 典型的 RNN 结构示意图[194]

RNN 包含输入层、隐藏层和输出层。输入层接收当前时刻的输入数据，假设输入维度为d，则时间步t的输入表示为$\boldsymbol{x}_t \in \mathbb{R}^d$。隐藏层包含循环单元，用于维护网络在先前时刻观察到的信息。假设隐藏层维度为h，时间步t的隐藏状态通常表示为$\boldsymbol{h}_t \in \mathbb{R}^h$。循环单元是 RNN 的核心组件，它负责处理序列数据并维护隐藏状态。最简单的循环单元可以表示为：

$$\boldsymbol{h}_t = \sigma(\boldsymbol{W}_h \boldsymbol{h}_{t-1} + \boldsymbol{W}_x \boldsymbol{x}_t + \boldsymbol{b}_h) \tag{2-6}$$

其中，$\boldsymbol{W}_h$是隐藏层到隐藏层的权重矩阵，$\boldsymbol{W}_x$是输入层到隐藏层的权重矩阵，$\boldsymbol{b}_h$是偏置向量，σ是激活函数。输出层用于生成网络的最终输出。输出可以是一个单一值（回归问题）或一组类别的概率（分类问题）。时间步t输出的计算可以表示为：

$$y_t = f(\boldsymbol{W}_y \boldsymbol{h}_t + \boldsymbol{b}_y) \tag{2-7}$$

其中，$\boldsymbol{W}_y$是隐藏层到输出层的权重矩阵，$\boldsymbol{b}_y$是偏置向量。RNN 通过时间步连接，每个时间步的输出可作为下一个时间步的输入，参数在各个时间步之间共享。这种时序连接使得 RNN 能够捕捉序列数据中的动态信息。

RNN 的训练通常涉及通过时间反向传播（Backpropagation Through Time，BPTT）算法。然而，训练较深的 RNN 时可能会面临梯度消失的问题，即在反向传播过程中，梯度逐渐减小，导致长序列上的学习困难。为了解决梯度消失问题，Hochreiter 和 Schmidhuber 于 1997 年提出了 LSTM。LSTM 引入了一个专门的记忆单元，包含遗忘门、输入门和输出门，能够选择性地保留或遗忘信息，从而更好地处理长期依赖关系。GRU[18]是另一种克服梯度消失问题的方法，与 LSTM 类似，但结构相对更简单。它包含重置门和更新门，使得网络可以更灵活地控制信息的流动。

循环神经网络在自然语言处理（如语言建模、机器翻译）、语音识别、股票预测、时间序列分析等领域取得了良好的效果，因为这些任务通常涉及对序列数据的建模和理解。尽管 RNN 在处理序列数据时取得了成功，但它仍然面临一些挑战，例如，难以捕捉长期依赖关系、计算效率较低等问题。因此，近年来，一些模型如 Transformer 等也被提出用于处理序列数据。

2.2.3　Transformer

Transformer[5]是一种革命性的神经网络架构，最初用于处理自然语言任务，如机器翻译。它的设计不依赖于传统的循环神经网络（RNN）或卷积神经网络（CNN）结构，而是引入了自注意力机制（Self-Attention Mechanism）。Transformer 的成功在于其能够并行处理输入序列，具有更好的可扩展性。

自注意力机制允许模型在处理序列数据时同时关注序列中的不同位置，而不是像传统的 RNN 一样逐步处理。这种并行性使得 Transformer 在处理长序列和大规模数据时表现更为出色。自注意力机制的计算公式如下：

$$\text{attention}(\boldsymbol{Q},\boldsymbol{K},\boldsymbol{V}) = \text{softmax}\left(\frac{\boldsymbol{Q}\boldsymbol{K}^{\mathrm{T}}}{\sqrt{d_k}}\right)\cdot \boldsymbol{V} \tag{2-8}$$

其中，$\boldsymbol{Q}$、$\boldsymbol{K}$、$\boldsymbol{V}$分别表示查询（Query）、键（Key）和值（Value）的线性变换，softmax 用于获得注意力权重。自注意力机制的核心过程就是通过$\boldsymbol{Q}$和$\boldsymbol{K}$计算得到序列中各个位置的注意力权重，然后作用于$\boldsymbol{V}$进行序列中各元素的加权求和，得到输出。

此外，Transformer 还引入了多头注意力机制（Multi-Head Attention），通过使用多个自注意力头并行地学习不同的表示，进一步提高了模型的表达能力。多头注意力机制通过使用多个不同的线性变换来生成多组查询、键和值，每组叫作一个头。多头自注意力机制的计算如下：

$$\begin{aligned}\text{MultiHead}(\boldsymbol{Q},\boldsymbol{K},\boldsymbol{V}) &= \text{concat}(\text{head}_1,\cdots,\text{head}_h)\boldsymbol{W}^O \\ \text{head}_i &= \text{attention}(\boldsymbol{Q}\boldsymbol{W}_i^Q,\boldsymbol{K}\boldsymbol{W}_i^K,\boldsymbol{V}\boldsymbol{W}_i^V)\end{aligned} \tag{2-9}$$

其中，$\boldsymbol{W}_i^Q$、$\boldsymbol{W}_i^K$、$\boldsymbol{W}_i^V$是第i个头的线性变换参数，$\boldsymbol{W}^O$是输出的线性变换参数，concat 表示将所有头的输出拼接在一起。通过引入多头注意力机制，模型可以同时关注输入序列的不同部分，每个头可以学习到不同的语义信息和关系。这有助于提高模型对序列中长距离依赖关系的建模能力，增强了模型对输入序列的全局信息的把握。

图 2-6 展示了自注意力与多头自注意力机制。

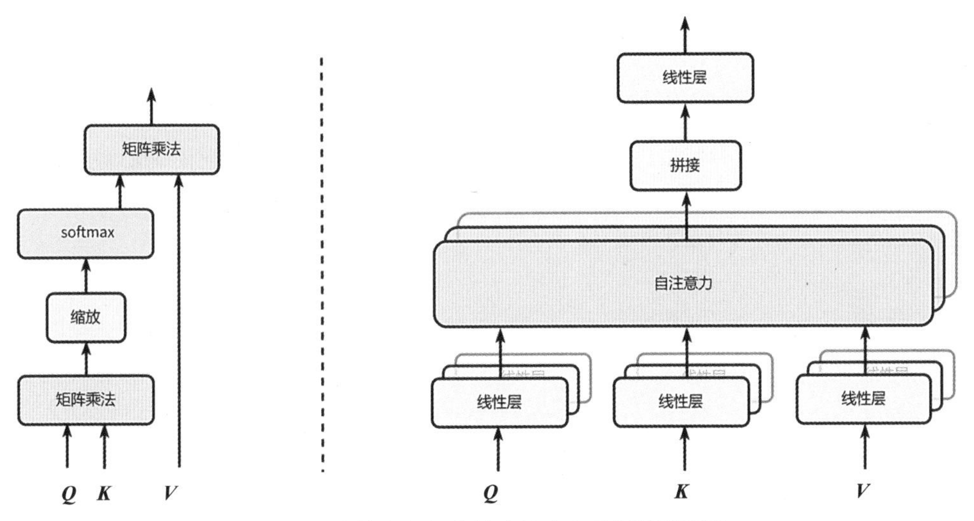

图 2-6　自注意力与多头自注意力机制示意图[5]

Transformer 的整体结构分为编码器和解码器，分别用于处理输入序列和生成输出序列。这一模块化的结构也使得 Transformer 广泛应用于各种任务，包括语言建模、文本生成、图像处理等。由于其卓越的性能和灵活性，Transformer 已经不仅仅局限于自然语言处理领域，还成功应用于计算机视觉、图像生成等多个领域，其代表性模型包括 BERT[9]、GPT[19]、ViT[8]等，它们在各自的领域取得了显著的成就。此外，Transformer 的成功激发了对深度学习架构的新思考，推动了深度学习的发展。

2.3　优化算法

本节将介绍机器学习中至关重要的优化算法，它们为模型的训练提供了坚实的基础。在机器学习中，优化算法扮演着调整模型参数以最小化损失函数的关键角色。本节将专注于梯度下降算法和反向传播这两个核心概念。梯度下降算法作为一种基础的优化方法，通过迭代调整模型参数以寻找损失函数的最小值，是训练深度学习模型不可或缺的工具。反向传播则是一种高效的计算梯度的技术，通过链式法则在神经网络中传递误差，从而实现对模型参数的更新。理解这些优化算法对有效地训练复杂的模型至关重要，为读者提供了解决实际问题所需的关键工具。

2.3.1 梯度下降算法

梯度下降算法是一种优化算法，用于调整模型的参数以最小化损失函数。其基本思想是沿着损失函数的负梯度方向迭代调整参数，直到找到损失函数的最小值。梯度下降算法在机器学习领域被广泛应用，特别是在训练深度学习模型时发挥了关键作用。

将模型输入损失函数的计算被视为一个关于模型参数的多变量函数 $f(\theta_1,\theta_2,\cdots,\theta_n)$，其梯度记作$\nabla f$，这是一个包含关于模型各个参数的偏导数的向量：

$$\nabla f = [\frac{\partial f}{\partial \theta_1},\frac{\partial f}{\partial \theta_2},\cdots,\frac{\partial f}{\partial \theta_n}] \tag{2-10}$$

梯度的方向为函数值在该点上升最快的方向，而梯度的模表示函数值在该方向上的变化率。由于模型训练的目标是最小化损失函数，因此模型参数应该不断向梯度的反方向更新，使得函数值逐渐趋近于最小值。梯度下降的规则为：

$$\theta_k = \theta_k - \alpha \nabla f(\theta_k) \tag{2-11}$$

其中，α是学习率。计算梯度下降的完整步骤包括：初始化模型参数、计算损失函数关于参数的梯度、更新参数、迭代，重复执行上述步骤，直到满足停止条件（如达到最大迭代次数或梯度趋近于 0）。

梯度下降算法有不同的变体，包括批量梯度下降（Batch Gradient Descent，BGD）、随机梯度下降（Stochastic Gradient Descent，SGD）和小批量梯度下降（Mini-Batch Gradient Descent，MBGD）。批量梯度下降（BGD）在每一次迭代中，使用整个训练数据计算梯度，然后更新模型参数。虽然这确保了较为准确的梯度方向，但对于大规模数据集来说计算可能比较耗时。随机梯度下降（SGD）每次随机选择一个样本计算梯度并更新参数。由于每次迭代只使用一个样本，收敛速度可能更快，但更新方向较为不稳定。小批量梯度下降（MBGD）综合了批量梯度下降和随机梯度下降的优点，每次迭代使用一小部分样本计算梯度。这样可以在保持一定的计算效率的同时，更平滑地更新模型参数。

需要注意的是，梯度下降算法不能保证找到全局最优解，而是寻找局部最优解或鞍点。其成功与否受到多个因素的影响，包括初始参数值、学习率的选择、损失函数的性质等。学习率是梯度下降算法中一个重要的超参数，它决定了参数在每次迭代中更新的步长。学习率的选择对于梯度下降的性能至关重要。太小的学习率可能导致收敛速度过慢，耗费大量时间达到最优解，而过大的学习率可能导致算法不稳定、振荡或无法收敛。一种常见的策略是使用学习率调度或自适应学习率方法。学习率调度在训练过程中逐渐降低学习率，以平衡收敛速度和稳定性。自适应学习率方法（如 Adam、Adagrad 等）会根据参数的历史梯度动态地调整学习率，以适应不同参数的变化情况。

2.3.2　反向传播

误差反向传播（Backpropagation）是神经网络发展史中的一个重要里程碑。其概念最早在 20 世纪 70 年代被提出，但直到 20 世纪 80 年代中期，由 Rumelhart、Hinton 和 Williams 等人重新提出并推动发展，才成为训练多层神经网络的主要方法。在这一时期，计算机性能的提升和更好的理论基础使得误差反向传播成为实际可行的方法。

神经网络的目标是学习一个函数，将输入映射到输出。在训练过程中，我们提供模型的一组输入数据，并与其对应的真实输出进行比较。通过比较模型的预测输出与实际输出之间的差异，我们可以计算出一个误差值。误差反向传播的核心思想是首先通过链式法则将这个误差从输出层传播回输入层，然后利用梯度下降等优化算法来调整每个连接权重，从而最小化误差。

下面以一个由输入层、隐藏层、输出层组成的典型三层前馈神经网络来展示误差反向传播的思想。图 2-7 展示了三层前馈神经网络的前向传播过程，从输入层开始，直到输出层，对于每一层网络，计算每个节点的加权输入和激活输出。

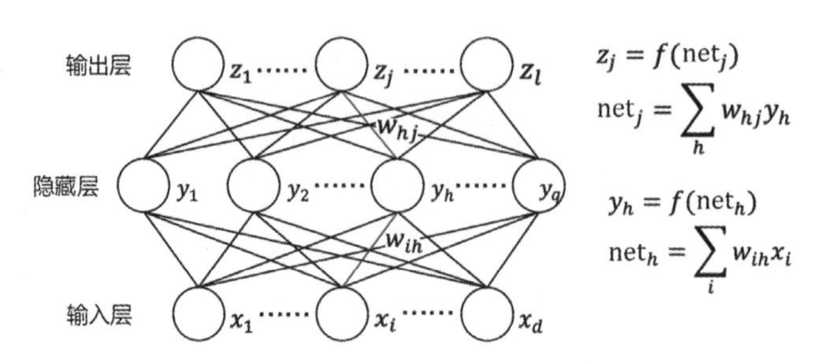

图 2-7　三层前馈神经网络的前向传播过程

以输出层训练的损失函数为一个样本的均方差损失为例，输出层的误差$(t_j - z_j)$经过反向传播，模型权重的更新量Δw_{ih}和 Δw_{hj}可以分别表示为学习率η、权重所连接边的指向节点收集到的误差信息δ_h和δ_j，以及权重所连接边的起始节点的输出x_i和y_h的乘积。得到的模型更新量，根据前一节的梯度下降算法对模型参数进行更新，即可完成模型训练。图 2-8 展示了三层前馈神经网络的反向传播过程。

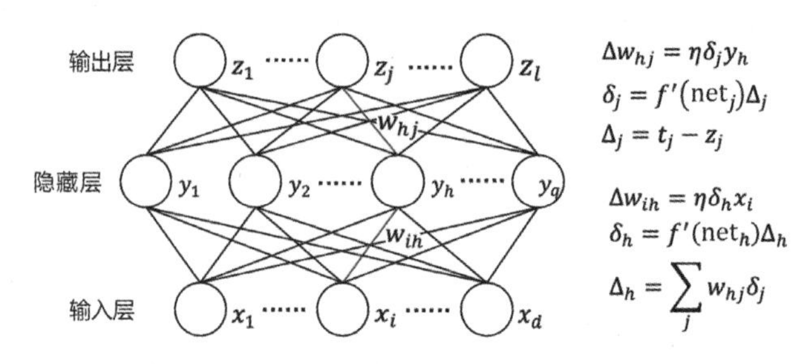

图 2-8　三层前馈神经网络的反向传播过程

总体而言，反向传播算法的引入极大地促进了神经网络的训练和优化，为深度学习的发展提供了基础。其在模型学习和参数优化方面的成功应用使得神经网络成为解决复杂问题和处理大规模数据的强大工具。

2.4　应用领域

本节将聚焦于深度学习在特定领域的应用，涵盖计算机视觉、自然语言处理与语音识别等领域。这些领域知识不仅是深度学习在实际场景中取得显著成功的关键，同时也展现了其在不同领域的广泛适用性。通过深入学习这些应用案例，读者将能够领略深度学习在解决现实问题中的卓越表现，以及其在推动计算机科学与人工智能领域的前沿发展中所扮演的角色。

2.4.1　计算机视觉

计算机视觉是人工智能领域中的一个重要分支，旨在使计算机系统能够模拟和理解人类视觉系统。从早期的简单图像处理到如今深度学习的繁荣，计算机视觉的发展经历了令人瞩目的演变。在计算机视觉的早期阶段（20 世纪 60 年代至 20 世纪 80 年代），研究主要集中在基础图像处理和模式识别上，例如，字符和数字的识别。然而这个阶段面临着计算能力不足、数据获取困难等挑战，限制了研究的深入发展。随后的几十年，随着计算机性能的提升和图像采集技术的改善，研究者们开始探索运用统计学和机器学习的方法来解决计算机视觉问题。支持向量机（SVM）等算法逐渐应用于对象识别、特征提取等任务，为计算机视觉奠定了基础。在 20 世纪 90 年代至 21 世纪初，研究者们开始关注更有效的特征提取方法，例如，Haar 特征和尺度不变特征变换（SIFT）。在这个时期，传统的计算机视觉算法在物体检测、图像配准等领域取得了一些进展，但仍然面临复杂场景和变化的挑战。

随着深度学习的兴起，计算机视觉迎来了新时代。在 2010 年，卷积神经网络（CNN）的引入彻底改变了图像处理的格局。2012 年，AlexNet[13]在 ImageNet 图像分类竞赛中取得了显著的性能提升，这标志着深度学习在计算机视觉领域的崛起。CNN 架构通过端到端的学习方式，不再需要手动设计特征，从而大幅提高了图像分类、物体检测等任务的准确性。2020 年，Dosovitskiy 等人提出的 ViT[8]成功地将自然语言处理中的 Transformer 架构引入计算机视觉，证明了它在大规模图像处理中的有效性。

计算机视觉涵盖了多个任务和子领域，从简单的图像处理到高级的场景理解都有所涵盖。图像分类任务是计算机视觉最基本的任务之一，常见于内容识别等应用。目标检测任务识别图像中存在的多个物体并确定它们的位置，该任务在自动驾驶、安防监控、人脸检测等领域有着广泛的应用。图像分割任务将图像分为不同的区域，每个区域被赋予特定的标签，以实现更详细的物体识别。其中，语义分割关注像素级别的分类，而实例分割则关注不同实体的分割。除了图像理解，图像生成任务涉及使用计算机算法来生成逼真的图像，包括提高图像细节和清晰度的超分辨率图像生成，以及根据给定的文本描述生成相应的图像等。这些技术不仅推动了艺术创作和图像编辑领域的创新，还在医学图像合成、模拟训练数据等实际应用领域产生了积极的影响。而除了简单的图像模态，计算机视觉的其他方向如三维重建、视频分析等关注更复杂的点云、视频等模态。

未来，多模态融合有望在计算机视觉的发展中发挥关键作用。多模态技术允许系统同时利用不同的感官信息，如图像、语音和文本等，从而能够更全面、更深入地理解复杂的场景。这对于实现真正智能的计算机视觉系统至关重要。

总之，计算机视觉的发展历程表现出科技不断进步的轨迹，深度学习为其注入了新的活力，推动着其在医疗、交通、安防等领域的广泛应用，为人类创造更智能、便捷的生活。

2.4.2 自然语言处理

自然语言处理（Natural Language Processing，NLP）关注文本模态的处理。它是人工智能领域中的另一个重要分支，旨在使计算机能够理解、解释和生成人类语言。其起源可以追溯到 20 世纪 50 年代，最初的研究主要集中在基于规则的方法上，涉及语法分析和语言模型。然而，近期的研究进展主要受到大语言模型的推动，为 NLP 领域带来了颠覆性的变革。

在自然语言处理的发展早期，研究者们采用传统的基于规则和统计的方法，如语法规则、词频-逆文档频率（Term Frequency-Inverse Document Frequency，TF-IDF）等，用于处理文本数据。特征工程在此时期占据主导地位，研究者们通过手工设计的特征来训练模型，但这种方法在处理复杂语言结构和大规模数据时表现不佳。随着深度学习的兴起，自然语言处理进入了一个全新的时代。深度学习模型，特别是循环神经网络（RNN）和长短时记忆网络（LSTM）的引入，使得计算机能够更好地捕捉文本中的上下文信息，从而提高了自然语言处理任务的性能。

近年来，Transformer 模型的推出标志着自然语言处理领域的重大突破，它使用自注意力机制实现了并行计算，大幅提高了模型的训练速度和性能。而基于 Transformer 的大语言模型的成功应用，使得自然语言处理任务的性能取得了显著提升。GPT-3 模型[20]的推出标志着大语言模型进入了巅峰，拥有 1750 亿个参数。这一规模的提升极大地拓展了模型对语言复杂性的理解能力。大语言模型的引入极大地拓展了深度学习在自然语言处理中的应用领域。GPT-3/4 系列模型在多种自然语言处理任务上表现出色，包括文本生成、问答、翻译等。它们的强大之处在于可以通过对话下达丰富的指令，即便在没有特定任务训练数据的情况下也能执行各种复杂的任务。通过领域适应和微调，模型在特定应用场景中的性能表现会更出色。例如，在医学文本、法律文本等领域应用与 GPT 相关的模型，可以满足特定领域的定制化需求。从 2023 年开始，研究者们开始关注将 GPT 模型扩展到多模态领域，即融合语言与图像等多种模态信息。这使得模型不仅能够理解和生成文本，还能够处理图像数据。这一发展对于更全面地理解和生成信息提供了新的可能性。

综合而言，大语言模型的崛起使得自然语言处理迈入了一个全新的阶段。深度学习在自然语言处理中的应用为模型赋予了更强大的语言理解和生成能力，同时也提出了新的挑战，需要在模型性能和社会责任之间取得平衡。随着技术的不断发展，大语言模型将继续引领自然语言处理领域的研究与应用。

2.4.3 语音识别

语音识别是语音处理技术的一种。语音处理技术致力于让计算机理解、模拟和生成人类语音。从早期的模拟语音合成到深度学习的崛起，语音处理一直在不断演化。早期语音处理的尝试主要集中在模拟系统上，它试图模拟人类语音产生和识别的过程。20 世纪 70 年代至 20 世纪 80 年代，数字信号处理技术在语音处理领域崭露头角。数字信号处理使得语音处理的方法更为精确和可控。在语音合成方面，线性预测编码（LPC）等数字信号处理技术被广泛应用，使得生成的语音更加自然。在语音识别领域，数字信号处理技术有助于提取语音信号中的关键特征，为后续的建模奠定基础。随着计算机科学和工程领域对统计建模的兴趣增加，隐马尔可夫模型（HMM）在语音处理领域迅速发展。20 世纪 70 年代后期至 20 世纪 90 年代初期，HMM 在语音识别中的应用变得日益广泛。HMM 通过对语音信号进行时序建模，使得系统能够更好地理解语音信号的动态特性。这个时期的研究为语音识别系统的建立提供了坚实的理论基础。

21 世纪，深度学习技术的崛起为语音处理带来了革命性的变革。2009 年，深度神经网络（DNN）在语音识别任务中的成功应用标志着这一时代的开始。DNN 的引入极大地提高了语音处理系统的性能，使得语音识别的准确率有了显著提升。此时期的发展使得研究者们更加关注如何设计深度网络结构和有效的训练方法，为后续的深度学习应用打下了基础。在过去的十年里，端到端的深度学习系统成为语音处理的主流。这一时期深度学习模型不断改进，可以适应更复杂的任务。采用深度学习的语音识别系统不再依赖手工设计的特征提取器，而是直接从原始语音信号中学习关键特征，从而极大地提高了系统的性能。这个阶段还包括语音合成、说话人识别等任务，为实现更加智能和自然的语音处理系统奠定了基础。

近年来，多模态情感分析成为研究的热点，结合语音、面部表情、手势等多种模态的信息，研究者们可以更全面地理解说话者的情感状态。这对于开发更智能的情感识别系统和提升智能助手的情感智能至关重要。此外，多模态输入交互可以实现更自然、直观的人机交互。通过结合语音、手势、视觉等输入方式，用户可以更灵活地与智能系统进行沟通，为虚拟助手、智能家居等应用场景提供更好的用户体验。未来，多模态方法将在语音处理中得到更广泛的应用。结合语音、图像、文本和其他感知模态的信息，可以提高语音识别、情感分析、用户交互等任务的性能，推动语音处理系统向更全面的智能系统发展。

语音处理技术的发展历程充满了创新和突破。深度学习的兴起使得语音处理技术取得了巨大的进展，为语音识别、合成等应用领域带来了更高的性能和更广阔的应用前景。随着技术的不断发展，我们期待语音处理在未来的探索中创造更多的奇迹。

2.5 小结

本章探讨了机器学习领域的发展历程，从传统机器学习方法到深度学习的演变。传统机器学习知识为我们构建了机器学习的基础。深度神经网络模型通过从数据中学到更为复杂和抽象的特征表示，在图像、语言、语音等领域取得了显著成就。这一成功得益于计算机硬件性能的提升、大规模数据集的可用性和深度学习框架的发展。同时，优化算法的不断进步也为深度学习的实现提供了有力保障，加快了模型的训练过程，为深度学习的成功起到了至关重要的作用。最后，我们审视了机器学习在图像、语言、语音各个应用领域的拓展。深度学习模型的强大表示能力使得解决更复杂的问题成为可能，为未来机器学习技术的发展开启了新的篇章。本章的内容为读者提供了对机器学习领域发展历程的全面了解，为深入探索后续章节的内容提供了知识基础。

第 3 章 多模态学习

多模态学习是指在一个任务中使用多种不同的数据模态（如图像、文本、语音等）进行学习和决策，旨在利用不同模态之间的互补信息来提高任务的性能和表达能力。由于其具有多层抽象的表示能力，近年来引起了研究者们的广泛关注。本章将对多模态学习的知识进行全面分析，根据不同模态集成的底层结构，将从模态表示、多模态融合、跨模态对齐、多模态协同学习这 4 个方面进行介绍。此外，还将回顾该领域中常用的算法，涵盖多模态技术发展中的经典模型。

3.1 模态表示

3.1.1 文本模态表示

在自然语言处理领域，文本模态的特征表示是一项重要的任务。通过将文本转换为计算机可处理的形式，有助于计算机理解和处理文本数据。本节将介绍几种常用的文本模态的特征表示方法，包括独热编码（One-Hot 编码）、词袋模型（Bag-of-Words Model，BoW）、词嵌入（Word Embeddings）等。

独热编码在机器学习中是常用的一种编码方法，它可以将非数值类型的数据转换为向量表示。在自然语言处理中，它是一种简单的方法，用于将文本转换为向量表示。

在独热编码中，对于给定的语料库，每个词语都被编码为一个向量，其中只有一个元素为 1，其余元素为 0。每个单词都有一个唯一的索引，通过将索引对应的位置设为 1，可以表示该单词存在。

例如，我们有以下两个语料库。

```
语料库 1：I love cats.
语料库 2：I love dogs.
```

对其中的每个单词进行编码：

```
{"I": 1, "love":2, "cats":3, "dogs":4}
```

使用独热编码方法进行编码，针对每个单词即可得到如下向量：

```
"I":[1,0,0,0], "love":[0,1,0,0], "cats":[0,0,1,0], "dogs":[0,0,0,1]
```

通过独热编码，我们可以将文本数据转换为机器学习算法可以处理的数值型数据，从而实现对文本的进一步分析和处理。它的优点是简单易懂且编码速度快，但它无法表示单词之间的语义关系，并且编码后的单词向量极度稀疏。因此，在后续的一系列工作中，研究者们关于文本提出了很多新的特征表示方法。

词袋模型是常用的一种文本表示方法，用于将文本转换为数值特征向量。它的基本思想是将文本看作一个袋子（即忽略文本中单词之间的顺序），统计每个单词在文本中出现的频率，并将每个单词的频率作为特征向量的一个维度。这样，每个文本就可被表示为一个固定长度的向量，其中每个维度对应一个单词，数值表示该单词在文本中出现的频率或重要性。

例如，存在下面 3 个句子。

```
句子 1：我喜欢吃苹果
句子 2：他喜欢吃香蕉
句子 3：她喜欢吃苹果和香蕉
```

首先对语料中出现的句子进行分词操作，然后构建词袋，即给每个词一个位置索引。“我”放在第一个位置，“喜欢”放在第二个位置，以此类推，得到词袋 {“我”：1，“喜欢”：2，“吃”：3，“苹果”：4，“他”：5，“香蕉”：6，“她”：7，

“和”: 8}。在这个词袋中，用 key 表示词，用 value 表示该词在索引中的位置，语料中共有 8 个单词，那么对于每个文本，我们就可以使用一个 8 维的向量来表示。文本中的词出现了几次，向量中对应位置的数值就为几。因此，上述文本可以表示为：

```
句子 1: [1, 1, 1, 1, 0, 0, 0, 0]
句子 2: [0, 1, 1, 0, 1, 1, 0, 0]
句子 3: [0, 1, 1, 1, 0, 1, 1, 1]
```

由上述例子不难发现，词袋模型忽略了单词顺序和语法结构，只关注单词出现与否及出现频率。它简化了文本的表示，适用于很多文本分类和信息检索任务。然而，词袋模型无法捕捉到单词之间的语义和上下文信息，因此，在某些任务中可能表现不佳。为了解决这个问题，可以使用更高级的文本表示方法，如词嵌入模型。

词嵌入模型是一种用于将单词映射到连续向量空间的技术。它通过学习单词之间的语义和上下文关系，将单词表示为具有语义信息的低维向量。与传统的词袋模型不同，词嵌入模型可以捕捉到单词之间的语义相似性和关联性。常见的词嵌入模型包括 Word2Vec、GloVe 和 FastText。

Word2Vec[21]是一种基于神经网络的词嵌入模型。它通过训练一个浅层神经网络来学习单词的向量表示。Word2Vec 有两种训练方法：连续词袋（CBOW）模型和跳字（Skip-gram）模型。CBOW 模型通过上下文单词预测目标单词，而 Skip-gram 模型则相反，通过目标单词预测上下文单词。通过这种方式，Word2Vec 可以将语义上相似的单词映射到相近的向量空间位置。

GloVe（Global Vectors for Word Representation）[22]是一种基于全局词频统计的词嵌入模型。它通过分析全局的词共现矩阵来学习单词的向量表示。GloVe 的目标是通过优化损失函数，使得单词向量的点积等于它们对应的共现概率的对数。GloVe 可以在大规模语料库上进行训练，得到具有高质量的词向量表示。

FastText[23]是一种用于单词嵌入的算法，与其他常见的嵌入方法（如 GloVe）不同。它通过将每个单词视为由连续 N 个词组成的向量来表示单词。这种方法的一个优点是，它可以学习到生僻词和词汇表之外的词。

这些词嵌入模型可以用于许多自然语言处理任务，如文本分类、机器翻译等，因为它们可以提供更丰富的语义信息。但是词嵌入模型在将单词映射到向量空间时，通常基于词语的上下文信息进行学习。然而，这种方法可能无法捕捉到一词多义的情况，即同一个单词在不同语境下可能具有不同的含义。这可能导致词嵌入模型在处理一词多义时表现不佳。另外，词嵌入模型的训练需要大量的文本数据，特别是对于基于深度学习的模型，需要更多的数据来获得更好的效果。然而，在某些领域或任务中，可用的文本数据可能非常有限，这会导致词嵌入模型的性能受到限制。不过这些缺点并不意味着词嵌入模型无法应用，而是需要在具体应用场景中权衡其优缺点，并根据需求进行适当的调整和改进，发挥其最大优势。

总之，文本模态的特征表示方法多种多样，每种方法都有其优缺点。选择适合的特征表示方法需要考虑具体的任务和数据特点。此外，特征表示方法的组合使用也是一种有效的策略。随着深度学习和自然语言处理的发展，文本模态的特征表示方法将会不断改进，为计算机理解和处理文本数据提供更强大的能力。

3.1.2　视觉模态表示

视觉模态特征指的是从图像或视频数据中提取出的表示图像内容的特征。这些特征可以用来描述图像的外观、形状、纹理、颜色等视觉属性。视觉模态特征广泛应用于计算机视觉领域，例如，图像分类、目标检测、图像生成等任务。在计算机视觉领域，常用的表示图像的特征方法包括以下 3 类。

手工设计的特征：传统的计算机视觉方法通常使用手工设计的特征，如 SIFT（尺度不变特征变换）、HOG（Histogram of Oriented Gradients，方向梯度直方图）等。这些特征通过提取图像的局部结构和纹理信息来表示图像。

卷积神经网络（CNN）特征：卷积神经网络是一种深度学习模型，已经在计算机视觉任务中取得了巨大的成功。卷积神经网络通过多层卷积和池化操作来提取图像的特征，其中每个卷积层都会学习到不同抽象级别的特征。在训练过程中，卷积神经网络可以自动学习到图像中的有用特征。

循环神经网络（RNN）特征：循环神经网络是一种适用于序列数据的神经网络模型，可用于处理视频数据。循环神经网络通过在时间上建立连接，可以捕捉到视频序列中的时序信息。在处理视频数据时，首先可以将每一帧图像的特征作为循环神经网络的输入，然后通过循环神经网络模型来学习视频的表示。

3.1.3 声音模态表示

声音模态表示是将声音信号转换为语义特征向量的过程，与其他模态的表示类似。在当前的声音处理模型中，声音模态表示主要包括两个步骤：将声音模拟信号转换为声音数字信号，并提取特征向量，以及对特征向量进行高阶表示。

声音特征向量的提取是为了方便计算机存储和处理。声音是模拟信号，其时域波形只反映了声压随时间的变化，无法直接体现声音的特征。因此，在声音特征向量的提取过程中，首先需要将采集到的语音信号转换为便于计算机存储和处理的离散数字信号序列。然后，利用包含生理学和语音学相关的先验知识的数字信号处理技术，对离散数字信号序列进行声学特征向量的提取。

当前的声音信号处理技术主要包括傅里叶变换、线性预测和倒谱分析等方法。研究者们基于这些处理技术，提取出了当下普遍适用的一些声学特征，包括梅尔频率倒谱系数、感知线性预测、线性预测编码和线性预测倒谱系数。

为了进一步增强声学特征的区分性，降低模型的复杂度并提高识别效率，研究者们提出了一些特征加工方法，如主成分分析、线性判别分析等。这些方法可以对声学特征进行变换和降维，以提取更具有区分性的特征。

在对特征向量进行高阶表示的过程中，根据模型结构的不同，可以分为 3 种结构：混合模型、神经网络模型和编码器-解码器模型。

在包含声音模型、语言模型和解码器的声音识别系统中，通常使用人工神经网络与隐马尔可夫模型组成混合结构的声音模型，它被称为 ANN-HMM 混合模型。其中，隐马尔可夫模型用于建模声学单元和语音特征序列之间的关系，其隐状态表示声学单元。深度神经网络用于建模声学特征向量与隐马尔可夫模型状态之间的关系，即学习给定声音特征向量时隐马尔可夫模型状态的后验概率。例如，在给定的语音特征序列中，对于时间步 t 的特征向量 $\boldsymbol{y}_t$，人工神经网络的最后一层使用 softmax 函数来计算隐马尔可夫模型状态s出现的概率。

$$p(s|y_t)=\frac{e^{a(s)}}{\sum_s e^{a(s)}} \tag{3-1}$$

其中，$a(s)$ 为状态s 输出层对应的输出。在这种情况下，特征向量的高阶表示即为人工神经网络输出层的输出，它包含该特征向量中的声学单元信息。经过长时间的实验探索，研究者们证实了混合模型对包含声音模型、语言模型和解码器的声音识别系统的促进作用，它能够捕捉声音信号中不同方面的信息。

使用神经网络构建音素识别模型是声音识别中常见的方法。通过神经网络，可以从特征向量中提取音素信息，并获得高度非线性映射的结果，生成包含特征向量音素信息的高阶表示，从而实现音素识别。例如，在网络的最后一层使用 softmax 函数来计算音素出现的概率，计算结果即为给定特征向量的音素信息的高阶表示。在早期的神经网络模型中，研究者们使用设计的目标函数对神经网络进行训练，以构建音素识别模型。在这个时期的神经网络训练过程中，训练数据中的每帧声音信号都有一个标注的音素，即帧级对齐的训练数据。

相对于混合结构的声音模型，神经网络构建的音素识别模型具有相对简单的结构和训练过程。由于训练目标不同，神经网络构建的音素识别模型主要通过高阶特征表示来捕捉特征向量中的音素信息，而不是声学单元信息。这种高阶表示的特征向量能够更好地反映音素之间的关系，从而提高音素识别的准确性。

使用神经网络构建编码器-解码器结构的声音识别模型时，编码器用于学习声音数字信号的高阶特征表示。编码器神经网络结构通常包含循环神经网络（RNN）结构，这使得生成的高阶特征表示包含输入特征序列的前后帧信息。编码器通过逐帧地处理输入特征序列，并在每个时间步骤中更新隐藏状态，可以捕捉上下文信息。这种编码器-解码器结构可以有效地提取声音信号中的时序特征，并将其转换为更具表征性的高阶特征表示，从而提高声音识别的性能。

可以看出，不同的声音模型结构产生的声音信号高阶表示虽然都能很好地包含声音信号的语义信息，但它们各自侧重的语义信息有所不同。混合结构的声音模型主要包含声学单元信息，这意味着它能够捕捉到声音中声音单位的特征。神经网络模型主要包含特征向量的音素信息，这意味着它能够更好地表达声音中的音素特征。而编码器-解码器结构则主要包含特征向量的声音语义信息，这意味着它能够更好地表示声音的整体语义。因此，选择适合任务需求的声音模型结构可以更好地提取出所需的语义信息。

3.1.4 其他模态表示

人类具有多种感官模态，如触觉、听觉、视觉和嗅觉，这些都是感知事物的方式，每种信息的来源或形式都可以被称为一种模态。此外，信息传递的媒介也可以被视为一种模态，包括音频、视频和文字等。还有各种传感器，如雷达、红外线等，也可以被视为不同的模态。每种模态都提供了独特的信息，并在不同的应用中发挥重要作用。通过多模态学习，我们可以将不同模态的信息进行整合，以获得更全面、准确的理解和认知。接下来将介绍一些常用的除前面介绍过的模态的模态特征，并探讨它们在多模态人工智能中的应用。

对于三维对象，通常可以使用不同的模态来表示。3D 点云是一种重要的三维数据表示形式，它由一系列离散的点组成，每个点都有其在三维空间中的坐标信息。点云可以通过激光扫描、摄像头、深度传感器等设备获取，广泛应用于三维重建、物体识别、环境感知等领域。与其他模态相比，3D 点云具有一些特点。首先，点云可以提供丰富的几何信息，能够准确地表示三维物体的形状和结构。其次，点云数据相对较为稀疏，存储和处理起来相对高效。但点云也存在一些不足，如数据噪声、不完整性和不规则性等问题，需要进行预处理和分析。

3D 点云有多种表示方法，其中最直接的表示方法就是原始点云数据，即每个点都以其原始的三维坐标和其他属性（如颜色、反射强度等）进行存储。这种表示方式保留了原始数据的完整性，但可能需要进行后续处理以提取有用特征。另外一种比较简单的处理方式是将其转换为三维体素，它类似于二维图像中的像素。体素化表示将点云空间划分为一系列小立方体（体素），并根据体素内点的数量、密度或其他属性进行编码。这种表示方式使得无序的空间点被转换为规则的数据排列，提高了处理速度，便于进行空间分析和处理。除此之外，由于点云作为空间无序点集，点与点之间可以通过一定的规则建立连接关系，形成图结构，因此，3D 点云还有一种表示方法——网格。网格可以被看作构建了局部关联的点，即图。这种表示方式使得点云数据可以利用图领域的新兴技术进行处理，如图卷积

（Graph Convolution）等。通过图卷积等技术，可以捕捉点云中的局部和全局结构信息，从而提高了分析和处理的准确性。

另外，生物特征模态也是人工智能领域的一个重要概念，它指的是利用人体生物特征信息进行身份识别和认证的技术。生物特征是指个体身体上具有独特性、稳定性和可测量性的特征，如指纹、面部、虹膜、声纹、步态等。

以人脸特征为例，常用的人脸检测特征有 Haar、LBP（Local Binary Pattern，局部二值模式）、HOG 等。Haar 特征是常用的特征描述方法，用于反映图像的灰度变化，使用检测窗口中指定位置的相邻矩形，计算每个矩形的像素和，并取其差值，从而得到特征值。具体地说，Haar 特征使用黑白两种矩形框组合成特征模板，在特征模板内用黑色矩形像素之和减去白色矩形像素之和来表示这个模板的特征值。Haar 特征可以分为边缘特征、线性特征、中心特征和对角线特征等 4 类。在人脸检测中，利用 Haar 特征可以有效地描述人脸的轮廓和局部细节。通过改变特征模板的大小和位置，可以穷举出大量的特征来表示一幅图像，从而实现人脸的检测和识别。

LBP 是一种用来描述图像局部纹理特征的算子，具有灰度不变性和旋转不变性等显著优点。其基本原理是比较中心像素点与其邻域像素点的灰度值大小，并用二进制数表示比较结果。具体地说，对于一个 3 像素×3 像素的窗口，以窗口中心像素为阈值，将相邻的 8 像素的灰度值与其进行比较，若周围像素的灰度值大于中心像素，则该像素点的位置被标记为 1，否则为 0，如图 3-1 所示。这样，3 像素×3 像素邻域内的 8 个点经比较可产生 8 位二进制数（通常会被转换为十进制数，即 LBP 码，共 256 种），即得到该窗口中心像素点的 LBP 值，并用这个值来反映该区域的纹理信息。在人脸检测中，通常先将人脸图像划分为若干个小区域（如矩形区域），再对每个小区域进行 LBP 变换，提取出该区域的 LBP 特征。这些特征可以构成一个特征向量，用于表示人脸的特征。为了提高人脸检测的准确性，还可以将多个区域的 LBP 特征进行组合或融合，形成一个更全面的特征描述。

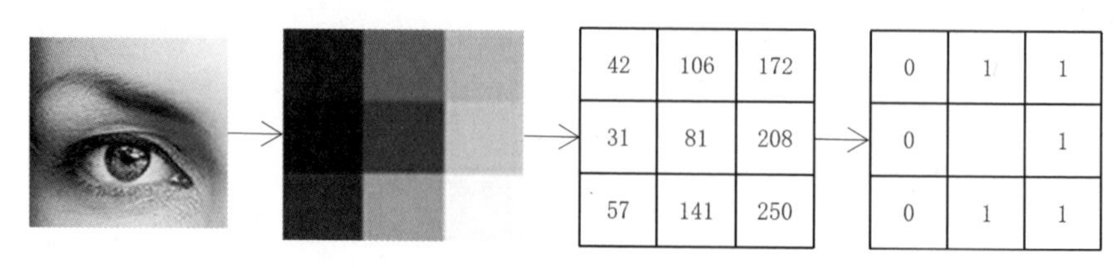

图 3-1　LBP 特征提取

HOG（方向梯度直方图）特征通过计算图像中像素点的梯度方向和梯度大小，能够捕获人脸的形状信息和局部细节，尤其是人脸的边缘轮廓。这些边缘轮廓对于区分人脸和非人脸区域至关重要。其基本原理是利用图像局部区域的梯度方向直方图来构成特征。HOG 特征的提取方式如图 3-2 所示。给定一幅输入图像，为了消除光照和对比度等因素对图像的影响，首先需要将整幅图像进行归一化处理。这种归一化处理有助于减少图像局部的阴影和光照变化，从而使人脸特征更加突出。接着将图像划分成若干个小的单元格，每个单元格被称为一个包含多个像素点的"细胞单元"。这些细胞单元是 HOG 特征提取的基本单位。对于每个细胞单元中的像素点，首先计算其梯度方向和梯度大小。梯度方向用于表示像素点处的边缘方向，而梯度大小用于表示像素点处的边缘强度。然后将每个细胞单元中像素点的梯度方向和梯度大小分别统计到对应的直方图中，最后为了利用相邻像素之间的信息，将相邻的多个单元格组成一个大的"块"（block），并对块内的直方图进行归一化处理，归一化处理后的特征即为该块的 HOG 特征。将所有块的 HOG 特征串联起来，形成整幅图像的 HOG 特征向量。这个特征向量可以描述图像中的形状、边缘和纹理等关键信息，用于后续的人脸检测任务。

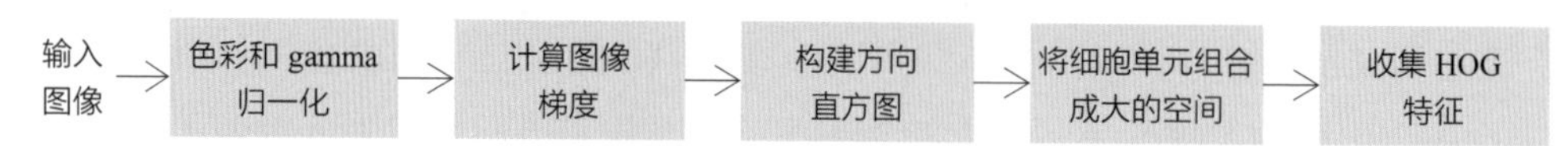

图 3-2　HOG 特征提取

具体地说，可以训练一个分类器（如支持向量机等），使其能够区分包含人脸的图像和不包含人脸的图像。在训练过程中，首先从包含人脸的图像中提取 HOG 特征作为正样本，从不包含人脸的图像中提取 HOG 特征作为负样本。然后利用这些特征训练分类器，使其能够准确地检测出图像中的人脸。

3.1.5　多模态联合表示

多模态联合表示主要用于在训练和推理步骤中同时存在多模态数据的任务，如图 3-3 所示。最简单的联合表示示例是将各个模态的特征串联在一起。在本节中，我们将讨论用更高级的方法来创建联合表示，首先是网络，然后是图模型和循环神经网络。

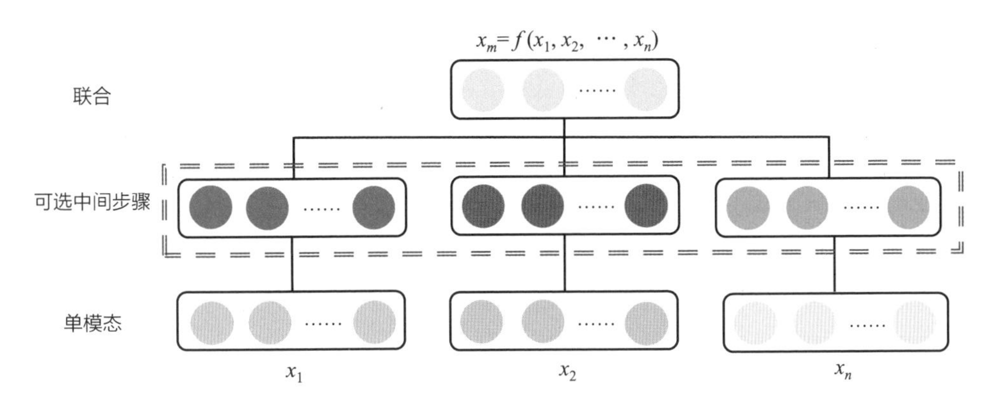

图 3-3　多模态联合表示

通常，神经网络由连续的内积和非线性激活函数组成。为了将神经网络用于表示数据的方式，首先需要对其进行训练，以执行特定的任务（例如，在图像中识别对象）。深度神经网络的多层结构使得每个后续层能够以更抽象的方式表示数据，因此通常使用最后一层或倒数第二个神经层作为数据表示的形式。使用神经网络构建多模态表示时，每个模态从几个单独的神经层开始，然后将模态投影到一个联合空间的隐藏层。接着，多模态联合表示可以通过多个隐藏层本身传递，或者直接用于预测。这样的模型可以进行端到端的训练，既能学习如何表示数据，又能执行特定的任务。因此，在使用神经网络时，多模态表示学习和多模态融合之间存在密切的关系。

基于神经网络的联合表示的主要优势在于其通常具有更高的性能，并且能够以无监督的方式预训练表示。然而，性能的提升取决于可用于训练的数据量。其中一个缺点是模型不能自然地处理缺失数据，不过现有的一些方法已经可以缓解这个问题。

图模型是另一种通过使用潜在随机变量构建表示的流行方法。在基于图模型的表示中，最常用的方法是深度玻尔兹曼机（Deep Boltzmann Machine，DBM），它将受限玻尔兹曼机（Restricted Boltzmann Machine，RBM）堆叠起来作为构建块。与神经网络类似，DBM 的每一层都期望在更高的抽象层次上表示数据，其优势在于它们不需要监督的数据即可进行训练。目前，多模态深度置信网络已被扩展为多模态深度玻尔兹曼机。这些多模态深度玻尔兹曼机能够通过在它们之上添加一个二元隐藏单元层来合并两个或多个无向图，从而学习多个模态的联合表示。由于模型的无向特性，每个模态的低层表示在联合训练后可以相互影响。

使用多模态深度玻尔兹曼机学习多模态表示的一个重要优势是其生成性质，这使得处理缺失数据变得更容易。即使一个模态完全缺失，模型也有一种自然的处理方式。它还可以用于在另一个模态存在的情况下生成一个模态的样本，或者从表示中生成两个模态。与自编码器类似，表示可以以无监督的方式进行训练，从而可以利用无标签数据。

到目前为止，我们讨论的模型可以表示固定长度的数据，然而，我们经常需要表示可变长度的序列，如句子、视频或音频流。下面将介绍可用于表示这些序列的模型。循环神经网络及其变体，如长短时记忆网络，近年来，因其在各种任务的序列建模中取得的成功而受到广泛关注。

到目前为止，循环神经网络主要用于表示单模态的单词、音频或图像序列，在语言领域取得了最大的成功。与传统的神经网络类似，循环神经网络的隐藏状态可以被看作数据的表示，即循环神经网络在时间步 t 的隐藏状态可以被看作该时间步之前序列的总结。这在循环神经网络编码器-解码器框架中尤为明显，其中编码器的任务是以循环神经网络的隐藏状态来表示一个序列，以便解码器可以重构它。

3.1.6　多模态协同表示

多模态协同表示是替代多模态联合表示的一种方法。与将模态投影到联合空间中不同，我们为每个模态学习单独的表示，并通过约束协调它们。下面首先从强制表示之间的相似性开始讨论协调表示，然后转向对生成空间中的更多结构进行约束的协同表示。多模态协同表示示意图如图 3-4 所示。

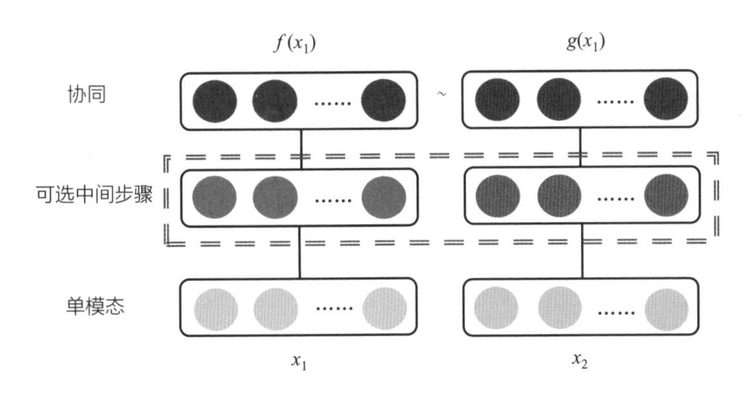

图 3-4　多模态协同表示

神经网络是构建协同表示的主要方法，它能够以端到端的方式学习表示。例如，DeViSE（深度视觉语义嵌入）[115]就是用神经网络构建协同表示的一个例子，它使用了相似度内积和排序损失函数，以及更复杂的图像和单词嵌入。此外，研究者们还通过使用长短时记忆模型和成对排序损失来扩展协同特征空间，将其应用到句子和图像的协同表示。

虽然上述模型增强了表示之间的相似性，但结构化的协调空间模型超越了相似性，并对模态表示之间施加了额外的约束。所施加的结构类型通常基于应用程序，在哈希、跨模态检索和图像字幕等任务中具有不同的约束。

结构化协同空间通常用于跨模态哈希——将高维数据压缩为具有相似二进制码的紧凑二进制码。跨模态哈希的思想是为跨模态检索创建这样的编码。哈希在生成的多模态空间上强制执行某些约束：①它必须是一个 N 维汉明空间——具有可控位数的二进制表示；②不同模态中的相同对象必须具有相似的哈希码；③空间必须保持相似性。当我们学习如何将数据表示为哈希函数时，我们试图强制执行上述 3 个要求。

结构化协同表示的另一个例子是基于图像和语言的顺序嵌入。Vendrov 等人[8]提出的模型强制执行一个非对称的不相似度度量，并在多模态空间中实现部分顺序的概念。其思想是捕捉语言和图像表示的部分顺序，对空间进行层次化约束。例如，“一个女人遛狗”的图像→文本“女人遛狗”→文本“女人走路”。

结构化协同空间的一个特殊情况是基于典型相关分析（CCA）的空间。典型相关分析通过计算一个线性投影来实现，旨在最大化两个随机变量之间的相关性，并在新空间中强制正交性。典型相关分析模型已被广泛用于跨模态检索和视听信号分析。有研究者对典型相关分析的扩展尝试构建最大化相关性的非线性投影，以及核典型相关分析（KCCA）使用再生核希尔伯特空间进行投影。然而，由于该方法是非参数的，它在训练集的规模上扩展性差，并且在非常大的现实世界数据集上存在问题。因此，深度典型相关分析（DCCA）被引入作为核典型相关分析的替代方法，并解决了可扩展性问题，同时还显示出更好的相关表示空间。类似的对应自动编码器和受限玻尔兹曼机（RBM）也被提出用于跨模态检索。典型相关分析、核典型相关分析和深度典型相关分析都是无监督的技术，它们仅在表示层面上优化相关性。因此，主要捕捉模态之间的共享信息。深度典型相关自编码器还包括一个基于自编码器的数据重构项。这鼓励表示层捕捉模态特定的信息。

3.2 多模态融合

3.2.1 数据级融合

多模态融合是将来自不同模态的异构数据整合在一起，以充分利用数据的互补性，从而提供更好的预测性能。数据级的融合是将多个独立的数据集融合成一个单一的特征向量，然后输入机器学习分类器中。由于多模态数据的数据级融合往往无法充分利用多个模态数据间的互补性，并且数据级融合的原始数据通常包含大量的冗余信息。因此，多模态数据级融合方法常常与特征提取方法相结合，以剔除冗余信息，如主成分分析（PCA）、最大相关最小冗余算法（mRMR）、自动编码器（Autoencoder）等。

3.2.2 特征级融合

特征级融合（有时被称为早期融合）首先将每种模态（文本、音频或视频）的所有特征组合成一个特征向量，然后将其输入分类算法中，如图 3-5 所示。特征级融合的好处在于它允许在不同的多模态特征之间进行早期的相关性分析，从而可能带来更好的任务完成效果。然而，将不同的元素整合起来是应用这种策略的挑战之一。这种融合方法的缺点是时间同步，因为收集到的特征属于多个模态，并且在许多方面可能存在很大差异。因此，在实现融合过程之前，需要将特征转换为所需的格式。在特征级别上进行模态融合面临着将差异很大的输入特征整合在一起的挑战。这意味着在重新训练模态的分类系统时，需要同步各种输入，这是一个困难的过程。创建一个可接受的联合特征向量是一个需要解决的问题，它由具有不同时间尺度、度量水平和时间结构的不同模态的特征组成。

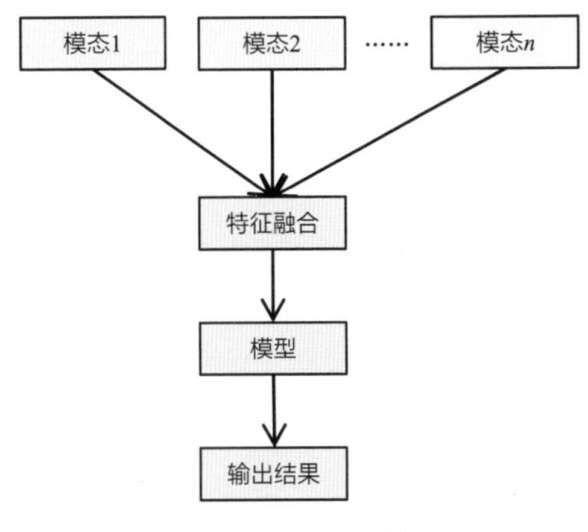

图 3-5　特征级融合

在特征级融合领域，最简单的算法是直接拼接每个模态或每个层级的特征，或者直接将它们相加。前一种方法的计算复杂度低于拼接运算符，后一种方法由于融合特征的维度增加，会消耗更多的资源。这两种融合策略不区分数据源中的冗余部分和互补部分，并且不包括特征的过滤过程。考虑到数据特征的加权融合，通常使用注意力机制来自适应地生成特征权重，并且已经在数据融合方面使用注意力机制进行了研究，例如，多模态情感识别、疾病诊断和行为识别。由于人类在关注信息的某一部分时会从多个来源接收信息，因此注意力机制也被很多研究者所关注，它可以通过计算特征的注意力分数来保留更有意义的特征部分，在多模态特征融合任务中通常表现良好。

3.2.3　目标级融合

对于机器人造的学习系统来说，设计一个统一的模态融合模型是具有挑战性的，原因有 3 个：①不同模态之间的学习动态变化；②不同的噪声拓扑结构，某些模态流可能包含比其他模态更多与任务相关的信息；③专门的输入表示。

音频和视觉之间的输入表示差异尤为明显。许多最先进的音频分类方法依赖于短时傅里叶分析来生成梅尔滤波器组系数（Mel Filter Bank，简称 FBank，又称 Log-Mel）的频谱图，通常将其作为针对图像设计的 CNN 架构的输入。这些时频表示与图像具有不同的分布：多个声学对象可以在相同的频率上具有能量，而 CNN 的平移不变性可能不再是所需的属性（虽然声学对象可以在时间上移动，但频率的变化可能会完全改变其含义）。相反，视频中的数据流是三维的（两个空间维度和一个时间维度），虽然图像的不同空间区域对应于不同的对象，但在多个帧之间存在高冗余性的独特挑战。因此，输入表示、神经网络架构和基准测试在不同的模态之间变化往往很大。为了简化起见，多模态融合的主导范式通常包括一个特设方案，通过它来整合独立的音频和视觉网络，并通过它们的输出表示或分数进行融合，即“后期融合”，也称目标级融合。

目标级融合方式针对不同的模态训练不同的模型，然后进行集成，能够更好地对每种模态数据进行建模，并且模型独立，具有较强的鲁棒性。如图 3-6 所示，目标级融合的方式是在特征生成过程（如多层神经网络的中间层次）中进行自由融合，从而实现了更大的灵活性。

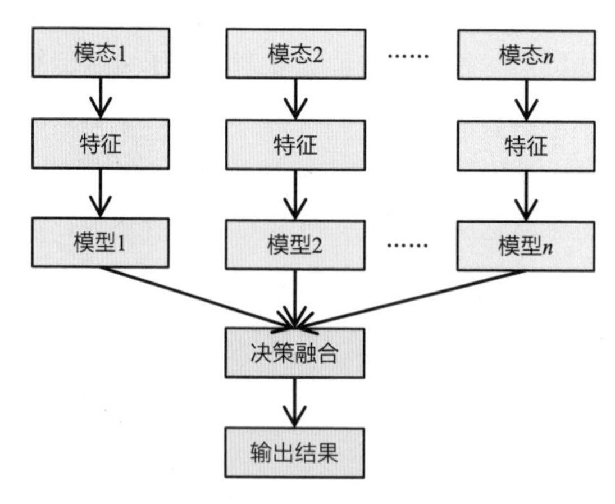

图 3-6　目标级融合

3.2.4　混合式融合

混合式融合方法是一种结合了早期和晚期融合方法的策略，它综合了二者的优点，但也增加了模型的结构复杂度和训练难度。如图 3-7 所示，研究人员使用混合式融合方法既能够利用特征级和目标级融合方法的优点，又能够避免各自的缺点。在深度学习模型结构具备多样性和灵活性的背景下，混合式融合方法在多媒体、视觉问答、手势识别等领域得到了广泛应用。

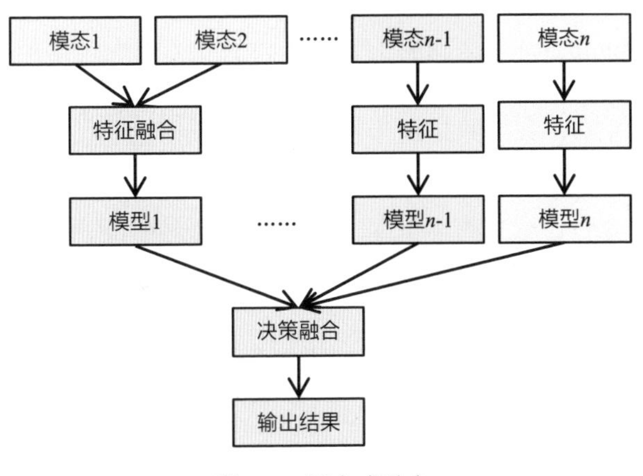

图 3-7　混合式融合

例如，在融合视频信号和音频信号的任务中，可以先分别训练基于视频信号和音频信号的深度神经网络模型，得到各自的模型预测结果。然后，将视频信号和音频信号的集成特征输入视听深度神经网络模型中，生成综合的模型预测。最后，可以采用加权方式整合各模型的预测结果，最终得到较好的识别结果。

混合式融合方法的关键在于合理选择组合策略，这对于提高模型性能至关重要。例如，在多媒体事件检测任务中，可以设计一种“双融合”的混合融合方案，充分利用早期融合捕捉特征关系和晚期融合处理过拟合的优势，从而达到较高的准确率。

3.3 跨模态对齐

3.3.1 显式对齐：无监督对齐和监督对齐

跨模态对齐是指将不同模态（如图像、文本、语音等）的数据进行匹配和对齐，以便进行跨模态任务的处理和学习。跨模态对齐的目标是找到不同模态之间的相关性和对应关系，从而能够在不同模态之间进行信息传递和共享。显式对齐是多模态数据融合的一种方法，其目标是最大化多模态数据中子元素之间的对齐程度。这种对齐可以通过无监督对齐和监督对齐来实现。

在无监督对齐中，我们给定两个模态的数据作为输入，但是训练数据没有对齐结果的标注，并且模型需要同时学习相似度度量和对齐方式，以实现子元素的对齐。这意味着模型需要学会衡量不同模态之间的相似度，并找到最佳的对齐方式。相比之下，监督对齐则利用带标签数据来训练模型学习相似度度量。这意味着我们已经有了对齐结果的标注，可以用于指导模型训练。监督对齐可以更准确地学习模态之间的对齐关系，并且可以根据具体任务的需求进行优化。

视觉定位（Visual Grounding，VG）是一种监督对齐的任务，其目标是将语言描述与图像中的物体或区域进行对齐。在这种任务中，模型需要学习将自然语言指令与图像中的目标进行关联，以实现准确的对齐。

现有的视觉定位方法可以分为两阶段方法和一阶段方法。早期采用两阶段方法处理视觉定位任务，即使用预训练的检测器生成候选框，并计算每个候选框与指代表达式之间的匹配分数。为了利用对象之间的上下文关系，一些方法使用多实例学习来发现配对的上下文区域。为了利用表达式的结构，模块化网络被提出来对表达式进行分解并建模。一些研究进一步改进了两阶段方法，通过跨模态场景图更好地建模对象之间的关系。然而，两阶段方法严重依赖于第一阶段生成的候选框的质量，并且在处理大量候选框时的计算量较大。因此，一些研究致力于一阶段的视觉定位方法以加快模型的推理速度。一阶段方法通常首先融合视觉特征和语言特征，然后在特征图网格的每个位置上进行密集回归来预测边界框。另外，一些研究提出了基于 Transformer 的视觉定位方法，该方法用于细粒度和充分的视觉-语言交互。这些模型的性能改进主要来自设计更强大的骨干网络或多模态编码器。

弱监督视觉定位（Weakly-supervised Visual Grounding）是一种无监督对齐的任务。在这种情况下，训练数据没有对齐结果的标注，模型需要自主学习如何对齐图像中的物体或区域与语言描述之间的关系。这对于没有大规模标注数据的场景非常有用，可以通过自主学习来实现对齐的目标。例如，ALBEF[21]引入了对比损失来对齐图像和文本表示，然后通过跨模态注意力机制进行融合。ALBEF 改进了先前的 VLP 模型，在多个下游任务中取得了最先进的性能，包括跨模态检索和弱监督视觉定位。

ALBEF 包含图像编码器、文本编码器和跨模态编码器。图像编码器使用 12 层的视觉 Transformer ViT-B/16[8]。文本编码器和跨模态编码器使用 6 层的 Transformer[5]。X-VLM 通过在输入中添加与图像子区域相关的文本来扩展 ALBEF。它丰富了训练数据，并在预训练中学习了视觉和语言之间的多粒度对齐。

对于弱监督视觉定位的下游任务，模型通过仅使用图像-文本监督来进行微调，共同优化图像-文本对比损失和匹配损失[21,25]。在 ALBEF 和 X-VLM 的弱监督视觉定位推理过程中，对于每个输入文本标记，通过在跨模态编码器的第三层跨注意力图上最大化图像-文本匹配分数来计算 Grad-CAM[25]。输入查询的热图 $H(q)$通过对所有输入文本标记的 Grad-CAM 进行平均计算。

3.3.2　隐式对齐：注意力对齐和语义对齐

隐式对齐是指在模型的最终优化目标不是对齐任务的情况下，对齐过程仅仅作为其中一个中间步骤或隐含的操作。在早期的基于概率图模型（如 HMM）的方法被应用于文本翻译和音素识别等任务中，通过对齐源语言和目标语言的单词或声音信号与音素之间的对应关系。然而，这些方法需要手动构建模态之间的映射关系。

目前，最受欢迎的隐式对齐方法是基于自注意力机制的对齐。在这种方法中，我们通过计算两种模态之间的注意力权重矩阵来隐式地衡量跨模态子元素之间的关联程度。例如，在图像描述任务中，我们可以使用自注意力机制来确定在生成某个单词时应该关注图像中的哪些区域。在视觉问答任务中，注意力权重被用来定位问题所指的图像区域。

基于深度学习的跨模态任务中，许多方法都使用了跨模态注意力机制来实现隐式对齐。通过计算注意力权重，模型可以自动学习不同模态之间的对应关系，从而实现跨模态的信息传递和融合。这种隐式对齐的方法在多个任务中都取得了良好的效果，并且可以根据具体的任务和数据类型进行调整和优化。

语义对齐是一种通过处理带有标签的数据集并生成语义对齐数据集来直接赋予模型对齐能力的对齐方法。语义对齐的主要实现方式是利用深度学习模型来学习语义对齐数据集中的语义对齐信息。通过使用带有标签的数据集，模型可以学习到不同模态之间的语义关联，从而实现跨模态对齐。

3.4 多模态协同学习

3.4.1 基于平行数据的协同学习

多模态协同学习的目标是将通过一种（或多种）模态学习到的信息转移到另一种任务中。通常，这涉及在训练过程中添加外部模态、学习联合表示空间，以及研究联合模型在测试期间如何转移给单模态任务。常见的例子包括使用单词嵌入进行图像分类，使用知识图谱进行图像分类，以及使用视频数据进行文本分类。多模态协同学习的重要性在于它使我们能够通过整合外部数据来改进单模态系统，这对于资源有限的目标任务特别有用。

在模态数据中，如果观察到模态之间存在直接或强相关的对齐，则被称为平行数据。在这种情况下，所有模态样本之间是对齐的，例如，在图像字幕的多模态应用中，图像和字幕是配对的，如图 3-8（a）所示。在另一些例子中，音频片段、视频帧和语言单词在多模态情感分析中是配对的。各种视觉语言任务，像字幕、场景描述、视频字幕、媒体检索等，在训练时使用配对的模态数据，而在测试时只使用一个模态，支持协同学习原则。基于翻译的协同学习方法也需要强相关或平行数据来实现情感分类。语音增强多模态模型使用视觉模态作为支持模态，通过与音频中的语音强相关的唇语视觉数据或面部表情数据来增强音频模态。使用平行数据或强相关数据是一种直观的方法，通过知识传递使一个模态支持其他模态。多个应用程序使用平行数据进行多模态任务的训练和测试。

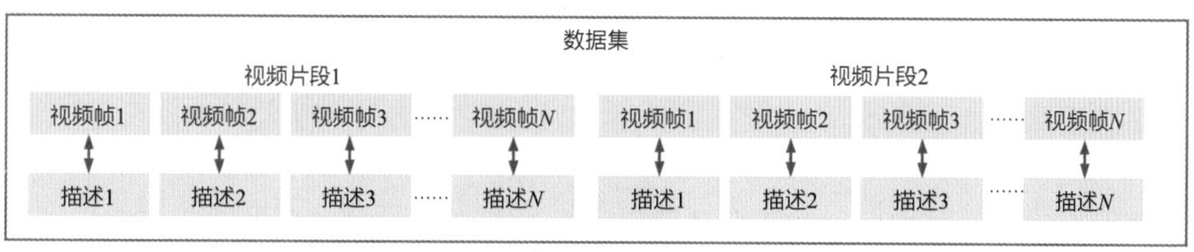

（a）平行模态

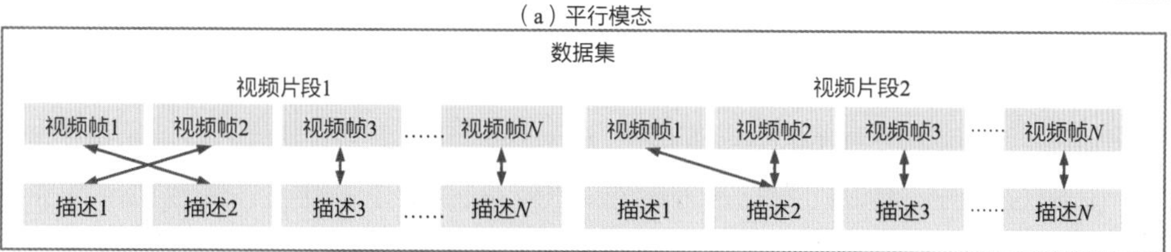

（b）非平行模态

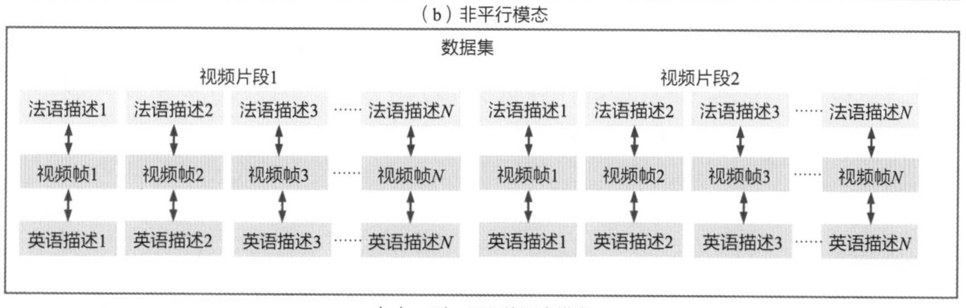

（c）一对一匹配的混合模态

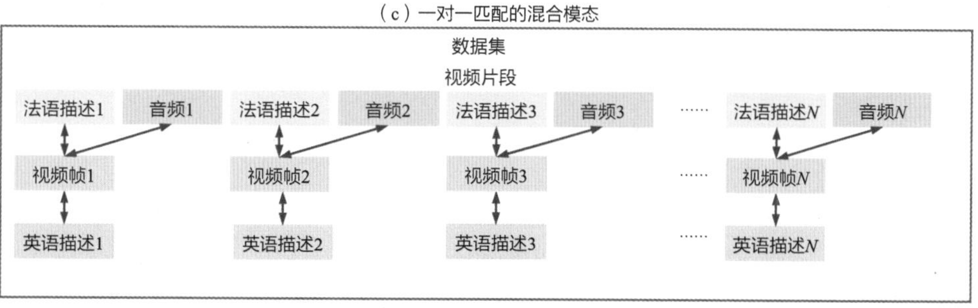

（d）一对多匹配的混合模态

图 3-8　多模态协同学习[28]

3.4.2　基于非平行数据的协同学习

从前面的内容可知，在准备平行数据的过程中，其效率低下，并且随着模态数量的增加，其工作量也会增加。此外，创建强相关的数据需要进行离线预处理，这限制了模型的端到端学习能力。在更细的层次上，数据在不同模态之间可能不对齐，但在粗略的层次上可能对齐。为了解决这个问题，研究人员提出了一种突破性的方法，即将自注意力模型应用于多模态数据。这种方法在语言建模中非常流行，常用于处理长序列。随后，自注意力机制被扩展到跨模态，实现了自动创建模态之间的对齐。

基于非平行数据的方法不需要配对数据，它利用模态之间的共享概念，如图 3-8（b）所示。深度视觉语义嵌入模型（DeViSE）使用文本信息来优化卷积神经网络提取的图像特征和文本嵌入特征之间的协调性，从而获得更好的视觉表示。在测试时，通过参考嵌入空间中的最近邻来找到视觉表示的新图像。该模型使用了一些配对数据，其余的数据是非配对数据，以得到语义嵌入。类似地，零样本学习也是在训练数据和测试数据之间没有直接匹配时进行学习的方法。它通过学习已知类别和未知类别之间的关系，来对未知类别进行准确的预测。因此，零样本学习也可以被视为一种处理数据分布不匹配的方法。例如，在未见过（标注的）猫图像的情况下对其进行分类。这是一个重要的问题，因为在许多任务中，如视觉对象分类，为每个可能感兴趣的对象提供训练样本的成本非常高。

迁移学习也可以用于非平行数据，通过将从数据丰富或干净的模态构建的表示中的信息转移到数据稀缺或嘈杂的模态中，可以学到更好的表示。这种类型的迁移学习通常通过使用协同的多模态表示来实现。

3.4.3 基于混合平行数据的协同学习

在混合数据方法中，通过使用共享的模态或数据集，可以创建两个模态之间的配对关系。这种混合数据方法可以看作一种桥梁，因为它通常连接了不同模态或数据集。图 3-8（c）展示了一个例子，其中图像作为中心模态，通过一对一的桥梁与其他模态相连。目前有许多包含英文图像和相应标题的数据集可用，但相比之下，含有像俄语、印地语、乌尔都语等其他语言的图像和标题的数据集则较少。通过将图像作为中心视图，可以有效地处理这种情况。利用桥梁相关神经网络（Bridge Correlational Neural Networks，Bridge CorrNets）之类的网络，可以实现在不同语言之间进行翻译。该网络使用中心视图学习多个视图之间的对齐表示，并且可以推广到具有一个中心模态的多个模态，如图 3-8（d）所示。

桥接关系被用于构建多模态和跨语言的嵌入向量，以实现使用多语言文本进行视频搜索。在这个场景中，视频模态被视为关键模态，与多语言字幕之间存在固有的关系。这种关系可以作为对齐和监督数据，用于创建多模态多语言的嵌入向量。对比学习方法有助于在数据点之间建立同模态、跨模态和跨语言的对应关系。实验结果显示，使用视频和多语言文本训练的 Transformer 在进行视频搜索时，其性能优于仅使用视频和英文文本进行训练的 Transformer，特别是在零样本学习任务中，它们的表现更好。

在 2016 年，机器翻译会议（WMT16）提出了两个具有挑战性的任务。第一个任务是将图像描述翻译成目标语言，可以有或没有来自图像的线索。第二个任务是在目标语言中生成图像的描述，可以有或没有来自源语言描述的线索。在第一个任务中，图像可以作为桥梁，而在第二个任务中，源语言可以作为桥梁来实现对齐数据。参与者提出了多种方法，如循环神经网络和基于区域的卷积神经网络（R-CNN），带有注意力机制的编码器-解码器模型，以及在另一个数据集上进行模型预训练。尽管多模态结果并不令人满意，但这为利用源语言和目标语言之间的共享关系指明了方向。这种方法被归类为混合的一对一方法。

视频片段中的音频和视频之间存在固有的同步关系，利用这种关系可以进行桥接对齐。SoundNet[27]利用预训练图像网络从视频中提取对象和场景作为教师网络，并将音频数据作为学生网络的输入。在这种教师-学生的安排中，从视频到音频的知识转移成为可能，从而获得声音表示。在这里，使用无标签的视频获取了 200 万个声音剪辑的音频表示。

在网络中，烹饪食谱的教学视频和文本说明很容易找到。然而，在文本和视频食谱中，教学步骤的顺序是不同的。但是，可以通过映射到中间模态来对视频和文本说明之间的关系进行对齐。通过视频的转录和文本说明的对齐，得到视频和文本说明之间的映射，这些映射是同一道菜的不同食谱之间的对齐。这种方法用于创建一个大型的研究多模态对齐食谱语料库数据集，其中包含 4262 道菜的 150000 个配对对齐，包含丰富的常识信息。这种方法可以被归类为一对多的混合数据并行处理。

多项研究表明，多模态模型的词表示（嵌入）比单纯的文本嵌入更好。创建多模态嵌入的一种方法是将多个模态的数据投影到由相似性矩阵控制的公共子空间中。在没有对齐模态数据的情况下，可以使用模态之间共享的关键信息来进行对齐。Associate Multichannel Autoencoder[30]使用模态重构来学习模态之间的关联，并使用关联单词来创建概念信息之间的映射。实验表明，该模型在词相似性和词相关性测试中表现出比文本嵌入和其他多模态嵌入更好的性能。这种方法也可以被归类为一对多的混合数据并行处理。

因此，混合数据可以利用网络上大规模的数据，并通过人们的行为生成的枢纽或桥梁进行连接。例如，多种语言的电影字幕可以在视频作为枢纽模态的情况下在各种语言之间建立桥梁。

3.5 小结

本章涵盖了多模态学习的关键内容，包括模态表示、多模态融合、跨模态对齐和多模态协同学习。

在模态表示方面，本章探讨了如何有效地表示不同感知模态的数据，包括使用深度学习方法提取图像、文本和语音等模态的特征表示。在多模态融合方面，本章介绍了一些常用的多模态融合方法，包括数据级融合、特征级融合、目标级融合和混合式融合等，以及它们在不同任务中的应用。针对跨模态对齐，本章讨论了一些常见的模态对齐方法，以及它们在图像和文本、图像和语音等不同模态之间的应用。最后，介绍了多模态协同学习，它利用不同模态之间的相关性和互补性来增强模型的表达能力。

通过对这些内容的学习和理解，我们可以有效地处理多模态数据，并提高模型在多模态任务中的性能。这为解决实际的多模态数据处理问题提供了重要的参考。

第 4 章 多模态训练

本章将深入探讨多模态模型的训练方法，内容涵盖监督、自监督和混合监督训练的不同策略。我们将介绍这些方法在视觉、文本和多模态领域的应用，以及它们在提高模型性能和泛化能力方面的潜力。从监督训练到自监督学习，再到混合监督方法的研究，本章将为读者提供全面的视角，使其能够深入了解多模态学习的现状和前沿。

4.1 监督训练

监督训练是传统的机器学习方法之一，本节将深入介绍多模态领域内的监督训练方法，按照数据类型可分为视觉监督训练、文本监督训练，以及将两者结合的多模态监督训练。

4.1.1 视觉监督训练

计算机视觉是人工智能的一个子领域，旨在让计算机和系统能够从图像、视频和其他视觉输入中获取有意义的信息，并根据这些信息采取相应的行动或提供建议。该领域的目标是使计算机具备类似于人眼的能力，通过相机和计算机代替人眼对目标进行识别、跟踪和测量，并进一步进行图像处理。

作为一个科学学科，计算机视觉领域出现了一系列从图像或多维数据中获取“信息”的人工智能算法。这些算法广泛应用于图像分类、目标检测、图像分割、视频理解等领域。通过视觉监督训练，计算机视觉使机器能够理解和处理视觉数据，从而达到接近或超越人眼的水平。

图像分类是整个计算机视觉方向中最基础的任务，它为目标检测、图像分割、视频理解等更高级的任务提供了技术支撑。图像分类的主要任务是将图片根据内容，划分为相应的类别。如图 4-1 所示为狗和猫的图片，图像分类任务能够将前两张图片归为狗类，将第三张图片归为猫类。

图 4-1　图像分类示例

图像分类的核心在于解决图像特征提取的问题，而特征提取是所有计算机视觉任务的前提。在实际应用中，图像分类涉及的场景十分广泛，例如，人脸识别、社会场所监控、交通标志牌分类、自动驾驶辅助决策等。图像分类是其中最具有代表性的方法，也是所有方法的基本思想。因此，本节从基于深度学习算法在图像分类领域中的研究成果方面，介绍图像识别的流程、演变过程及发展方向。

如图 4-2 所示，自 2012 年 Alex Krizhevsky 在 ImageNet 大规模视觉识别挑战赛（ILSVRC）中提出基于卷积神经网络的 AlexNet 模型并取得历史性的突破后，图像分类领域进入了深度学习时代。在此期间，涌现出了一大批深度学习的模型，在 ImageNet 数据集中，人眼的辨识错误率大概为 5.1%，而最好的深度学习模型的准确率到 2020 年已经达到 3%左右。也就是说，目前深度学习模型的识别能力已经超过了人眼。

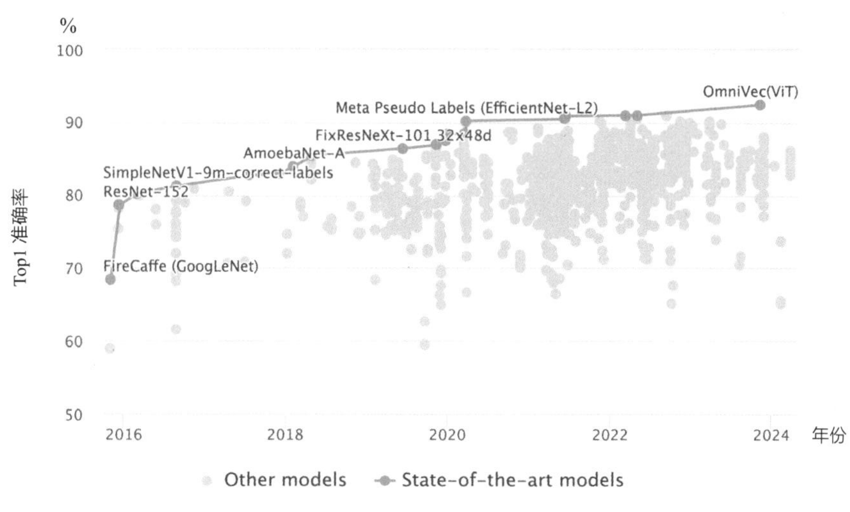

图 4-2　图像分类模型在 ImageNet 数据集的 Top1 准确率

从网络结构的角度来看，深度学习模型主要分为两类：基于卷积神经网络和基于自注意力机制的模型。

传统的卷积神经网络包含卷积层、池化层、非线性激活函数和全连接层等组件。其中，卷积层负责执行卷积操作，以提取从低层到高层的特征，从而发现图像的局部相关性和空间不变性。池化层则执行降采样操作，通过取卷积输出特征图中局部区块的最大值或均值来实现。降采样在图像处理中是一种常见的操作，它可以过滤掉部分不重要的高频信息。非线性激活函数的作用是增强网络的表达能力，在 CNN 中，最常用的激活函数是线性整流函数（ReLU）。全连接层将特征输出到分类的维度，以便进行后续的分类任务。

常见的 CNN 模型都是基于以上这些模块进行搭建的。下面介绍几个典型的 CNN 图像分类模型。

VGGNet[15]模型是由牛津大学计算机视觉组（Visual Geometry Group）和谷歌 DeepMind 共同研究出的深度卷积神经网络。因此它被命名为 VGG。该模型于 2014 年在 ImageNet 大规模视觉识别挑战赛中被提出。如图 4-3 所示，该模型进一步加宽和加深了网络结构，它的核心是五组卷积操作，每两组之间都会进行最大池化（Max Pooling）操作来降低空间维度。同一组内采用多次连续的 3×3 卷积操作，卷积核的数量由较浅组的 64 个增加到最深组的 512 个，同一组内的卷积核数量相同。在进行卷积操作之后，VGG 模型接两层全连接层，最后是分类层。

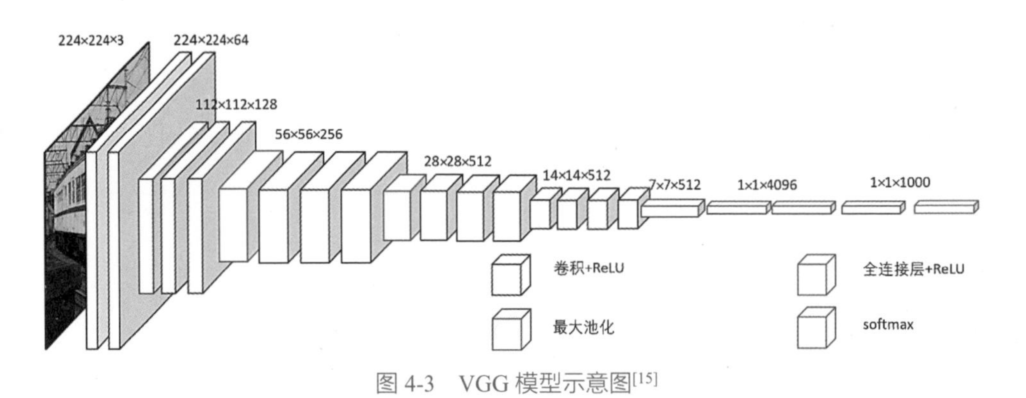

图 4-3 VGG 模型示意图[15]

GoogLeNet 于 2014 年在 ImageNet 竞赛中获得了冠军，GoogLeNet 模型由多组 Inception 模块组成（见图 4-4），并借鉴了 VGG 模型的一些思想，引入了多层感知机卷积网络（Multi-Layer Perceptron Convolution，MLPConv）代替一层线性卷积网络。

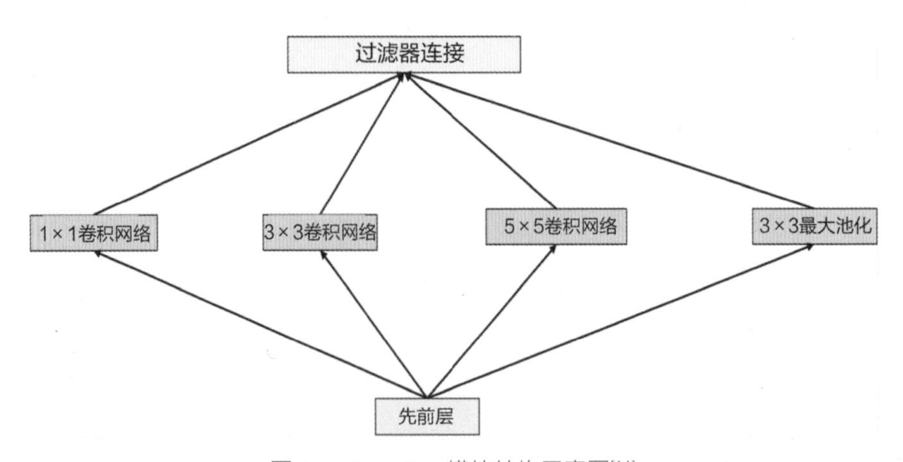

图 4-4 Inception 模块结构示意图[14]

残差网络（Residual Network，ResNet）[16]是 2015 年 ImageNet 图像分类、图像物体定位和图像物体检测比赛的冠军。针对随着网络训练加深导致准确率下降的问题，ResNet 提出了残差学习方法来改善深层网络训练难的问题。在已有设计思路的基础上，残差模块（见图 4-5）被引入。每个残差模块包含两条路径，一条路径是输入特征的直连通路，另一条路径是对该特征做两到三次卷积操作，得到该特征的残差，最后将两条路径上的特征相加，这种残差连接的方式也启发了注意力神经网络（Transformer）中前馈神经网络（Feed-Forward Neural Network，FFN）的设计。

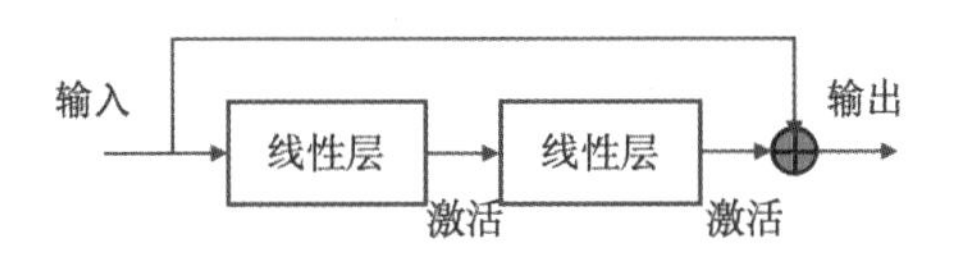

图 4-5　残差模块示意图[16]

Transformer 由 Vaswani 等人提出，起初用于机器翻译，后来逐渐成为许多自然语言处理（NLP）任务中最先进的方法。如图 4-6 所示，Vision Transformer（ViT）[8] 受 NLP 中 Transformer 扩展成功的启发，将图像拆分为小块，并提供这些小块的线性嵌入序列作为 Transformer 的输入，图像块与 NLP 应用程序中词的处理方式相同，以监督方式对模型进行图像分类训练，取得了巨大的突破。当前主流的多模态算法中，视觉编码器的设计也主要采用 ViT 结构。

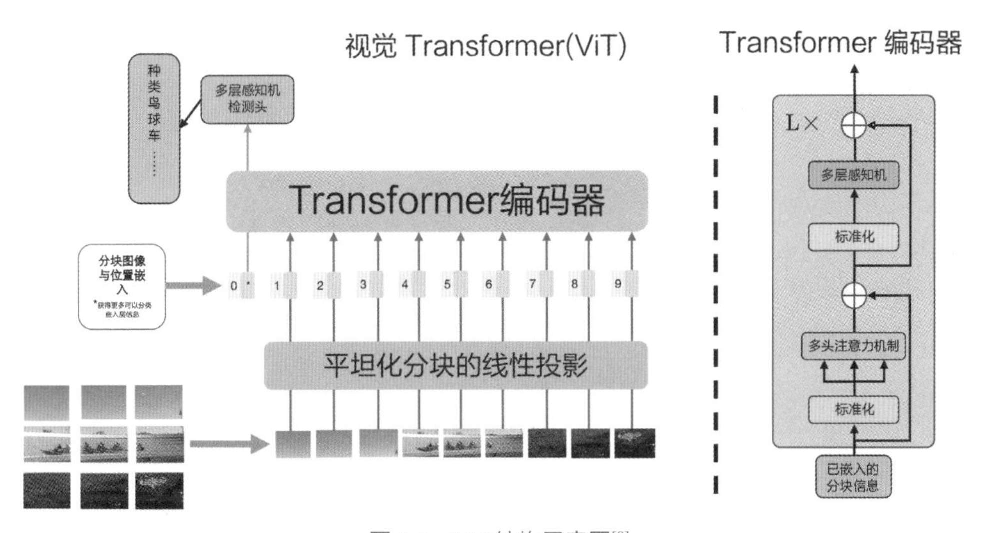

图 4-6　ViT 结构示意图[8]

4.1.2　文本监督训练

深度学习已经成为解决各种复杂问题的强大方法，而文本处理是深度学习应用领域之一。本节将深入探讨基于深度学习的文本监督训练方法。

深度学习在文本处理领域取得了显著的成就，由于其文本的先天性优势，自然可以用于自监督训练，因此诞生了以 BERT[9]、GPT[50]为代表的自监督算法。目前，监督训练在实际应用中主要作为辅助自监督预训练模型，并在具体任务上进行微调。该方法在 5.3 节中有详细介绍。在监督方法中，我们使用带有标签的数据集来训练模型，使其能够理解文本的语法、语义和结构，以便进行各种自然语言处理任务。下面介绍深度学习的文本监督训练方法。

1. 数据准备

在监督学习中，准备好的数据集对模型的性能至关重要。对于文本任务，我们需要一组带有标签的文本数据，这些标签可以涵盖情感类别、命名实体、语法结构等方面。数据集的多样性和质量直接影响模型的泛化能力。

2. 文本表示

在深度学习中，文本通常被转换为向量表示。常见的表示方法包括词嵌入（Word Embeddings）和句子嵌入（Sentence Embeddings）。其中，词嵌入将每个词映射到高维向量空间，以便捕捉词之间的语义关系。句子嵌入将整个句子映射到向量空间，这样有助于理解句子的整体含义。

3. 深度学习模型

在文本处理任务中，深度学习模型通常采用循环神经网络（RNN）、长短时记忆网络（LSTM）、门控循环单元（GRU）或 Transformer 等架构。这些模型能够捕捉文本中的长距离依赖关系，对上下文进行建模，并学习抽象的文本表示。目前大多数文本大模型都是基于 Transformer 进行训练的。

4. 损失函数

损失函数是评估模型性能的关键组成部分。对于分类任务而言，交叉熵损失函数是常见的选择。对于序列标注任务而言，可以使用序列标注损失，如标注状态损失。损失函数的选择应考虑任务的性质和目标。

5. 反向传播算法和优化算法

在监督训练中，我们通过反向传播算法和优化算法来调整模型的参数以最小化损失函数。常见的优化算法包括随机梯度下降（SGD）、Adam 等。调整学习率、正则化和批量大小等超参数也是优化模型性能的重要步骤。

6. 模型评估与调优

为了评估模型的性能，通常将数据集划分为训练集、验证集和测试集。通过在训练集上训练模型，在验证集上进行调优，最后在测试集上评估性能，有助于检测模型是否过拟合或欠拟合，并确定是否需要进一步调整模型架构或超参数。

7. 迁移学习

迁移学习是提高模型性能的重要手段之一。通过将一个任务上学习到的知识迁移到另一个相关的任务上，可以减少对大量带标签数据的需求，提高模型的泛化能力。

8. 部署与应用

训练好的模型可以部署到实际应用中。在应用中，模型需要能够实时处理输入文本，并生成相应的输出。模型的部署过程需要考虑性能、效率、安全性等因素。

通过以上步骤，基于深度学习的文本监督训练方法能够有效地解决各种自然语言处理任务，包括但不限于情感分析、命名实体识别、文本分类等。这些方法在学术界和工业界的应用不断取得新的突破，并推动着自然语言处理领域的发展。

4.1.3　多模态监督训练

在深度学习时代，多模态预训练模型被广泛认为是从限定领域的弱人工智能迈向通用人工智能的关键路径。事实上，在人工智能领域中许多应用都涉及多种模态，例如，视频字幕、文本到图像生成和视觉语言导航，在这些应用中，自然语言可以帮助机器“理解”图像内容，将语言中的语义信息与图像中的视觉特征建立潜在关联。例如，对于“美丽图片”的概念是基于视觉表示的，很难用自然语言或其他非视觉方式来准确描述。因此，多模态大模型对于实现更全面、更准确的理解和推理至关重要。特别是针对视觉和自然语言模态的结合，无论是在计算机视觉领域还是在自然语言处理领域都是重要的课题。

多模态深度学习主要包括三个方面：多模态表示、多模态融合和多模态应用。

多模态表示：研究输入数据的表示形式是深度学习的核心问题。对于多模态任务，跨模态收集并行数据是比较困难的。其中，利用具有期望属性的预训练表示形式（如适合零样本或小样本学习的属性）通常是解决此问题的有效方法。

多模态融合：融合不同模态的表示形式是多模态任务的重要问题。由于很难基于阶段对最新的复杂方法进行分类，通常采取根据融合过程中使用的实际操作对相关工作进行分类。

多模态应用：主要包括三种类型的应用，即图像描述、以文生图和视觉问答。这些应用提供了如何将表示学习与融合应用到特定任务的实例。

下面着重介绍几种多模态应用。

图像描述（Image Caption）是一项旨在通过图像来自动生成该图像的自然语言描述的任务，如图 4-7 所示。该任务需要模型对图像的理解水平超出一般的图像识别和对象检测方法，是涉及图像和文本的多模式组合的首要任务之一。

一个草莓蛋糕

红彤彤的天空

带锁的箱子放在台面上

正在燃烧的红色蜡烛

图 4-7　图像描述

图像描述任务经历了从基于模板的方法到现在基于编码器-解码器方法的演变。早期，基于模板的方法首先通过深度学习中的目标检测方法提取图片中的物体并生成文字标签（见图 4-8），然后将标签嵌入描述模板中，以此达到图像描述的目的。然而，这种方法严重依赖于图像检测模型，并且生成的文本描述缺乏多样性，仅能提供图像检测模型所识别的有限物体标签，无法生成抽象概念。

图 4-8　检测模型提取标签

受机器翻译领域的影响，图像描述模型也开始采用编码器-解码器架构。首先，使用卷积神经网络将图像编码成一个特征向量，然后将该特征向量输入循环神经网络，解码为一条文本描述，即生成的图像字幕。尽管这类方法的功能强大且方便，但编码器-解码器体系结构在捕捉图像的对象与句子中单词之间的细粒度关系方面存在局限。

为解决这一问题，本书提出了基于注意力的编码器-解码器模型，如今这种方法已成为该任务的标准基准。在注意力编码器-解码器模型中，解码器在生成下一个单词之前，首先会计算与图像中对象匹配的得分，然后加权图像特征以生成下一个令牌。目前，许多研究尝试引入图像或文本中的额外知识，以提高模型的性能。

以文生图是多模态任务中最具挑战性的生成任务之一，该任务的目标是通过用户输入的一句话或一条文本描述，生成符合用户期待的图片，如图 4-9 所示。与图像描述任务相反，该任务将文本作为输入，图像作为输出。图像由上万甚至十万像素组成，每像素又具有非常高的可选择性。因此，与生成文本相比，生成真实的能被人眼接受的图像是极有挑战性的。在图像生成方面，深度学习领域中的变分自编码器（Variational Autoencoder，VAE）和生成对抗网络（Generative Adversarial Networks，GAN）一直深受研究者关注。其中，变分自编码器通过 KL 散度（Kullback-Leibler Divergence）来衡量神经网络输出的分布与标准正态分布，进而构建重构损失，这种方法在图像生成方面被广泛应用，但不适合文本引导。生成对抗网络构建了判别器与生成器来相互促进，彼此增强，通过对抗的形式提高图像生成效果。近年来，基于生成对抗网络的方法在文本引导方面也取得了显著的进展，尤其在公开可用的图像描述数据集上进行训练时。然而，这些方法都是在小规模数据集上进行训练测试的，在如今大规模数据背景下，如 GPT[19]、DALL · E[30]、CogView[31]等方法，利用 Transformer 架构，将图片离散化为一个个词元后输入网络进行训练。由于使用了更大规模的数据集和参数，这些方法生成的图片往往更加逼真，也更加丰富。

上空飞着鸟儿的码头照片

在城市街道上行驶的城市公交车

一个男人拿着盘子吃一块比萨的特写镜头

一个女人在一座白色的大山上滑雪

图 4-9　以文生图

视觉问答（VQA）是一种通过询问与图像或视频中呈现的视觉信息相关的问题来测试系统理解自然语言问题，并以自然方式回答的能力的任务，如图 4-10 所示。基于图像的视觉问答通常被认为是视觉图灵测试。早期的模型使用模板或语法树来转换描述性句子以产生问题。后来的研究侧重于使用由人类或强大的深度生成模型（如变分自编码器或生成对抗网络）编写的自由形式的自然语言问题，这些问题通常涉及判断、计数、回答对象类别和实例等。

问题：图像中消防栓是什么颜色？

普通图像|红色

复杂图像|黑色和黄色

问题：底面是什么颜色？

普通图像|棕色

复杂图像|棕色和绿色

图 4-10　视觉问答

视觉问答常用的数据库构建通常包括“什么”“谁”“如何”“位置”“何时”“为什么”“哪个”这 7 个类别。这些问题的答案往往与图像中对象的边界框相关。针对这些数据库的方法，研究人员通常关注将图像和问题向量与基于注意力和双线性池化的方法融合。然而，这些方法具有较强的普遍先验条件，例如，“大多数香蕉是黄色的”“天空通常是蓝色的”，这可能导致视觉问答模型过度拟合统计偏差和答案分布。

为了减少这种偏差，基于视觉基因（Visual Genome）场景图的对象、属性和关系创建了一个名为 GQA（General Question Answering，一般问答）的新数据集。GQA 通过使用控制推理步骤的功能程序来生成问题，从而减少偏差。视觉问答方法面临的另一个主要问题是对问题中语言变化的鲁棒性较差。为了解决这个问题，研究人员提出了一种基于循环一致性的方法。该方法通过强制原始问题与经过人工改写的问题之间，以及真实答案与基于原始问题和改写问题的预测答案之间的一致性来提高语言的鲁棒性。

多模态大模型在国内外引起了研究人员的广泛关注，近年来，涌现出了一大批优秀的多模态理解模型和生成模型。在多模态理解模型方面，从以统一模态为目标的 UNITER（Universal Image-Text Representation Learning）、抽离数据标签的 Oscar（Object-Semantics Aligned Pre-training）到使用对比学习方法的 CLIP（Contrastive Language-Image Pre-training），模型使用的数据量和参数量逐渐增加。在生成模型方面，从前面所提到的 DALL · E、CogView 等离散化词元的方法到扩散模型的兴起，文本生成图像的效果已达到了令人瞩目的水平。下面着重介绍这几种方法的原理。

UNITER 模型提出统一图片与文本表征，以 Transformer 架构为核心，利用自注意力机制来学习图片与文本的序列化表征。在图像端的处理上，UNITER 利用现成的目标检测来提取图像中主要对象的位置与标签信息，并将这些信息以离散的形式输入网络结构中。在文本端的处理上，UNITER 借鉴了 BERT 模型，设计了图像条件引导的掩码语言建模（MLM）损失函数，文本条件引导的掩码区域建模（MRM）损失函数和联合图像文本匹配任务（ITM）。通过这三种损失函数，UNITER 成功地训练了能够统一两种模态的模型，并在各种图文下游任务上取得了良好的效果。

与 UNITER 类似，Oscar 在统一图文模态方面也使用了相同的框架，但与之不同的是，Oscar 创新地将从图片中提取的标签作为另一种表征形式，与图文两种模态一起输入网络中。标签在模态上属于文本，在内容上属于图像，很好地契合了融合两种模态的想法。因此，Oscar 也在各种下游任务上取得了优异的效果。除此之外，使用 Oscar 的模型框架仅仅将提取图像标签的网络替换为更强大的神经网络之后，Oscar 又取得了比之前更优异的结果，由此证明了 Oscar 模型的有效性。

CLIP 作为一种经典的图文理解模型，成功地将图文两种模态融合在一起，并广泛应用于其他模态，如视频、语音和三维。CLIP 的方法简单有效，它使用大量图文数据（四亿对）和对比学习的方法，将图像端和文本端提取的特征进行对比，将同一配对中的数据作为正样本，同一批次内不同配对的数据作为负样本，计算对比学习损失函数。网络结构采用现有模型，如图像端使用 ResNet[16]或 ViT[8]，文本端使用 BERT 等。尽管 CLIP 方法简单，但其缺点也很明显，如需要大量的计算资源，训练过程受到批次大小的限制，对下游检索任务友好但不适用于其他下游任务。总的来说，CLIP 开创了一种新的图文模态融合方式，不再局限于目标检测等预先提取特征的设计，同时为零样本图像分类提供了强大的基线。

Cogview 和 DALL · E 作为典型的以文生图模型，借助大规模数据和 Transformer 架构实现了优异的效果。它们的工作过程如下。

首先，将输入文本通过现有的分词（SentencePiece）模型转换为离散化的词元。接着，对于图像端，使用 VQ-GAN 网络将图像映射到一个低维离散的潜在空间中，也将其转换为词元。然后，将文本词元和图像词元拼接到一起，输入模型中学习生成图像。完成训练过程后，在测试时，模型可以通过输入文本生成相应的图像。最后，通过计算分数对生成的图像进行排名，找到匹配的图像。

扩散模型作为一种当前非常受欢迎的生成模型框架，经过对高质量大规模数据的训练后，其生成的图像质量可以与真实的画作相媲美。这一模型的灵感源于热力学领域，它定义了一个扩散步骤的马尔可夫链，并逐步向真实数据中添加随机噪声。这个过程被称为前向过程，其中不包含任何可学习参数。在反向扩散（也被称为逆扩散）过程中，我们从噪声中逐步构建出所需的数据样本，与前向过程相反，逆扩散的目标是恢复原始数据，这个过程可以通过神经网络进行拟合，同样也是马尔可夫链的过程。目前，扩散模型已成为 AIGC（Artificial Intelligence Generated Content）的主要生成模型之一。例如，《太空歌剧院》（见图 4-11）就是由扩散模型生成的作品，它参加了美国科罗拉多州博览会艺术比赛并荣获一等奖。此外，扩散模型还能根据文本描述生成对应的图像，如图 4-12 所示。这种结合文本和图像的生成方式为我们创造出更加丰富、多样的内容提供了新的可能性。

图 4-11 《太空歌剧院》作品

图 4-12 扩散模型根据文本生成的图像（分别是小桥流水、月光下的城堡）

如图 4-13 所示，通过使用面向超大规模的高效分布式训练框架，我们成功构建了三模态预训练大模型“紫东太初”。该模型创新性地实现了视觉-文本-音频三模态数据的“统一表示”与“相互生成”，为跨模态通用人工智能平台赋予了多种核心能力。

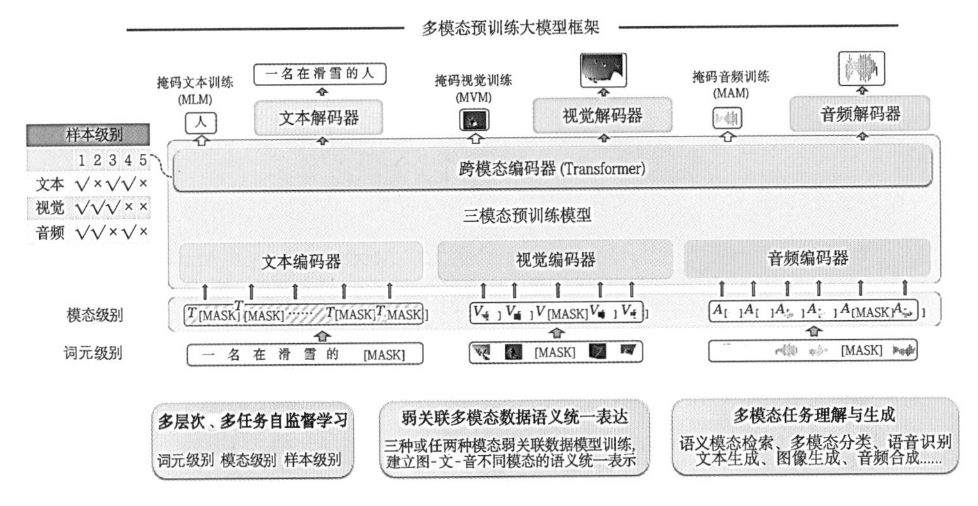

图 4-13　“紫东太初”模型示意图

“紫东太初”视觉-文本-音频三模态预训练模型分别采用基于词元级别（Token-level）、模态级别（Modality-level），以及样本级别（Sample-level）的多层次、多任务自监督学习框架，更关注图-文-音三模态数据之间的关联特性和跨模态转换问题，为更广泛、更多样的下游任务提供模型基础支撑。该模型不仅可实现跨模态理解，还能完成跨模态生成。因此，可应用的场景从图像识别、语音识别等理解任务到文本生成图像、图像生成文本、语音生成图像等生成任务一次性全部完成。灵活的自监督学习框架可同时支持三种或任意两种模态弱关联数据进行预训练，有效地降低了多模态数据收集与清洗成本。

从具体的实现来说，该算法是基于三级自监督学习的预训练方式，即词元级别、模态级别和样本级别。详细实现如下。

（1）词元级别

预训练任务包括以下三方面。

- 文本掩码建模（Masked Language Modeling）：随机掩盖一些文本单词，需要模型根据上下文预测被掩盖的单词是什么。
- 视觉掩码建模（Masked Vision Modeling）：随机掩盖一些图像区域，让模型预测被掩盖的区域。

- 音频掩码建模（Masked Audio Modeling）：随机掩盖一些语音词元，模型需要预测被掩盖的词元是什么。

（2）模态级别

此阶段预训练的任务包括文本重构和图像重构，这两个任务分别学习重构输入文本和图像。研究人员引入了模态级别掩码（Modality-Level Masking）机制随机掩盖一个模态信息，使得模型需要根据其他模态信息对当前模态进行重构，从而能够进行下游的跨模态生成任务。这个机制也带来了另一个好处，即它使我们的模型不仅能够处理三模态输入，还能处理两模态输入，从而适应下游的两模态任务。

（3）样本级别

此阶段预训练的任务是通过对每个样本随机替换三种模态信息中的一种或两种，让模型来预测替换哪些模态。这个过程有助于模型学习如何处理多模态输入，从而更好地理解和表示不同类型的数据。

4.2 自监督训练

随着互联网与移动设备的普及，数据的生成与获取变得越来越容易，数据也呈指数级增长。与此同时，近年来，深度监督学习取得了巨大的成功。然而，由于其对人工标签的依赖和容易受到攻击等特点，促使人们寻求更好的解决方案。大量的数据给学界和工业界提供有力保障的同时，也给数据的标注和分析带来了极大的挑战。面对这种呈指数级增长的数据，我们需要设计计算机模型，使其具有强大的无监督学习与通用知识迁移能力，从而在统一框架下实现不同领域任务的性能提升，这也是智能化时代的迫切需求。因此，充分利用大量无标签数据构建高效的无监督模型，从而有效地降低下游任务数据的标注量，甚至在使用少量带标签数据或不使用数据微调情况下获得良好的性能，具有极高的研究价值和应用前景。

图灵奖获得者 Yann LeCun 在演讲时曾说：“如果智能是一块蛋糕，那么蛋糕的主体是无监督学习，蛋糕上的糖衣是监督学习，蛋糕上的樱桃是强化学习，而人类对世界的理解主要来自大量未标注的信息。”无监督/自监督学习（SSL）方法已经在自然语言处理领域取得了巨大的成功，如 BERT 和 GPT 系列模型在大规模语料上进行无监督预训练，在各类下游任务中表现出色。因此，无监督/自监督学习被广泛认为是实现人类智能的关键之一，也是通往通用人工智能的重要途径。

自监督学习在过去因其在表示学习方面的飞速发展而吸引了许多研究人员的关注。其设计思想适合用于训练视觉大模型：利用大量的无标签数据训练模型，以此构建通用的视觉表征，从而使各类下游任务受益。

自监督学习的常用方法是提出不同的上游任务（Pretext Task）。网络可以通过学习上游任务的目标函数来训练，视觉特征也在这个过程中获得。在自监督的上游任务训练阶段，自监督方法首先根据数据的某些属性自动生成该前置任务的伪标签，以此来训练神经网络获得预训练模型。然后将预训练模型的参数迁移到下游任务中进行监督训练。在自监督训练完成后，可以将学习到的视觉特征作为预训练的模型进一步迁移到下游任务，以提高性能，从而避免出现过度拟合的情况。

自监督学习通过利用数据本身的结构来训练，无须显式标注。本节将探讨在多模态场景下应用自监督学习的方法。

4.2.1　基于对比学习的自监督训练

对比学习是目前自监督研究社区最热门的研究方向。它基于一个关键假设：对于同一图像的不同视角（叫作正样本，通常由数据增广获得），网络应该提取相似的特征；而对于不同的图像（叫作负样本，从数据集中重采样获得），网络提取的特征应该尽量远离。

此类方法的典型代表是 MoCo、SimCLR[9]、BYOL[50]等。

MoCo：此方法基于对比学习提出了视觉词典。在这种方法中，使用内存中的一个视觉词典来保存以往样本的特征。在网络中直接输入的样本均为正样本，而负样本则从视觉词典中获取，所以不需要很大的训练批量，如图 4-14 所示。

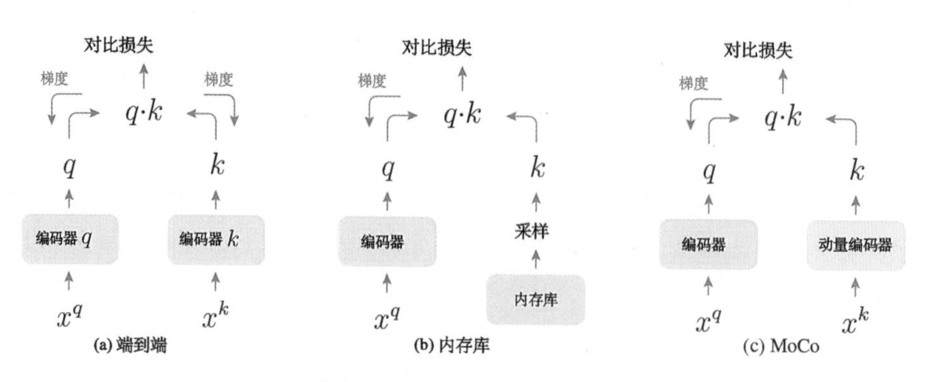

图 4-14　MoCo 训练框架图

SimCLR：此方法基于对比学习，将同一个批次（Batch）中的其他样本视为负样本。因此，需要非常大的训练批量和大量的 GPU 来训练网络。

BYOL：此方法提出一种无须负样本即可学习的自监督方法，其本质仍然是对比学习的思想，这种方法将同一图像的不同视角视为同一个类别。BYOL 训练框架如图 4-15 所示。

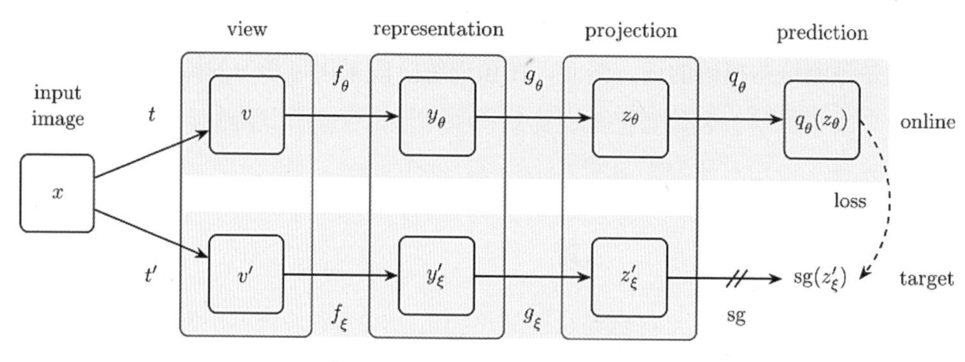

图 4-15　BYOL 训练框架图[50]

对比学习的成功建立在语义一致性假设的基础之上，开源的单目标数据集 ImageNet 确保了这种假设的有效性。然而，当使用多目标数据集训练神经网络时，这一假设可能不成立，从而影响到图像中有用特征的提取。为了解决这个问题，UniVIP[35]提出了一种可以在任意目标上进行训练的自监督方法。该方法包括场景-场景、场景-实例和实例-实例三个粒度的学习水平，通过深层次自监督学习，实现了通用性的表征。

4.2.2 基于掩码学习的自监督训练

为了充分利用句子双向的上下文信息，谷歌公司提出了 BERT 模型。该模型可以被理解为一个通用的语言模型，为不同的 NLP 任务提供支持。BERT 模型是一种基于微调的多层双向 Transformer 编码器，需要海量的数据和强大的计算能力才能实现训练。与以往基于特征的语言模型相比，BERT 模型的输出不是固定的，而是根据上下文信息进行调整的。也就是说，即使是同一个词语，在不同语境下，对应的编码输出也不尽相同，从而有效地解决了多义词的问题。

受完形填空任务的启发，BERT 通过使用掩码语言模型（Masked Language Model，MLM）预训练减轻单向约束问题。MLM 随机掩码掉输入中的一些词元，目标是从这些词元的上下文中预测出它们在原始词汇表中的 ID。MLM 目标允许表征融合左右两侧的上下文信息，这使得可以预训练深度双向的 Transformer 模型。除了 MLM，该模型还使用了一个“下句预测”任务，连带预训练文本对表征，具体如下。

任务 1：掩码语言模型。在输入的词序列中，随机选择 15%的词进行掩码，任务就是预测这些掩码的词。然而，在预训练阶段采用可学习的掩码词替换，而在微调阶段则不存在这种掩码词。为了解决这个问题，我们设定 80%的概率用掩码词取代被选中的词，10%的概率用一个随机词取代它，另外 10%的概率保持不变。

任务 2：预测下一个句子。任务 2 主要是为了学习句子之间的关系，这种关系并非根据语言模型直接获得，而是选择句子 A 和句子 B 作为训练样本，其中 B 有 50%的可能是 A 的下一句，另外 50%可能来自语料中的随机句子。

任务 1 和任务 2 都采用交叉熵损失函数，总损失函数采用两个任务的损失值相加。通过大规模语料预训练以后，我们可以得到一组模型的参数，下游任务直接利用模型的参数，再根据任务的训练语料监督地微调，就可以得到不错的效果。

受掩码语言模型 BERT 的启发，中国科学院自动化研究所提出了 MST[36]。其在对比学习框架的基础上进行了恢复像素的掩码图像模型的训练。此外，MST 还提出了一种注意力引导的掩码策略，该策略利用教师模型产生的注意力图指导学生模型进行掩码操作。MST 是视觉 Transformer 提出后的首个掩码图像模型，其整体框架如图 4-16 所示。

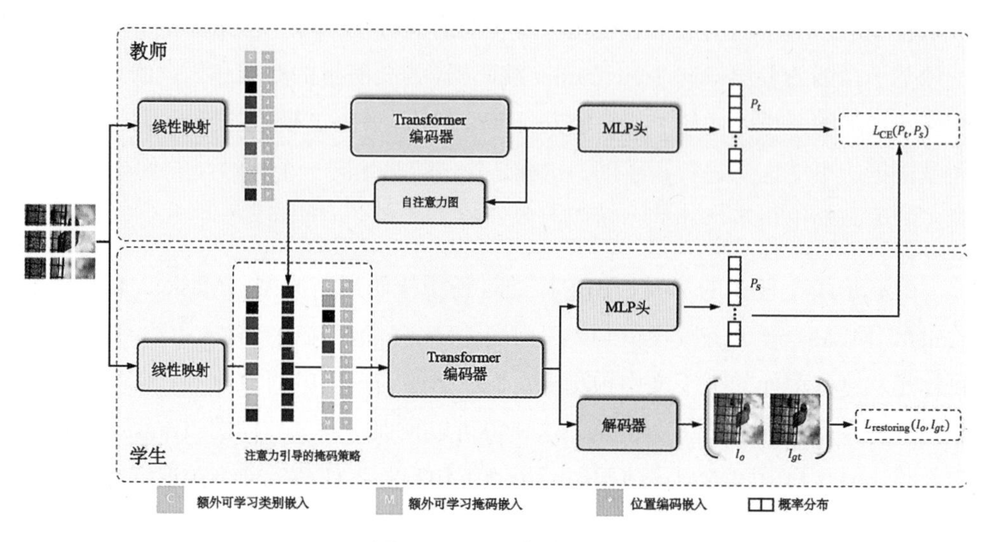

图 4-16　MST 框架图[36]

北京字节跳动科技有限公司(简称字节跳动)在MST的基础上提出了 iBoT[37]，其不再关注恢复像素，而是参考 MST 利用教师模型产生的信息指导学生模型。具体地说，iBoT 对学生模型的词元进行掩码，并利用教师模型的完整词元作为标签信息进行训练和学习。iBoT 的框架如图 4-17 所示。

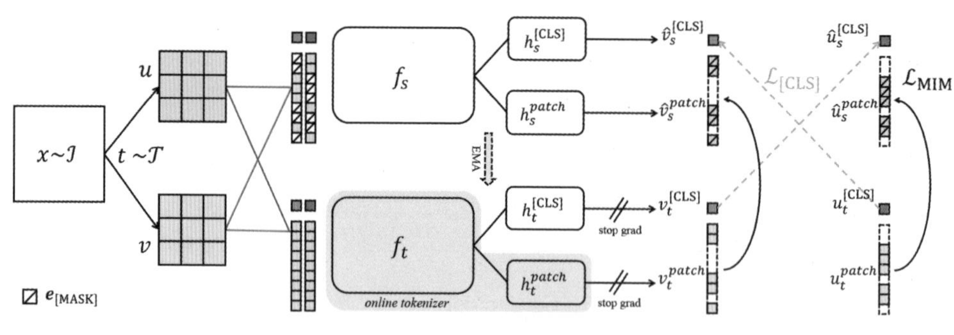

图 4-17　iBoT 框架图[37]

Meta 公司对 iBoT 的工作进行了工程方面的优化，并在大规模数据上进行了训练，得到目前最强大的视觉自监督大模型 DINO v2[38]。该模型在图像分类、目标检测、语义分割、深度估计等各类理解任务上都远超此前的自监督模型。

此外，在掩码自编码模型[39]（其框架见图 4-18）领域，图像经过线性层映射成词元集合并被随机掩码，将仍可视化的词元输入编码器，得到编码器输出的潜在表示，其和被掩码的词元串联输入解码器中重建被掩码的输入。此种训练方法可以提取较好的表征，适合在密集预测的下游任务中使用。此外，微软亚洲研究院提出的 BEiT[40]、SimMIM[41]也是此类方法中的一种。

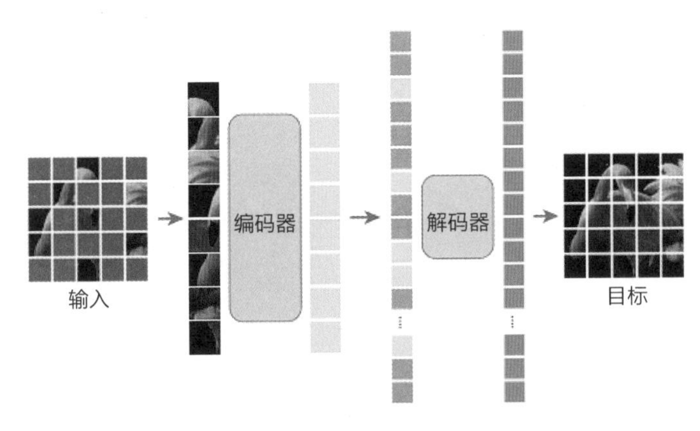

图 4-18　掩码自编码模型框架图

4.3　混合监督训练

混合监督训练方法结合了监督学习和自监督学习的优势，通过灵活的方式使用多源信息，提高模型的泛化能力。

4.3.1　监督与自监督的混合监督训练

人工智能领域的研究一直在不断发展，其中，监督和自监督的混合监督训练是近年来备受关注的一个研究方向。这种混合监督训练方法结合了监督学习和自监督学习的优势，为模型提供了更丰富、更有表现力的特征表示，从而在各种任务上取得了更好的性能。在本节中，我们将深入探讨监督和自监督的混合监督训练的研究现状，以及该方法在人工智能领域的应用。

在开始深入研究监督和自监督的混合监督训练之前，让我们回顾一下监督学习和自监督学习的基本概念。

监督学习是指模型从带标签的数据中学习，在其输入和输出之间建立映射关系。这种方法需要大量标注数据，适用于许多任务，如图像分类、语音识别和自然语言处理。另外，自监督学习是一种无监督学习的形式，其中的模型通过学习数据本身的内部结构来进行训练。在自监督学习中，模型利用输入数据的一部分作为输入，并预测其余部分，从而学到有用的特征表示。

监督和自监督混合监督训练的理论基础在于结合监督学习和自监督学习的优势，从而克服了各自的局限性。通过监督学习，模型从带标签数据中学到有用的知识，自监督学习则通过利用数据本身的信息来进行无监督训练，提供更广泛的数据利用方式。近年来，许多研究者致力于探索监督和自监督混合监督训练的潜力。一些研究表明，在特定任务上，这种方法可以取得比纯监督学习或纯自监督学习更好的性能。

然而，这个领域仍然面临一些挑战，例如，如何平衡监督学习和自监督学习的比例，以及有效融合两者的信息。又如，应用于自监督表示学习的对比学习，在深度图像模型的无监督训练中取得了最先进的性能。这种方法将自监督的批次对比方法扩展到完全监督的设置，使模型能够有效地利用标签信息进行更好地学习。监督和自监督混合监督训练已经在多个领域取得了显著的成果。例如，在计算机视觉领域，研究者们利用监督和自监督混合监督训练方法在图像分类、目标检测等任务上取得了令人惊讶的结果。在自然语言处理领域，监督和自监督混合监督训练方法也被成功地应用于文本生成、机器翻译等任务。

尽管监督和自监督混合监督训练在人工智能领域取得了显著的进展，但仍有许多未解决的问题和待探索的方向。研究人员未来的研究可以聚焦于改进混合监督训练的算法，解决其在大规模数据集上的可扩展性问题，以及在更广泛领域应用的可行性等问题。

4.3.2 半监督混合监督训练

半监督学习是一个研究计算机和自然系统（如人类）如何在训练数据中使用

带标签数据和无标签数据进行学习的领域。一个典型的例子是，人类婴儿对无标注自然类别的结构非常敏感，例如，狗和猫的图像，或者男性和女性的脸，有时，他们会根据外界的指导进行学习，有时则会在无干预的情况下进行自我学习。

在通常情况下，学习任务是在未标注所有数据的无监督范式（如聚类、离群值检测）或在标注了所有数据的监督范式（如分类、回归）中进行的。而半监督学习的研究目的是了解标注和未标注的数据组合如何改变学习行为，并设计出利用这种组合的算法。半监督学习在机器学习和数据挖掘领域引起了广泛关注，特别是在标注数据存在数量不足或标注成本高的情况下，它可以利用随时可用的无标签数据来改善监督学习任务。

从整体上看，半监督学习会以包含带标签数据和无标签数据混合的数据作为自己的训练集，其中后者在数量上通常远远大于前者。从整体思路上看，半监督深度学习会有以下三种架构。

第一种，先用无标签数据预训练模型，再用带标签数据进行微调，其中初始化方式可以包括无监督预训练（如所有的数据逐层重构预训练，对网络的每一层都做重构自编码），得到预训练参数后用带标签数据微调，或者伪监督预训练，也即通过标签生成方法先把无标签数据打上标签，再按有标签进行训练。

第二种，先用带标签数据训练网络，再根据网络中已有的深度特征来做半监督学习。实际上，这是一种伪监督训练，即先从带标签数据中获得特征，再利用这些特征对无标签数据进行分类，将分类正确的数据加入训练，然后不断重复这个过程。需要注意的是，在这个过程中可能会引入一定数量的无标签噪声，从而影响网络的训练效果。

第三种，让网络在半监督模式下工作。半监督学习应用的一个常见案例是文本文档分类器。要找到大量带标签的文本文档几乎是不可能的，因为让一个人阅读整个文本并为其进行标注非常耗时。在这种情况下，半监督学习是理想的选择，它允许算法从少量带标签文本中学习，同时仍将训练数据中的大量无标签文本文档进行分类。

半监督学习在诸如简单图像分类和文档分类等任务上具有广泛的应用。然而，它在处理复杂任务或标注数据无法完整代表整体分布的情况下可能无法发挥作用。例如，如果我们要对外观因角度变化而产生巨大改变的对象进行分类，除非带标签数据的数量足够多，否则半监督学习可能无法提供有效帮助。尽管如此，在许多实际应用场景中仍然存在大量无标签的数据，因此数据标注仍然具有重要作用。这就需要我们明智地将半监督学习应用于合适的场景，以充分发挥其优势。

4.4 小结

本章总结了监督训练、自监督训练和混合监督训练在多模态学习中的关键技术和方法。我们强调了这些方法在不同任务和领域中的优势，并展望了未来可能的研究方向。通过全面理解这些方法，读者将能够更好地应用它们解决实际问题，并推动多模态学习领域的发展。

第 5 章 多模态大模型

本章着眼于人工智能领域中多模态大模型的技术进展，包括文本、图像、音频等不同模态上最先进的大模型算法。基于这些大模型，我们将深入探讨在实际推理过程中如何充分利用大模型的能力，包括提示学习、上下文学习等技术的应用，以及如何通过常用的模型微调方法来满足对现有模型的定制化需求。此外，我们还简要介绍了训练多模态大模型所需的开源工具和代码框架。通过对本章内容的学习，读者将全面了解多模态大模型的最新技术和相关工具，为其在实际应用中的使用提供有力支持。

5.1 基础大模型

在现代人工智能领域，多模态大模型代表着技术研究的最前沿。该模型的目标是学习人类世界的知识，建模世界中的物理规律，并预测在一定条件下事物的后续发展。而人类知识最浓缩的表示形式便是文本，也因此自然语言处理领域成了基础大模型最先发力的地方，即大语言模型。为了充分建模人类文本，大语言模型采用“预测下一个词”作为其基础任务。这一理念贯穿于许多大语言模型的训练过程，旨在模仿人类对语言的理解和生成过程。

这些模型通过海量数据（约 2 万亿个词元）的训练，不断优化其对下一个可能出现的词汇的预测能力，从而提升整体的语言理解和生成水平。

为了让模型能够像人一样理解多种多样的内容信息，不再局限于单一数据类型的处理，多模态大模型应运而生。这些模型具备处理文本、图像、音频等多种数据模态的能力。通过多模态之间的结合，它们拥有更全面、更准确的信息理解和生成能力。这种技术的进步不仅拓展了模型的应用范围，还为实现多模态通用人工智能奠定了基础。逐步实现多模态智能具身化的目标，让人工智能更加贴近人类社会的需求和实际场景。

目前，数据和硬件领域的发展为多模态大模型的构建提供了强大的支持。在数据方面，我们观察到了非结构化数据的爆炸式增长，这些数据包括文本、图像、音频和视频等各种形式。这些数据集通常达到 TB 甚至 PB 级别，为机器学习和人工智能模型提供了丰富的训练素材。数据的选择、收集和预处理已成为模型准确性和预测价值的关键因素。

在硬件方面，构建多模态大模型需要高性能的计算资源。GPU 一直是 AI 工作负载的核心，特别是英伟达的产品线，如 P100、V100、A100、H100 等，因其卓越的性能而成为训练深度学习模型的首选。当前一代的 CPU，如 Intel 的 Xeon Scalable 和 AMD Epyc 系列，也在 AI 工作负载中发挥着重要作用。此外，内存、网络和存储 IOPS 也是关键组件，因为它们确保了数据在模型训练过程中的高速传输和处理。

多模态大模型的训练通常需要巨大的资源。这些模型的训练可能需要数月时间，耗资数百万美元。这主要是由于它们不仅需要大量的训练数据，而且部署这些模型也需要深厚的技术专业知识，包括深度学习、Transformer 模型和对分布式软硬件的理解。在实际应用方面，多模态大模型正在各个领域开启新的可能性，例如，它们可以改进搜索引擎的效率，提升医疗保健的质量，创新教育工具，以及加强机器人学的应用。又如，人工智能系统可以同时理解语音命令和相关的图像内容，从而提供更准确的响应和分析。

下面将详细介绍目前人工智能领域内多模态大模型的研究进展。首先，我们将分别介绍针对语言、视觉和语音单模态数据处理与应用的单模态大模型。然后，介绍融合多种模态知识的通用多模态大模型，这些模型能够处理不同模态的理解与转换任务。例如，可以同时处理语言、图像和语音数据的模型。这些多模态模型代表了人工智能领域的一个重要发展方向，因为它们能更全面地模仿人类的感知和认知方式。

5.1.1　语言大模型

语言大模型是人工智能研究领域的一项关键进展，特别是在自然语言处理领域。从原理上说，这些模型是统计模型，用于预测一系列词汇的概率。它们通过在大量的文本数据上训练人工神经网络，旨在理解语言并预测序列中的下一个词。这些模型拥有大量参数，使它们能够学习语言中的复杂模式。模型在没有特定标签或目标的情况下使用大量数据进行训练，其目的是学习数据的底层结构和文本数据中的模式，并使用它最终生成与原始数据结构相似的新数据。

1. 语言大模型的工作原理

文本基础大模型是一种统计模型，用于预测词语序列的概率。这些模型[42]是经过大量文本数据训练的人工神经网络，旨在理解语言并预测序列中的下一个词，它们通过学习大量的参数来掌握语言中的复杂模式。目前常见的网络结构是 Transformer。这种结构于 2017 年被提出，基于并行的多头注意力机制。与以往的递归神经网络结构（如长短时记忆网络）相比，Transformer 的训练时间更短。

序列自回归模型是一种序列生成方法，通常用于生成文本。其主要原理是通过考虑之前模型的所有词汇来预测文本序列中的下一个词。这种方法使得每一步生成的词都依赖于前面所有的上下文。在序列自回归模型中，每个新生成的词是基于之前所有词的条件概率进行选择的。算法会计算当前上下文中每个可能的词的概率，并选择概率最高的词作为下一个词。例如，在生成文本“天气很好，我们去”时，算法会考虑“天气很好，我们去”这个上下文，计算所有可能接下来的词（如“公园”“海边”等）的概率，并选择概率最高的词作为序列的下一个词。这种预测方式主要有以下优势。

- 上下文敏感性：由于每个词的生成都考虑到了之前的整个序列，因此生成的文本更加连贯，确保了上下文的相关性。

- 灵活性：这种方法适用于各种长度和风格的文本生成，能够适应不同的应用场景。

Transformer 模型的关键结构是其自注意力机制。在这个机制中，模型学习如何在输入序列的不同部分之间分配注意力，以便更有效地处理信息。自注意力机制允许模型集中关注输入序列中的关键信息，同时减少对不太重要信息的关注。自注意力机制计算序列中每个元素对其他元素的注意力分数，这些分数表示一个元素在计算另一个元素的特征表示时的重要性。在实现过程中，模型使用三个权重矩阵来将每个输入元素转换为查询（Query）、键（Key）和值（Value）。首先通过计算查询和键之间的点积来计算注意力分数，然后对这些分数进行归一化处理。最后，将归一化处理的注意力分数与值相乘，以获得加权的表示，这个表示将用于序列的下一步处理。这种工作方式主要有以下优势。

- **灵活性：**自注意力机制可以应用于不同长度的序列，使模型在处理变长输入时更加灵活。
- **效率：**这种机制可以并行处理整个序列，从而提高了计算效率。

2. 国内外主流的文本基础大模型

（1）ChatGPT 和 GPT-4：ChatGPT[43]是由 OpenAI 开发的一款聊天机器人，于 2022 年 11 月 30 日发布。它基于大语言模型，旨在以对话形式与用户进行互动，其优点在于可以根据需求调整对话的长度、格式、风格、细节层次和语言表达。该模型一发布就迅速吸引了人们的广泛关注，仅在发布五天内就吸引了超过一百万名用户。ChatGPT 在自然语言理解和生成方面取得了显著进展，能够在各种主题上进行丰富且连贯的对话，如图 5-1 所示。

GPT-4[44]是 OpenAI 在 2023 年 3 月 14 日发布的，该模型以其先进的推理能力和更广泛的通识知识而著称，其解决问题的能力超过了之前的 ChatGPT。GPT-4 在创造性和协作能力方面有了显著提升，能够在创意和技术写作任务上与用户共同生成、编辑和迭代。它已被用于作曲、编写剧本和适应用户的写作风格等任务。该模型能够处理超过 25000 字的文本，适用于长篇内容创作、对话续写和文档搜索与分析。

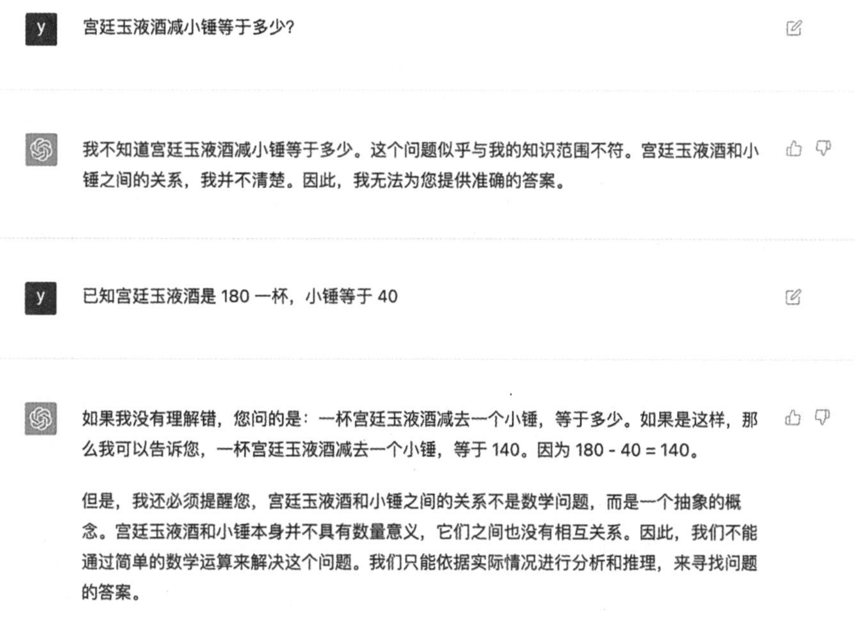

y 宫廷玉液酒减小锤等于多少?

我不知道宫廷玉液酒减小锤等于多少。这个问题似乎与我的知识范围不符。宫廷玉液酒和小锤之间的关系，我并不清楚。因此，我无法为您提供准确的答案。

y 已知宫廷玉液酒是 180 一杯，小锤等于 40

如果我没有理解错，您问的是：一杯宫廷玉液酒减去一个小锤，等于多少。如果是这样，那么我可以告诉您，一杯宫廷玉液酒减去一个小锤，等于 140。因为 180 - 40 = 140。

但是，我还必须提醒您，宫廷玉液酒和小锤之间的关系不是数学问题，而是一个抽象的概念。宫廷玉液酒和小锤本身并不具有数量意义，它们之间也没有相互关系。因此，我们不能通过简单的数学运算来解决这个问题。我们只能依据实际情况进行分析和推理，来寻找问题的答案。

图 5-1　ChatGPT 使用示例图

在 GPT-4 的开发过程中，安全性和一致性是人们重点关注的方面。与 GPT-3.5 相比，GPT-4 在响应禁止内容方面的出错率降低了 82%，而在产生真实响应方面的成功率提高了 40%。OpenAI 不仅吸纳了更多来自 ChatGPT 用户的人类反馈，还与超过 50 位专家合作，以增强模型在人工智能安全领域的表现。除此之外，GPT-4 根据之前模型的实际使用情况不断改进，其安全研究和监控系统也得到了更新。

（2）Llama：Llama 是由 Meta AI 自 2023 年 2 月起发布的一系列大语言模型[45]。这些模型的首个版本包括 4 种不同大小的参数：7 亿个参数、13 亿个参数、33 亿个参数和 65 亿个参数。Llama 的开发者报告称，13 亿个参数模型在多数自然语言处理基准测试中的表现超过了具有 1750 亿个参数的 GPT-3，并且最大的模型可以与如 PaLM 和 Chinchilla 等最先进的模型相媲美。Meta 将 Llama 的模型权重在非商业许可协议下向研究社区公开。

2023 年 7 月，Meta 发布了 Llama 的下一代版本 Llama 2[46]，包括 7 亿个参数、13 亿个参数和 70 亿个参数的模型。Llama 2 的架构与 Llama 1 大体相同，但在训练基础模型时使用了比 Llama 1 多 40%的数据。Llama 2 包括基础模型和专门为对话微调的模型，被称为 Llama 2 Chat。与 Llama 1 不同的是，Llama 2 所有的模型都发布了权重，并且对许多商业用途是免费的。

Llama 模型采用的是 Transformer 架构，与 GPT-3 相比，Llama 有一些小的架构差异，包括使用 SwiGLU 激活函数代替 ReLU，使用旋转位置嵌入代替绝对位置嵌入，使用均方根层归一化代替标准层归一化。此外，Llama 2 将上下文长度标注从 2000 个（Llama 1）增加到 4000 个（Llama 2）。

Llama 2 的基础模型是在包含 2 万亿个词元的数据集上进行训练的。为了更好地对齐，Llama 2 使用了人类反馈强化学习（RLHF）。除此之外，Llama 2 还在多轮对话的一致性方面进行了改进，以确保对话中的“系统消息”（如初始指令“用法语交谈”和“扮演拿破仑”等）在对话中得到充分尊重。

总的来说，Llama 1 和 Llama 2 展示了 Meta AI 在大语言模型领域的创新和进步，特别是在模型架构、参数量和训练数据方面的提升，以及在开源和商业使用上的灵活性。这些模型在学术研究和实际应用中占有重要地位，为自然语言处理技术的发展做出了重要贡献。

（3）ChatGLM：ChatGLM 是由清华大学 KEG 实验室和智谱 AI 基于千亿基座模型 GLM-130B 开发的对话语言模型。该模型支持英伟达和国产昇腾、海光及申威处理器进行训练和推理，是国内唯一上榜的语言模型，目前已有 53 个国家共 369 家机构申请使用。ChatGLM 在 GLM-130B 的基础上持续对文本和代码进行预训练，并通过有监督微调等技术实现人类意图对齐，具备文案写作、信息抽取、角色扮演、问答、对话等能力，在国内处于领先地位。

ChatGLM 的第二代版本（ChatGLM 2）在性能上有了大幅提升，并且支持中文。它可以在消费级的显卡上很好地运行，被认为是中文大语言模型中的佼佼者。除了基础的对话能力，ChatGLM 还在不断扩展其应用范围。例如，已经推出了多模态模型 VisualGLM-6B，这种模型具有理解图像的能力，它填补了中文开源对话模型在多模态理解能力方面的空白。总的来说，ChatGLM 是一个功能强大、性能优异的对话语言模型，具有广泛的应用前景。

（4）百川大模型：百川智能推出的大型多语言模型“百川 2”（Baichuan 2）[47] 代表了自然语言处理领域的一项重要突破。百川 2 于 2023 年发布，包括两个不同规模的模型：拥有 70 亿个参数的百川 2-7B 和 130 亿个参数的百川 2-13B。这两个模型都在 2.6 万亿个词元上进行了从头训练。据了解，这是迄今为止最大的训练数据集，是百川 1 的两倍以上。

在公共基准测试（如 MMLU、CMMLU、GSM8K 和 HumanEval）方面，百川 2 与同等规模的开源模型相比表现出众或更胜一筹，在医学和法律等垂直领域，百川 2 的表现尤为出色。例如，在 MedQA 和 JEC-QA 等基准测试上，百川 2 超越了其他开源模型，并成为垂直领域的首选基础模型。

除此之外，百川智能还发布了两个聊天模型：百川 2-7B-Chat 和百川 2-13B-Chat。这些模型在对人类指令的遵循、对话和上下文理解方面进行了优化。通过开源这些模型，百川智能希望能够促进社区对大语言模型安全性的进一步提升，并推动对负责任的大语言模型开发的更多研究。

综上所述，百川 2 代表了大型多语言模型的最新进展，它不仅在多语言处理和各垂直领域中表现出卓越的性能，而且通过开源策略，有力地推动了自然语言处理技术的共享和创新。

（5）通义千问：通义千问（Tongyi Qianwen）于 2023 年 4 月 7 日首次亮相，并于同年 4 月 11 日在阿里云峰会上正式发布。该模型由阿里巴巴集团旗下的云端运算服务公司阿里云开发。通义千问系列包含 QWen-7B 和 QWen-7B-Chat 两个模型，每个模型的参数规模均为 70 亿个。它们基于 Transformer 架构，属于大语言模型。这些模型在超大规模的预训练数据上进行训练，数据类型包括网络文本、专业书籍、代码等[48,49]。

通义千问的功能包括多轮对话、文案创作、逻辑推理、多模态理解和多语言支持。它能够与人进行多轮交互，具备处理多模态知识的能力，并在文案创作方面表现得非常出色，如续写小说、编写邮件等。2023 年 8 月 3 日，阿里云宣布将这两个模型开源，并在魔搭社区（ModelScope）和 Hugging Face 平台同步推出且允许商用。

5.1.2 视觉大模型

视觉大模型在人工智能中扮演着至关重要的角色。人类作为高度视觉化的生物，大部分信息都是通过视觉感知来获取的，几乎一半的大脑直接或间接地参与到视觉处理中。随着人工智能技术的发展，计算机视觉（Computer Vision，CV）已经成为解决现实问题的重要工具。随着视觉应用不断发展，计算机视觉逐渐呈现出碎片化、复杂化的发展趋势，对视觉模型的通用性也提出了更高的要求。目前，从视觉模型的应用来看，它主要分为通用图像理解模型和通用图像生成模型两类。

1. 通用图像理解模型

在当前人工智能视觉大模型的研究领域中，有几种突出的模型，包括 CLIP[6]、SAM（Segment Anything Model）[51]和 Grounding DINO[52]等。这些模型具备对单张图像的语义进行深入理解的能力。下面详细介绍这些模型。

（1）CLIP：2019 年，OpenAI 提出了一种创新方法，即将图像模型训练算法与自然语言处理技术相结合，这种方法允许计算机视觉模型通过自然语言监督来学习视觉概念，从而在减少收集视觉标注代价的同时，为计算机视觉提供强大的图文对齐预训练模型。具体而言，OpenAI 在互联网范围内收集了 4 亿对图像和文本数据，并通过图文对比学习训练对齐且通用的图像和文本特征编码。如图 5-2 所示，在一次训练迭代中提供 N 张图片和 N 段文本描述，CLIP 需要从所有可能的 $N \times N$ 种对应关系中识别图像与文本之间的对应关系，即有 N 对图像和文本之间应具有较高的余弦相似度，而其他 N^2-N 对的相似度应较低。经过训练，CLIP 得到了对齐的图像和文本特征编码器，该编码器可以对任意开放的图像和文本内容进行特征对比，在仅提供文本标签的情况下实现零样本图像分类，为计算机视觉领域训练了一系列通用的视觉主干网络模型。

训练后，OpenAI 得到了包括残差网络（ResNet）[16]、Vision Transformer（ViT）[8]等在内的一系列不同大小的模型。这种模型能够根据给定的图像预测最相关的文本片段，类似于 GPT-2[50]和 GPT-3[20]的零样本学习能力。CLIP 是计算机视觉与自然语言处理之间的强大桥梁，具有广泛的应用和灵活性。值得一提的是，该模型在 592 个 V100 GPU 上进行了 30 天的训练，需要极高的预训练资源。

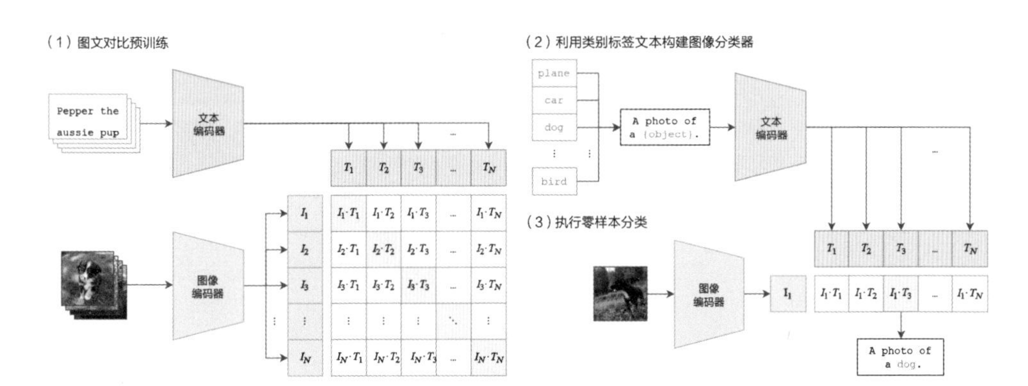

图 5-2　CLIP 原理示意图[6]

（2）SAM（Segment Anything Model）：它是一个旨在统一图像分割方式的多用途基础模型[51]，主要用于分割图像中的对象和区域。与传统的图像分割模型不同，SAM 的主要目标是简化不同图像分割任务的推理过程，并提供各类用户输入（如点击、框选或文本）的方式，使其更易于用户在不同的应用场景中使用。

通过在包含多达 10 亿个分割掩码的多样化数据集上进行训练，SAM 具备了无须增加数据标注或重新训练即可泛化到新任务的能力。这个庞大的数据集使得 SAM 可以采用类似于自然语言处理模型中的提示使用方式。SAM 的多功能性、实时交互能力和零样本迁移使其成为各行各业中必不可少的工具。特别是在数据分析和决策过程中需要精确的图像分割的领域，如内容创作、科学研究、增强现实等，SAM 都能发挥巨大作用。

SAM 定义了基于多种用户交互和输入方式的图像分割任务，以适应各种现实场景中的应用需求。其模型组件包括图像编码器、提示编码器和轻量级掩码预测器，这些组件能够快速、准确地生成分割掩码，如图 5-3 所示。SAM 使用经过图像掩码重建方法（MAE）[39]预训练的视觉 Transformer 模型（ViT）[8]来处理高分辨率图像输入，并考虑两种类型的提示：稀疏提示（点、框、文本）和密集提示（掩码）。其中，点和框通过位置编码与每种提示类型的编码相结合来表示，而自由形式的文本则使用 CLIP 中现成的文本编码器。

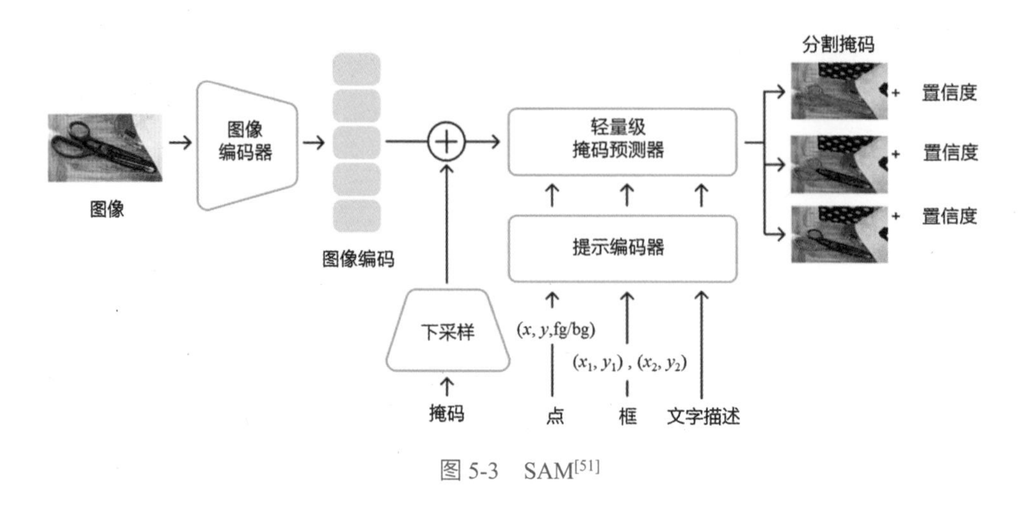

图 5-3　SAM[51]

SAM 是图像分割领域的重大突破。通过简化分割过程，SAM 使不同行业的用户能够以前所未有的便捷性解决图像分割任务。随着诸如提示工程等技术的发展，SAM 有望适应未知的新任务，为各种人工智能应用开辟更广阔的前景。

2. 通用图像生成模型

Stable Diffusion[53]是一种优秀的图像生成模型，能够产生高质量的图像。该模型在训练过程中通过逐步向图像添加噪声来学习图像分布，而图像生成过程则由扩散方程控制，从噪声中逐步引导模型进行去噪，直至获得最终的图像。在这个过程中，文本提示起着关键作用，它告诉网络应生成何种图像。提示通常以短句或图片的形式作为模型输入，为网络提供指导，帮助其学习在给定条件下去噪和生成图像的能力。

下面将介绍如何使用 Stable Diffusion 模型，包括文本提示的创建方法和一些常用参数的设置。

（1）如何创建文本提示。

文本提示的内容会影响生成图像的结果。若要构建一个好的文本提示，就需要掌握很多知识。但最关键的是要尽可能详细地描述你期望的图像，务必使用强相关的关键词来定义所需图片的风格。

在 Stable Diffusion 模型中，文本提示词汇首先需要经过文本编码器处理，将输入的提示词汇转换成维度为 77×768 的条件编码特征。该特征用于引导模型生成何种图像，接着，模型中的去噪网络 U-Net 从一个随机生成的噪声开始，基于上述特征逐步进行去噪，直至最终生成一张精美的图像。实际上，去噪生成过程并非在原始像素空间进行，而是在一个压缩后的隐空间进行。因此，在图像生成完成后，仍需要通过一个预先训练好的解码结构，将隐空间特征恢复到自然图像的像素空间。

在表 5-1 中，我们展示了使用提示词创建高质量图像的结果。

表 5-1　Stable Diffusion 模型利用提示词生成图像示例[53]

提示词	图　像
wildlife photography, fox looking at you, photograph, high quality, wildlife, f 1.8, soft focus, 8k, national geographic, award-winning photograph by Nick Nichols	
loft, home, steel, stone, interior, octane render, deviantart, cinematic, key art, hyperrealism, sun light, sunrays, 35 mm, 8k, medium-format print	
anthro, very cute kid's film character alien, disney pixar zootopia character concept artwork, 3d concept, detailed fur, high detail iconic character for upcoming film, trending on artstation, character design, 3d artistic render, highly detailed, octane, blender, cartoon, shadows, lighting	
close up of a grilled steak, depth of field. bokeh. soft light. by Yasmin Albatoul, Harry Fayt. centred. extremely detailed. Nikon D850, (35mm|50mm|85mm). award winning photography	

续表

提 示 词	图 像
Portrait of grandmother, photograph, highly detailed face, depth of field, moody light, golden hour, style by Dan Winters, Russell James, Steve McCurry, centred, extremely detailed, Nikon D850, award winning photography	

（2）常用参数的设置。

在生成图像的过程中，有许多参数会影响生成图像的质量。以目前开源的 Stable Diffusion 模型为例，为了生成高质量的图像，我们可以对以下设置进行修改。

1）CFG 强度（CFG scale）：它是一个参数，可自由控制文本提示对于生成过程的影响程度，其参数值的含义如下。

- 1：提示在很大程度上被忽略。
- 3：模型在提示时更具有创意。
- 7：在遵循提示和自由发挥创造力之间有很好的平衡。
- 15：模型更紧密地遵守提示。
- 30：严格遵守提示。

2）采样步骤：即模型去噪步骤。增加步骤可提高质量。使用 Euler 采样器进行 20 步操作通常足以生成清晰、高质量的图像。

3）采样方法：求解扩散方程的不同采样方法。可以使用的方法有：Euler a、Euler、LMS、Heun、DP2M、DP2M a、DPM fast、LMS Karras、DPM2 Karass、DDIM、PLMS 等。

4）图像尺寸：由于 Stable Diffusion 是使用尺寸为 512 像素×512 像素的图像进行训练的，因此，在使用纵向或横向尺寸时可能会出现意外问题。建议使用方形格式。

5）批量大小：表示每个进程生成的图像数量。由于最终结果高度依赖于随机因子，因此建议同时生成多张图像。这样可以在生成结束之后从中挑出效果最好的一张。

5.1.3　语音大模型

1. Whisper

Whisper 是 OpenAI 推出的一款语音大模型[55]，其主要任务包括语音识别、语音到文本的翻译和语种检测。该模型的显著特点是通过提示学习（Prompt）技术实现多任务的统一表示和学习，从而提高对上下文信息的理解能力。此外，得益于模型参数和数据量的大规模扩展，Whisper 在英语领域具备零样本泛化能力，其性能可与商用接口相媲美。在数据处理方面，Whisper 通过网络爬取了超过 68 万小时的语音-文本对数据，并使用启发式算法过滤机器标签，同时进行了多语种标注和音频的统一对齐处理。最终，通过使用初始模型过滤掉错误率高的标签，保留了大量高质量的数据。在学习方法上，Whisper 采用了基于序列到序列（Sequence to Sequence，Seq2Seq）[199]损失函数的有监督多任务学习方法。

2. MMS

Meta 公司的 MMS 模型[56]是一种自监督的语音表示学习模型，旨在解决语音识别和语种检测问题，并支持下游的语音合成任务。该模型的主要贡献在于构建了大规模无监督多语种数据，并通过有监督数据清洗和模型交叉验证来提高数据质量。MMS 模型从有声读物网站下载了包含 1000 多种语言的语音-文本对数据。为了提高数据的准确性和可靠性，Meta 使用了初始模型进行数据对齐，并进一步通过交叉验证来验证数据质量。在学习方法上，MMS 首先采用无监督预训练方法，然后在下游各个任务中使用有监督学习进行微调。

3. k2-prompt

k2-prompt 是小米公司推出的一款专注于语音识别的大模型，其核心创新是以交叉注意力（Cross-attention）的方式将大语言模型中的文本模态信息融合到语音识别模型中，从而注入海量的文本模态信息。此外，k2-prompt 还支持两种提示方式：风格（Style）和内容（Content），以控制模型预测的文本类型。在数据处理方面，该模型主要使用了 Libriheavy 和 NPR 数据集。在内容提示（Content Prompt）方面，k2-prompt 包括固定长度的上文文本和训练语料统计中的稀有词汇（Rare-words）。该模型采用基于 RNNT 损失函数的有监督学习方法进行训练。通过这些创新，k2-prompt 在语音识别任务上取得了优异的性能。

4. AudioPaLM

谷歌的 AudioPaLM[57]模型是一款多功能的语音大模型，可以应用于多种任务，包括语音识别、语音到文本的翻译、语音到语音的翻译、语音合成和文本翻译等。该模型的主要特点是实现了语音和文本的多模态融合。通过对连续的音频信号进行分词处理，并将其扩充到大语言模型词典中，AudioPaLM 能够支持语音-文本的多模态交互。此外，该模型通过预训练模型初始化的方式注入了文本模态信息。

5.1.4 多模态基础大模型

近年来，多模态大模型（也即多模态基础大模型）在人工智能领域成为一个重要的发展方向。这些模型扩展了传统大语言模型的能力，将不同的数据模态（如文本、图像、音频等）融合在一起。这种融合模拟了人类的自然智能，使我们不仅能阅读和撰写文本，还能观察图像、观看视频，并通过听觉来放松或察觉危险。

多模态大模型通常以大语言模型为基础，融入其他非文本的模态信息，完成各种多模态任务。一般而言，多模态大模型由预训练好的各模态编码模型和一个大语言模型组成，外加各模态编码模型和大语言模型中可训练的连接器，如 Q-Former[58]。Q-Former 的输入是可学习的向量，它们先通过自注意力对相互之间的依赖关系进行建模，再通过交叉注意力对向量和图片等其他模态特征的依赖关系进行建模。从而实现从多种模态输入中提取特征，然后将其与文本输入相融合，最终实现多模态理解的能力。

基于如图 5-4 所示的模型结构，多模态大模型可以实现对不同模态内容的理解能力。在模型训练阶段，多模态大模型通常使用多模态指令微调技术，这种技术旨在利用多模态数据对预训练好的模型进行进一步微调，而无须修改模型结构和参数，使其能够执行多模态任务。具体而言，多模态指令微调的步骤如下。

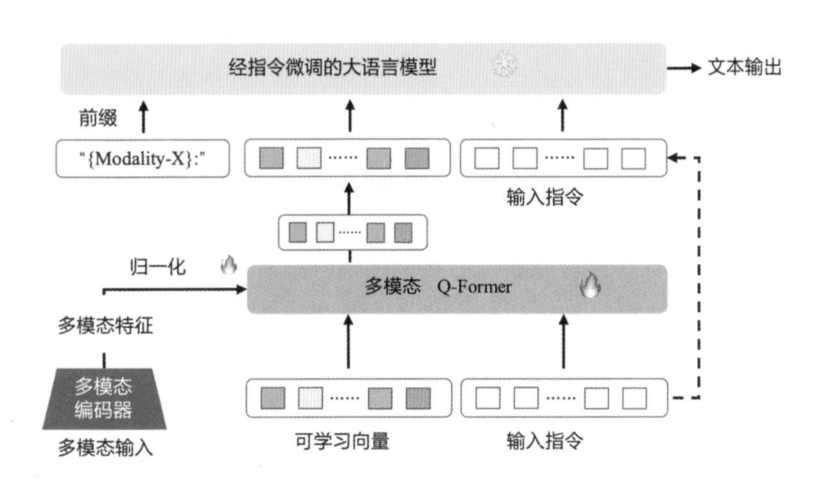

图 5-4　多模态大模型原理示意图[59]

1）定义指令：定义一组指令，这些指令应该能够明确地描述我们想要模型执行的任务。例如，如果我们想要模型能识别图像中的物体，就可以定义输入指令为"识别图像中的物体有什么"，而将对应的真值标注以文本形式组织为对应的输出。

2）创建微调数据集：创建一个微调数据集，这个数据集中的每个样本都包含一个多模态指令和一个对应的输入/输出对。通过收集海量的样本，即可创建大规模的微调数据集。

3）微调模型：使用这个微调数据集来微调模型。微调的过程通常是一个监督学习的过程。我们首先让模型预测每个样本的输出，并使用一个损失函数来度量模型的预测和真实输出之间的差距，然后通过优化这个损失函数来更新模型的参数。

多模态指令微调的一个关键优点是它可以使模型具有更大的灵活性和泛化能力。因为指令是在输入中给出的，所以我们可以在运行时改变它，从而让模型执行不同的任务。此外，如果我们的指令和微调数据集设计得足够好，模型甚至可以在没有见过的任务上表现得很好。

在实际应用中，多模态系统的使用场景非常广泛，尤其是在医疗保健、机器人技术、电子商务、零售和游戏等领域。例如，它们可以提供灵活的交互界面，允许用户以打字、语音或指向摄像头的方式提问。

目前，多模态大模型及指令微调的方法已经被许多人工智能厂商验证了它的有效性。图 5-5 展示了多种模态与大语言模型融合的无限可能。Salesforce 推出的 BLIP-2 [11]就是这种理念的先驱，它充分利用了大规模预训练模型，包括视觉编码器和通用语言模型，首先，它使用视觉编码器提取图像特征，然后结合通用语言模型输出文本响应内容。正是在这项工作中，我们看到了多模块组合的无限可能。而威斯康星大学在 LLaVA [7]开源项目中进一步验证了多模态指令微调这一策略的有效性。实验证明，经过数据构造和模型微调，多模态大模型可以有效地理解不同模态的输入数据。这一方案的最佳实践范例是由 OpenAI 推出的 GPT-4V [2]。尽管 GPT-4V 是一个闭源项目，但它在处理复杂的多模态任务时展现出了卓越的性能，它被认为是目前多模态领域的前沿模型。

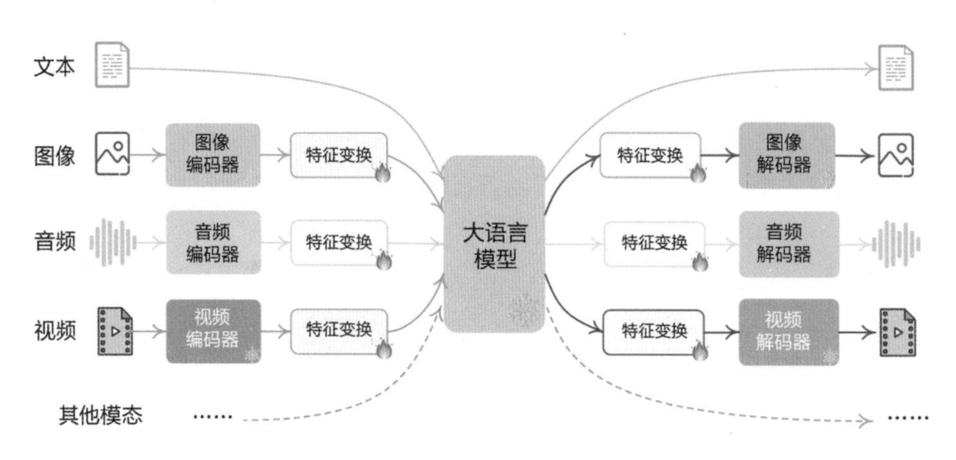

图 5-5　多模态大模型能力示意图[60]

总的来说，多模态大模型通过融合不同模态的数据，为人工智能的发展开辟了新的可能性。它们不仅提高了模型的性能，还扩大了人工智能在实际场景中的应用范围，使其能够更好地理解和响应复杂的、多元化的信息。

5.2　大语言模型推理方法

5.2.1　提示学习

大语言模型的出现使得人们无须编写复杂的代码，就能通过自然语言的提示与人工智能进行互动。这种方式使大语言模型能够被更多的人使用，并在更多的场景中落地应用。在本节中，我们将深入探讨大语言模型提示学习的使用方式，以及如何正确使用提示来引导大语言模型充分发挥它们的潜力[61]。

1. 什么是提示

提示是指大语言模型的一种输入。通过将额外的信息和指令加入模型的输入上下文中，提示学习可以告诉模型以何种方式生成文本响应。在理想的情况下，提示应该具备以下特点。

- 正确性：提示应该引导模型生成正确的答案。
- 清晰度：提示应该使用简单、明确的语言，避免使用行业术语和复杂的词汇。
- 具体性：提示应该提供足够的上下文信息，以确保模型能够理解并生成准确的响应。
- 长度适中：提示的长度应该适中，既不要过于简洁，也不要过于冗长。

提示的核心目标是以一种自然语言查询的形式包装大语言模型使用者的意图和希望，以便模型能够返回所期望的响应。

2. 如何设计好的提示

设计好的提示有两个基本原则：清晰度和具体性。

我们要求使用简单、明确的语言，避免使用行业术语和复杂的词汇，目的是确保大语言模型能够准确理解我们的意图。例如，一个不清晰的提示是：“谁赢得了选举？”；而一个清晰的提示是：“哪个党派赢得了巴拉圭 2023 年的大选？”，它提供了必要的上下文，使模型能够准确回答问题。

具体性意味着你需要为模型提供足够的上下文信息，以确保它有充分的信息知道应该生成准确的响应。一个不具体的提示是：“为我的自传生成标题列表。”，在这个提示中，模型完全不知道自传中讲了什么，自然也不知道应该生成什么样的标题，而一个具体的提示是：“生成我的自传的十个标题列表。这本书讲述了我作为冒险家的旅程，过上了与众不同的生活，遇见了许多不同的人，最终在园艺中找到了平静。每个标题应为两到五个字。”这种具体的提示有助于模型更好地理解你的需求，从而给出更准确的响应。

3. 提示工程常用的技巧

在提示工程中，有以下一些常用的技巧可以帮助改进模型的响应。

- 使用“要做什么”，而不是“不要做什么”：具体的指令通常比否定的指令更好。例如，如果你想确保大语言模型不生成过长的标题，不要说“不要制作太长的标题”，而应该说“每个标题应为两到五个字”。
- 使用少量示范提示：大多数模型能从少量样本中学习相似的表达模式。你可以为模型提供一些示例，这有助于模型更好地理解需求。
- 结构化提示：在提示中使用引号、项目符号、换行等元素可以帮助模型更好地理解文本。这些元素使得提示更具结构化，从而有助于模型更好地处理信息。
- 使用引导词：告诉模型在回答之前“逐步思考”可以生成更准确的结果。它可以引导模型进行详细、带有解题步骤的思考，这有助于模型将解决方案分解为更易管理的步骤，从而提高准确性。

4. 提示常见的误区

在设计提示时，还需要避免一些常见的误区。例如，有人尝试在提示中要求简短的一字答案，以防止模型生成过于冗长的响应。然而，大语言模型在没有足够多的上下文的情况下难以生成正确的答案，因此短的答案并不总是好的。

另一个问题是超出模型的上下文长度。由于大语言模型的特性，模型需要将提示和响应的所有内容作为上下文输入。如果提示过长，可能会导致模型输出质量下降。解决这个问题的方法是将问题分解成一系列更具体的子问题。

若要成为更出色的提示设计师，则需要不断学习提示技巧，并利用提示工程进行最佳实践。此外，还可以探索各种应用程序的提示库，以便获得可以直接使用或根据需要调整的提示，从而获得大语言模型的最佳答案。

提示在科学教育和商业应用中起着至关重要的作用，是发挥大语言模型强大潜力的关键。通过精心设计和优化提示，我们可以更好地引导多模态大模型，使其成为我们科学教育和商业应用的强大助手。

5.2.2　上下文学习

大模型上下文学习[62]是自然语言处理领域的一项新兴技术，它通过自然语言的形式提供任务示例，作为模型输入的一部分。通过上下文学习，我们可以利用现有的大语言模型来解决新的任务，而无须进行微调。此外，上下文学习还可以与微调相结合，以增强大语言模型的能力。

传统的机器学习方法（如有监督学习、无监督学习、半监督学习和强化学习）通常只能根据训练过的数据来学习。即它们只能解决被训练的任务。相比之下，大语言模型展示了一种新的机器学习范式——上下文学习——它能通过在推理过程中提供“训练”示例来学会解决新任务。与传统的机器学习方法不同，大语言模型在单次推理过程中学到的知识是临时的，一旦推理过程结束，模型权重并不会被更新。

上下文学习通过在输入提示中加入一小组示例来学习新任务。经过充分预训练的大语言模型具有上下文学习能力，这使得它们能在无须微调的情况下应用于新任务，因此备受关注。

1. 如何为上下文学习工程化提示

假设有一个食谱生成任务，你可以输入你拥有的食材，并要求该服务为你生成一份食谱。解决这种任务的一种方法是在输入的文本之前添加一些示例食谱。为此，我们首先可以在向量数据库中索引数千个食谱，然后每次使用其中最相关的食谱，将它们粘贴到提示文本的开头，接着列出可用的食材，最后要求大语言模型生成结果——这是大语言模型利用检索增强生成的示例。

上面遵循了一个关于提示工程的建议，在提示的开头或结尾添加最相关的上下文以提高大语言模型的性能。研究表明，在提示的中间添加相关的上下文（如要生成的食谱问题）会导致性能较差。

我们向提示中添加的示例食谱数量取决于模型的上下文窗口大小。例如，

GPT-4 可以包括约 50 页的输入文本（约 32KB 的数据），但随着输入示例的增多，推理速度就会变慢。

2. 零样本学习与少样本学习

Reynolds 和 McDonell[63]描述了少样本学习，其中提供了少量已解决任务的示例作为经过训练的大语言模型输入的一部分，其目标是基于仅有少量带标签的数据示例，预测新类别。

另外，大语言模型还具备零样本学习能力，即在新任务中没有标注数据的情况下执行任务。这种能力源于模型的训练过程，因为模型在预训练阶段接触过大量不同的训练语料。因此，只要将任务用流畅的自然语言进行描述，模型通常都能正确理解并执行相应的任务。

在现有的大语言模型中，精心构建的零样本提示可能与提供多个示例（用于少样本学习）的性能相当。用户通常更倾向于使用零样本提示，以降低开发和标注需求。总之，通过零样本和少样本学习，大语言模型可以在无须微调的情况下学习新任务，为自然语言处理领域的未来研究和应用带来了令人振奋的前景。

5.2.3 思维链

如今，我们可以与人工智能进行对话，并使其产生类似于人类的反应。在编写提示时，提供的上下文越多，像 ChatGPT 这样的语言模型就能提供越相关的结果。为了帮助用户获得更好的结果，人们提出了“神奇的提示模板”和提示工程学习资源。然而，充分利用语言模型的关键并不在于找到一些神奇的提示公式，而在于与模型的交互。与其在一个提示中“塞满”所有的要求，不如逐步调整每个响应，直到得到满意的结果。为了提高大语言模型的推理能力，研究人员建议使用一系列的中间推理步骤，或者称之为“思维链”[64]。

思维链指的是使用一系列逐步加强对话并指导语言模型响应的文本提示。由用户逐步引导语言模型提供与用户需求一致的响应输出。简而言之，它是一种通过多次推理来提升对话质量的方法。

如图 5-6 所示，我们展示了一个示例来说明大语言模型应遵循哪种推理方法[65]。

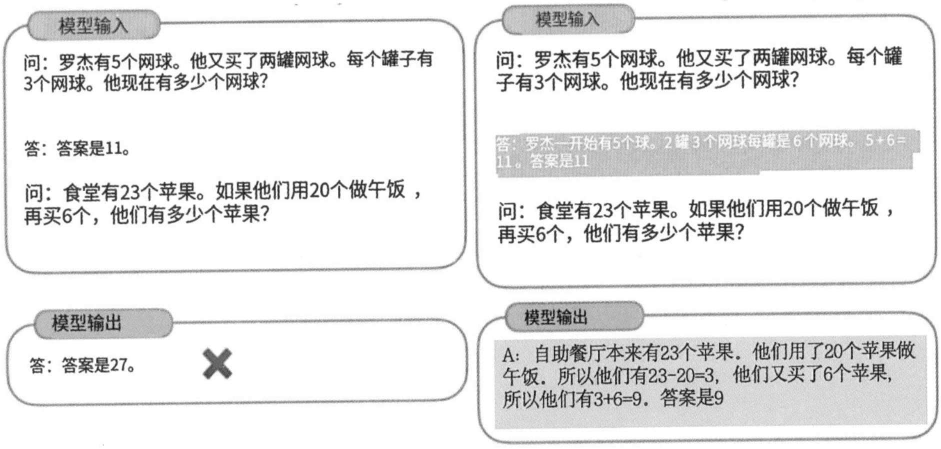

模型输入

问：罗杰有5个网球。他又买了两罐网球。每个罐子有3个网球。他现在有多少个网球?

答：答案是11。

问：食堂有23个苹果。如果他们用20个做午饭，再买6个，他们有多少个苹果?

模型输出

答：答案是27。

模型输入

问：罗杰有5个网球。他又买了两罐网球。每个罐子有3个网球。他现在有多少个网球?

答：罗杰一开始有5个球。2罐3个网球每罐是6个网球。5+6=11。答案是11

问：食堂有23个苹果。如果他们用20个做午饭，再买6个，他们有多少个苹果?

模型输出

A：自助餐厅本来有23个苹果。他们用了20个苹果做午饭。所以他们有23-20=3，他们又买了6个苹果，所以他们有3+6=9。答案是9

图 5-6　思维链示例

在实际的任务场景中，我们可以使用大模型的思维链推理方法。例如，可以通过以下方式向 ChatGPT 请求书籍推荐。

情境：你想获得 3 小时飞行的新书建议。
提示 1：“我有 3 小时的飞行时间，想读一本好的非小说类书籍。有什么建议吗？
提示 2：“感谢您的建议！你能给我简要介绍一下剧情吗？
提示 3：“听起来很吸引人！你能告诉我写作风格和作者的背景吗？
提示 4：“有趣！有没有类似的书或作者推荐？

从上面的提示可以看到，用户应简化自己的要求，而不是一次性询问所有的问题。最后，模型给出了书籍推荐、情节细节、作者介绍和其他类似的书籍等结果，你可以运行类似的提示来获得更多的推荐。这种方法比简单地问“给我推荐 3 小时飞行的书”要好得多。

实现思维链来构建提示对语言模型有很大帮助，包括：

- **可以分解问题**——如果你的用例需要多个步骤，那么一个一个地处理它们可以使语言模型回答更准确。
- **很容易排除故障**——在使用思维链方式进行语言模型多步推理时，可以更容易检测到哪一步出现了错误。这一过程将帮助我们改进提示，从而更好地解决问题。

- 对于**需要推理的用例很有用**——对于数学、符号操作或批判性推理，思维链更符合人类的思考习惯，更容易得出解决方案。

图 5-7 给出了思维链技术对比示意图。

问:罗杰有5个网球。他又买了两罐网球。每个罐子有3个网球。他现在有多少个网球?
答:答案是11。

问:一个玩杂耍的人可以玩16个球。一半的球是高尔夫球，一半的球是蓝色的。有多少个蓝色的高尔夫球?
答:

(Output) 答案是8。 ✗

(a) 少样本

问:罗杰有5个网球。他又买了两罐网球。每个罐子有3个网球。他现在有多少个网球?
答:罗杰一开始有5个球。2罐3个网球每个是6个网球。5+6=11.答案是11.

问:一个玩杂耍的人可以玩16个球。一半的球是高尔夫球，一半的球是蓝色的。有多少个蓝色的高尔夫球?
答:

(Output) 变戏法的人能变16个球。球有一半是高尔夫球。所以有 16 /2= 8 个高尔夫球。一半的高尔夫球是蓝色的。所以有 8 /2= 4 个蓝色的高尔夫球，答案是4。

(b) 少样本-思维链

问:一个玩杂耍的人可以玩16个球。一半的球是高尔夫球，一半的球是蓝色的。有多少个蓝色的高尔夫球?
答:答案(阿拉伯数字)是

(Output) 8 ✗

(c) 零样本

问:一个玩杂耍的人可以玩16个球。一半的球是高尔夫球，一半的球是蓝色的。有多少个蓝色的高尔夫球?
答:让我们一步一步来思考。

(Output) 总共有16个球。球有一半是高尔夫球。这意味着有8个高尔夫球。一半的高尔夫球是蓝色的。这意味着有4个蓝色的高尔夫球。

(d) 零样本-思维链

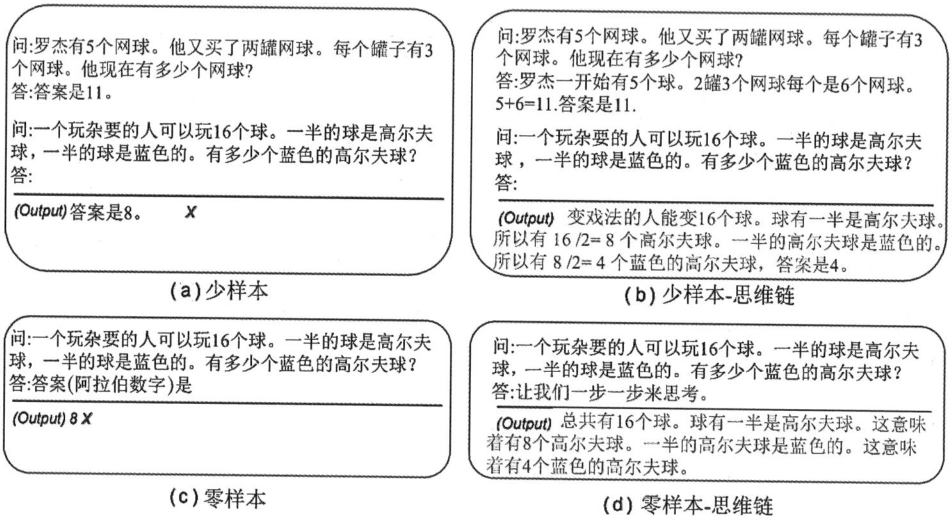

图 5-7 思维链技术对比示意图[66]

思维链提示主要有以下两种方法。

- **零样本提示 + 思维链推理**：在零样本+逐步思考技术中，需要提供一系列逐步进行的文本提示，以帮助语言模型产生符合预期的输出。每个提示应以前一个提示为基础，逐步深入，确保模型给出准确的回答。
- **少样本提示 + 思维链推理**：少样本提示意味着在零样本提示的基础上，添加一个或多个示例。我们通过这些提示告诉语言模型应该输出什么，这有助于模型从示例中学习，并产生与示例一致的输出。

总的来说，思维链提示是一种高级的提示技术，虽然它可能不适用于简单的问题或任务，但它为与人工智能的交互提供了一种结构化的方式。通过逐步引导和结构化的提示，我们可以显著提高大语言模型处理复杂问题和进行深度对话的能力。

5.3　模型微调

5.3.1　LoRA

低秩适应（LoRA）[67]是优化大语言模型微调过程的一种技术。传统的大语言模型（如 GPT-3.5 和 ChatGPT）通常基于 Transformer 架构，由多层自注意力模块组成，包含数百亿个参数，需要大量的计算资源来训练和微调。

LoRA 的核心思想是在微调过程中固定原始模型的权重，而不是修改它们。微调是通过修改一组独立的权重来完成的，这些新的权重值随后被添加到原始参数中。这种将预训练和微调参数分开的方法是 LoRA 的关键[68]。图 5-8 为 LoRA 技术示意图。

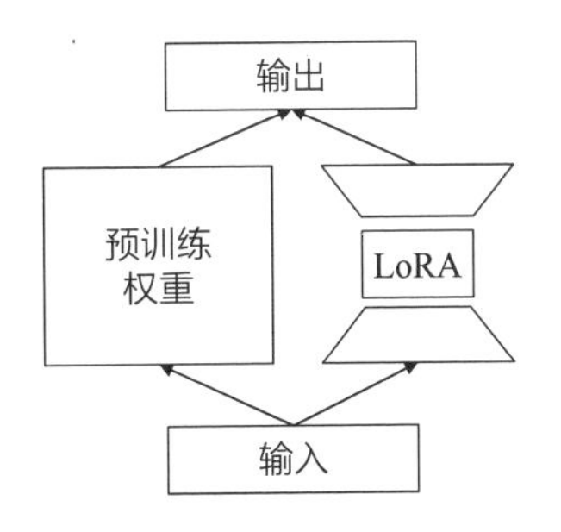

图 5-8　LoRA 技术示意图[67]

在 LoRA 中，模型参数被视为非常大的矩阵，每个矩阵都有一个“秩”，即其独立列的数量。微软公司研究人员提出，在微调大语言模型时，不需要完整秩的权重矩阵。他们建议可以在减少下游参数维度的同时，保留模型的大部分学习能力。

在 LoRA 中创建两个下游权重矩阵。一个将输入参数从原始维度转换到低秩维度，另一个将低秩数据转换回模型的原始输出维度。在训练期间，只修改 LoRA 参数，这些参数远少于原始权重，因此可以进行速度更快、成本更低的训练。在推理时，LoRA 的输出被添加到预训练参数中，以计算最终值。

由于 LoRA 需要单独保留预训练和微调权重，因此会带来一定的内存开销。此外，在推理时添加预训练和微调权重的操作会导致计算成本少量增加。为了克服这一问题，可以在使用 LoRA 微调大语言模型后合并微调和预训练权重。然而，由于下游权重只占原始权重的一小部分（有时甚至只有千分之一），因此分开它们也有其优势。例如，如果你正在托管一个大语言模型供多个客户用于不同的应用程序，每个客户都希望使用自己特定的数据集微调模型，那么你可以使用 LoRA 为每个客户或应用程序创建一组下游权重。在推理时，加载基础模型和每个客户的 LoRA 权重来进行最终计算。这样虽然会有轻微的性能损失，但在存储方面的收益是巨大的。

5.3.2 人类反馈强化学习

近年来，通过人工提示（Prompt），语言模型已经能够出色地生成多样化或特定的文本。然而，定义什么是“好”的生成文本具有挑战性，因为这不仅涉及主观性，还需要考虑上下文。例如，在编写故事的应用中，我们希望生成的文本具有创造性且信息真实，这超出了语言层面的准确度，往往还需要人工反馈进行调整。

直接编写一个损失函数来捕获这些反馈似乎是不可行的，因为大多数语言模型都要通过使用简单的下一个词元预测损失（如交叉熵）来训练，但它们并不容易结合起来。为了弥补损失本身的缺点，人们定义了可以更好地捕获人类偏好的指标，如 BLEU 或 ROUGE。但是这些指标只是用简单的规则将生成的文本与参考文献进行比较，适合做性能测量，并不适合作为损失函数。

如果我们使用人类对生成文本的反馈作为表现的度量，或者更进一步，使用该反馈作为优化模型的损失，那该有多好。这就是人类反馈强化学习（RLHF）的思想：使用强化学习的方法，并通过人类反馈来优化语言模型。RLHF 有助于将文本数据集上的训练与复杂的人类价值观反馈相结合，以提高语言模型的表现。[69]

人类反馈强化学习是一个具有挑战性的概念，因为它涉及多模型训练过程和不同阶段的部署[70]。在已经预训练一个语言模型的基础上，人类反馈强化学习主要包括以下两个步骤。

1. 奖励模型训练

做一个人类偏好的奖励模型是相对较新的研究方向，其基本目标是构建一个模型或系统，如图 5-9 所示，能够通过接受一个文本序列返回一个反应人类偏好的标量奖励。该系统可以是端到端的语言模型，也可以是输出奖励的模块化系统（例如，模型排序输出，并将排序转换为奖励）。对于后面的人类反馈强化学习过程中的无缝集成，输出的标量奖励是至关重要的。

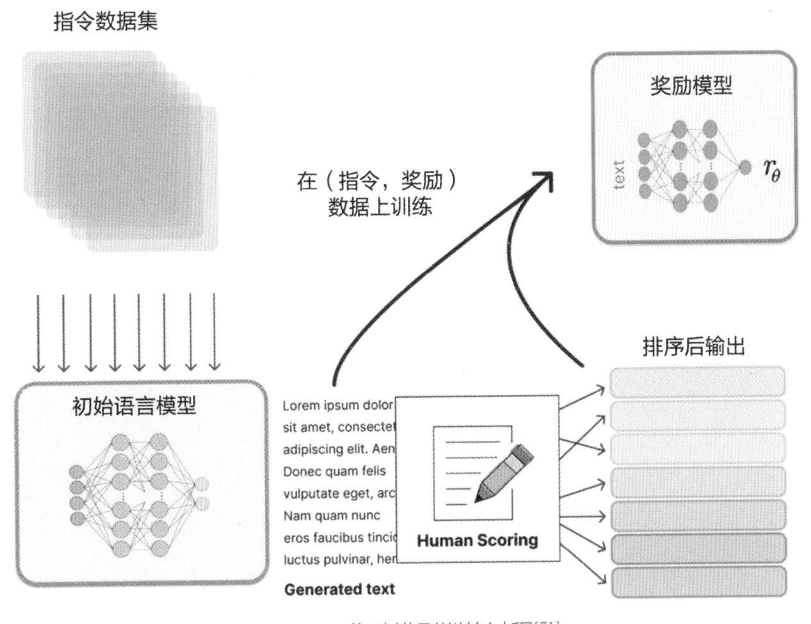

图 5-9　奖励模型训练过程[71]

在标注数据的过程中，人类利用偏好来对语言生成的文本输出进行排名。我们最初可能会认为，我们应该直接对每个生成的文本打出标量分数来“喂”给奖励模型，但这在实践中很难。因为标注者个体的差异会导致标注的这些分数无法规范和统一。相反，对多个模型的输出进行比较并排名，就可以创建一个更规范的数据集。

排名有多种方法，其中一种较成熟的方法是让用户比较同一个提示在两种不同的语言下模型生成的文本。通过将模型输出进行一一比较，可以使用 Elo 系统对模型和其对应的输出进行排名。这些排名方法都可以转化为标准化的标量奖励得分，使其适用于奖励训练。

在这个过程中有一个有趣的现象，即迄今为止成功的人类反馈强化学习系统都使用了与文本生成相对应大小的奖励语言模型（例如，OpenAI 的 175B 语言模型、6B 奖励模型，Anthropic 使用了从 10B 到 52B 的语言模型和奖励模型，DeepMind 使用了 70B Chinchilla 模型作为语言模型和奖励模型）。从直觉上讲，这些偏好模型需要具备与生成文本所需的模型相同的理解能力。

我们已经准备好使用人类反馈强化学习系统，包括一个可用于生成文本的初始语言模型和一个接受任何文本，并将其转换为人类偏好标量得分的奖励模型。接下来，我们将使用强化学习来优化原始语言模型基于奖励模型的表现。我们通过强化学习和奖励模型来优化初始语言模型，以提高其在生成文本任务中的表现。

2. 强化学习微调

首先，我们将微调任务制定为一个强化学习问题，策略表示为一个语言模型，它接收一个提示并返回一个文本序列（或在文本序列上返回一个概率分布），而奖励函数是根据奖励偏好模型来优化语言模型输出分布的。

如图 5-10 所示，给定数据集中的一个输入x，以及来自初始语言模型和当前迭代的微调策略生成的两个文本 y_1和y_2。首先将当前文本输入偏好模型，得到一个表示人类偏好的标量得分γ_θ。然后，通过计算 KL 散度来度量当前文本与初始模型文本之间的差异，并施加一个惩罚项。模型的更新规则仅考虑当前批次的 PPO（Porximal Policy Optimization，近端策略优化）参数更新，目标是最大限度地提高当前批次数据的奖励。PPO 是一种信任域优化算法，它利用梯度约束来确保更新步骤不会破坏学习过程。

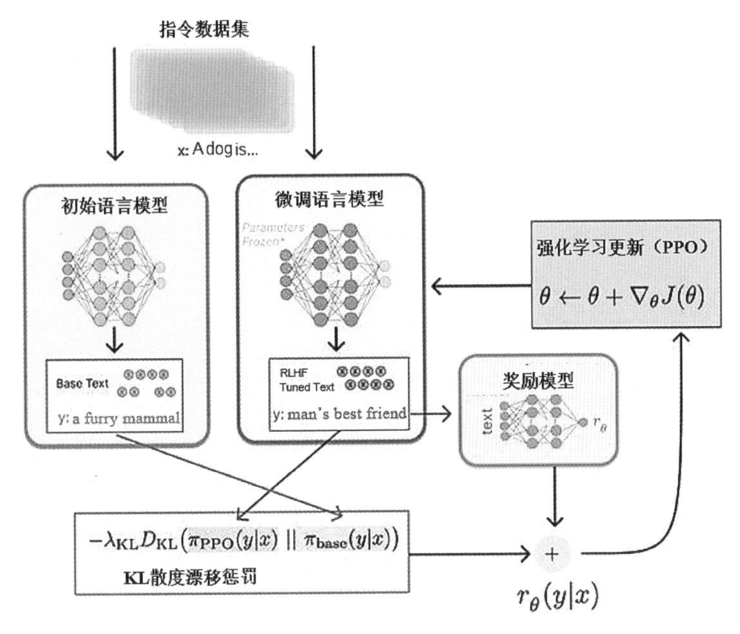

图 5-10　强化学习微调过程示意图[71]

5.4　分布式训练

随着人类生成的数据越来越多，我们需要更多的计算资源来训练人工智能大模型。分布式训练是解决这个问题的可扩展解决方案。

超大规模分布式训练有两种主要方法：数据并行和模型并行。在数据并行中，我们将整个模型复制到每个进程中，每个进程处理训练数据集的不同子集；而在模型并行中，分布式系统中的不同机器负责单个网络不同部分的计算，例如，神经网络的每一层可以分配给不同的机器。相比之下，数据并行更容易实现，具有更好的容错能力和更高的 GPU 利用率。另外，模型并行对于大模型具有更好的可扩展性，并使用更少的 GPU 内存。通常，数据并行更为常见，但对于大模型，往往需要同时使用这两种技术。

在本节中，我们将简要介绍 DeepSpeed 和 Megatron-LM 这两种常用的分布式训练工具。

5.4.1 DeepSpeed

近年来，ChatGPT 及其类似模型在人工智能领域引起了广泛关注，各大公司希望更轻松、快速、经济地训练和部署类似 ChatGPT 的模型。然而，随着模型越来越大，训练数据规模在增长，训练成本也随之增加。训练这些大模型需要昂贵的多卡多节点 GPU 集群，硬件资源价格不菲。即便拥有 GPU 集群，现有的开源系统的训练效率往往对机器利用率较低，通常无法达到机器最大效率的 50%。也就是说，更好的资源并不一定意味着更高的吞吐量，系统具有更高的吞吐量也不一定意味着训练的模型准确率更高、收敛速度更快，更不能说明这类开源软件更易用。鉴于这种现状，我们希望拥有一个高效、有效且易于使用的开源系统，以帮助开发人员提高生产力。因此，微软开发的 DeepSpeed 框架引起了我们的关注。

DeepSpeed 是一款由微软开发的开源深度学习优化库，旨在提高大模型训练的效率和可扩展性。它采用多种技术加速训练，包括模型并行化、梯度累积、动态精度缩放、本地模式混合精度等。DeepSpeed 还提供一些辅助工具，如分布式训练管理、内存优化和模型压缩等，以帮助开发者更好地管理和优化大规模深度学习训练任务。此外，DeepSpeed 基于 PyTorch 构建，迁移过程只需进行简单的修改。它已经在许多大规模深度学习项目中得到应用，包括语言模型、图像分类、目标检测等。

下面将介绍 DeepSpeed 的一些核心技术，并阐述它是如何实现高效性和有效性的[72]。

1. 零冗余优化器

零冗余优化器（Zero Redundancy Optimizer，ZeRO）是一种针对大规模分布式深度学习的新型内存优化技术，图 5-11 为零冗余优化器技术内存节约效果示意图。ZeRO 可以在 GPU 集群上以当前最佳系统吞吐量三到五倍的速度训练具有 1000 亿个参数的深度学习模型。此外，它为训练具有数万亿个参数的模型提供了一条明确的道路，展示了深度学习系统技术前所未有的进步。ZeRO 作为 DeepSpeed 的一部分，旨在提高内存效率和计算效率。

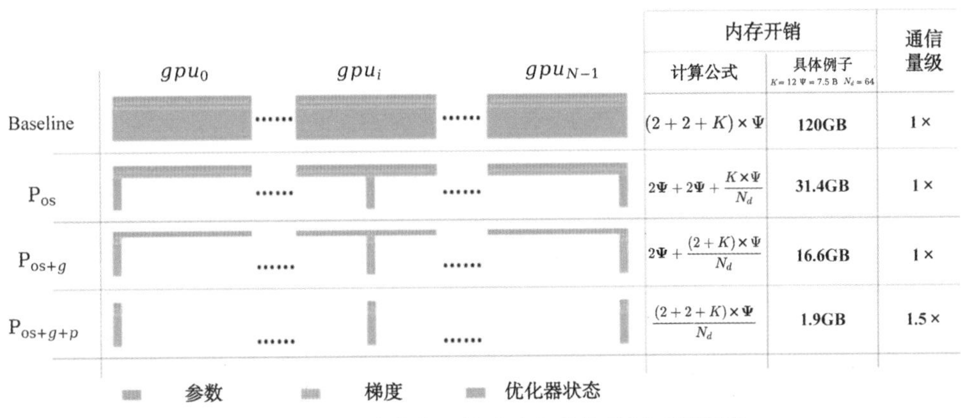

图 5-11　零冗余优化器技术内存节约效果示意图[72]

ZeRO 能够克服数据并行和模型并行的局限性，同时发挥两者的优点。它通过在数据并行进程之间划分模型状态参数、梯度和优化器状态，从而消除数据并行进程中的内存冗余，而不是简单地复制这些数据。在训练过程中，ZeRO 利用动态通信调度在分布式设备之间共享必要的状态，以保持数据并行的计算粒度和通信量。

ZeRO 有三个主要的优化分区，分别为优化器状态分区、梯度分区和参数分区（见图 5-11）。

- 优化器状态分区（P_{os}）：在该分区中，通信量与数据并行性相同，内存缩减为原来的 1/4。
- 梯度分区（P_{os+g}）：在该分区中，通信量与数据并行性相同，内存缩减为原来的 1/8。
- 参数分区（P_{os+g+p}）：在该分区中，内存减少与数据并行度呈线性关系。例如，在 64 个 GPU 之间进行拆分，将使内存缩减为原来的 1/64。然而通信量会增长 50%。

ZeRO 通过消除内存冗余，使得整个集群的聚合内存容量得以充分利用。当上述三个分区都启用时，ZeRO 可以在 1024 个 GPU 上训练包含万亿个参数的模型。例如，像 Adam 这样的优化器，在 16 位精度下，训练万亿个参数的模型需要大约 16 TB 的内存来存储优化器状态、梯度和参数。将 16 TB 除以 1024 个 GPU，得到每个 GPU 所需的内存为 16 GB，这对于 GPU 来说是合理的内存需求。因此，

ZeRO 通过消除内存冗余和优化内存使用，使得大型模型的训练成为可能。

2. 基于 ZeRO 的 3D 并行化实现万亿个参数模型训练

DeepSpeed 实现了零冗余优化器支持的数据并行、模型并行和流水线并行，并可以灵活地组合使用，以解决显存效率和计算效率问题。

（1）数据并行：当模型参数和数据量较小时，可以在一个 CPU 上加载所有的数据和模型。然而，对于大模型训练，需要大规模数据集，一个 GPU 无法存储足够的数据。此时，需要将数据分块并放置在不同的 GPU 上处理。反向传播后，通过通信聚合梯度，确保优化器在各个机器上进行相同的更新。这种方法的优势在于计算效率高。数据并行的批量大小随着线程数的增加而增加，但在不影响收敛性的前提下，批量大小不能无限增大。

（2）模型并行：在数据并行中，每个 GPU 会加载完整的模型结构。然而，如果模型参数非常多，一个 GPU 无法加载所有的参数。此时，需要将模型分层，每个 GPU 处理一层。这种方法就是模型并行。模型并行的计算和通信取决于模型结构。DeepSpeed 采用了英伟达的 Megatron-LM，基于 Transformer 提供大模型并行功能。模型并行根据线程数量，成比例地降低内存的使用，是三种并行策略中内存效率最高的。但其计算效率最低。

（3）流水线并行：流水线并行将模型的各层划分开，可以并行处理。当完成一次前向传播时，激活内存将被通信至流水线的下一个阶段。当下一个阶段完成反向传播时，将通过管道反向通信梯度。必须同时计算多个批次，以确保流水线的各个阶段能并行计算。

数据并行和模型并行时，会保存模型运行时的全部状态，从而造成大量的内存冗余，而 DeepSpeed 采用的基于 ZeRO 的 3D 并行会极大地优化显存利用效率和计算效率。表 5-2 为 DeepSpeed 多卡加速对比。

总之，DeepSpeed 具备极高的存储、通信与数据效率，通过支持高效数据并行、模型并行与流水线并行，能方便地应用于大规模训练任务，并且只需要修改几行代码，即可在 PyTorch 模型中使用。

表 5-2　DeepSpeed 多卡加速对比[75]

设　　备	训练时间
1024 V100 GPUs	44 min
256 V100 GPUs	2.4 h
64 V100 GPUs	8.68 h
16 V100 GPUs	33.22 h

5.4.2 Megatron-LM

在 PyTorch 中训练大模型不仅仅是写一个训练循环这么简单。我们通常需要将模型分布在多个设备上，并使用许多优化技术以实现稳定、高效的训练。

Accelerate 库被设计用于支持 GPU 和 TPU 的分布式训练，并且它能够轻松地整合进训练代码中。此外，Transformers 还提供了一个名为 Trainer API 的功能齐全的训练接口，该接口在 PyTorch 中可用，它甚至可以让用户无须编写自己的训练代码，即可进行模型训练。

Megatron-LM[76]是一个基于 PyTorch 的分布式训练框架，用来训练基于 Transformer 的大语言模型。它综合应用了数据并行、张量并行和流水线并行的模式。下面将对这些并行方式的基本原理进行介绍[77]。

1. 数据并行

在数据并行处理中，每个计算线程会维护模型的一个副本。为了训练，输入数据被切割成多个片段，每个线程处理其中一部分。在训练过程中，各个线程的批量数据被分割并分配给多个线程。随后，这些线程间会定期交换并合并梯度信息，以此确保所有线程所持有的模型权重保持同步。对于特别庞大的模型，可以利用数据并行来处理模型的较小分块。

虽然数据并行的扩展效果通常良好，但也存在以下两个不足。

- 超过某个点后，每个 GPU 的批量大小会变得过小，导致 GPU 利用率降低，通信成本增加。
- 可用的最大设备数量受到批量大小的限制，从而限制了可用于训练的加速器数量。

2. 模型并行

为了克服数据并行的限制，人们采用了一些内存管理技术（如激活检查点）来减少内存需求。此外，他们还使用模型并行来对模型进行分区，以便权重及其相关的优化器状态不必同时驻留在处理器上。

模型并行旨在解决单个 GPU 无法容纳整个模型的问题，方法是将模型的内存和计算分布在多个线程或设备之间。

模型并行主要有两种类型：流水线并行和张量并行。

流水线并行是将模型的不同层次分布到不同的设备上，例如，将前几层放在一个设备上，中间几层放在另一个设备上，最后几层放在第三个设备上。

张量并行则是将某个层次内的张量进行分割，将其放置在不同的设备上，也可以理解为将矩阵运算分配到不同的设备上，例如，将某个矩阵乘法分割为多个矩阵乘法，并将其分布到不同的设备上。

如图 5-12 所示，左图是层间并行（流水线并行），它将模型沿纵向切分，前三层分配给第一个 GPU，后三层分配给第二个 GPU。右侧是层内并行（张量并行），它将模型沿横向切分，每个张量分成两部分，分别分配给不同的 GPU。这两种模型的切分方式可以同时使用，实现正交和互补的效果。

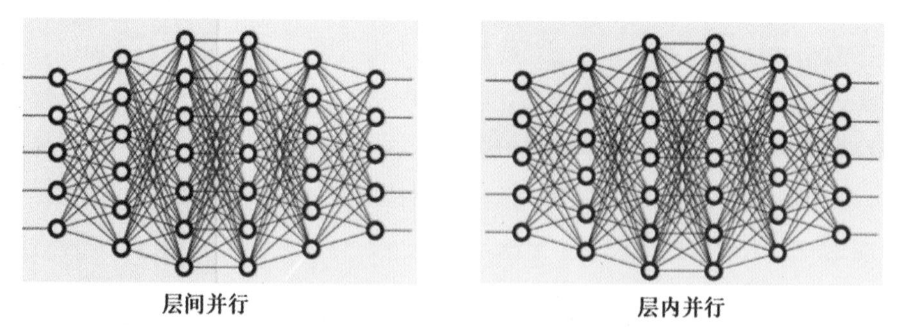

图 5-12　层内并行与层间并行示意图

下面以实例形式介绍张量并行的具体原理。

张量并行是一种针对 Transformer 结构的层内切分方式，它允许将每一层的参数分割后放在不同的 GPU 上。具体地说，Transformer 结构包括三种类型的层。下面以输入编码层为例，介绍张量并行的切分模式。

对于输入编码层，如果总的词表非常大，就会导致单卡显存无法容纳编码层参数。例如，当词表数量为 50304 个、词表表示维度为 5120、类型为 FP32 时，整个层的参数就需要显存为 50304×5120×4÷1024÷1024MB=982.5MB，反向梯度也需要 982.5MB。因此，仅存储这些参数就需要将近 2GB 的空间。

为了解决这个问题，我们可以对编码层的参数按词的维度进行切分。这意味着每张 GPU 卡首先只存储词汇表的一部分，然后在训练过程中通过同步通信汇总各个设备上的部分词向量结果，从而得到完整的词向量。

图 5-13 展示了正常单卡编码和两卡张量模型并行的示意图。在单卡上，编码层的参数大小为[word_size, hidden_size]，编码后得到大小为[bz, hidden_size]的张量。在进行张量模型并行后，我们将编码层参数沿着 word_size 维度分割为两部分，每部分的大小为[word_size/2, hidden_size]，分别存储在两个设备上。这意味着每个 GPU 卡只保留词汇表的一半。

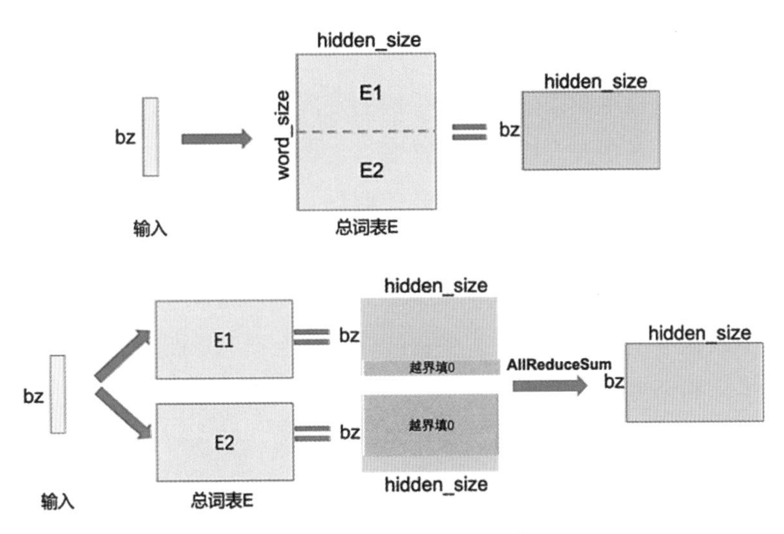

图 5-13　编码层张量并行示意图

当每个设备查询其自身的词汇表时，如果某个词无法在该设备上找到，那么这个词的表示将设为 0。每个设备查询后得到[bz, hidden_size]的结果张量。最后，通过跨设备求和，得到完整的全部结果。在这种情况下，输出结果与单卡执行的结果相同。

得益于其高效的并行训练策略，Megatron-LM 使得超大规模的语言模型能够在大规模的硬件设施上进行训练，处理大量的数据，提高模型的性能和泛化能力。通过结合模型并行化和数据并行化，Megatron-LM 可以扩展到数以万计的 GPU，从而训练出非常大的模型。随着硬件和训练技术的不断发展，我们可以期待 Megatron-LM 能够训练出更大、更强的模型，并有理由相信它将继续在人工智能领域发挥重要的作用。

5.5 小结

在本章中，我们详细介绍了多模态大模型的原理、主流方法，以及如何进行高效训练、推理。首先，分别介绍了针对文本、图像、语音等不同模态数据的单模态大模型的主流方法，然后全面介绍了能够融合处理多种模态信息的多模态大模型的发展现状。而后，为了高效地利用大模型进行推理，我们介绍了常用的提示学习、上下文学习和思维链等推理技术，以及大模型微调和部署技术。

多模态大模型技术在未来将有着广阔的发展空间和应用前景。随着人工智能技术的不断发展，多模态大模型已经在图、文、音等模态上取得了显著进展，并为各种应用场景提供了更全面、更准确的信息。多模态大模型的研究潜力仍然巨大。未来，随着计算能力的提升和数据量的增长，多模态大模型将会在更多的领域得到应用。例如，在医疗领域，多模态大模型可以通过分析医学影像、病理学图像和文本数据等信息，为医生提供更准确、更全面的诊断依据。同时，多模态大模型的推理和训练代码也将不断优化和改进。目前，多模态大模型的推理和训练代码已经非常多样化，未来将更加注重代码的简洁性和可扩展性，以及模型的效率和可解释性。

总的来说，多模态大模型技术将在未来发挥更重要的作用，为各个领域的应用提供更全面、更准确的信息和技术支持。

第 6 章

多模态理解

多模态理解是指从多个模态的数据中提取信息，以便更好地理解和推断数据的含义，这些模态可以是视觉、听觉、语言等。多模态理解在计算机视觉、自然语言处理、语音识别等领域有着广泛的应用。本章将深入探讨多模态理解，主要介绍图像描述、视频描述以及视觉问答。

6.1 图像描述

图像描述技术是以图像为输入，通过数学模型和计算使计算机输出对应图像的自然语言描述文字，使计算机拥有“看图说话”的能力，是图像处理领域中继图像识别、图像分割和目标跟踪之后的又一新型任务。

在日常生活中，人们可以将图像中的场景、色彩、逻辑关系等低层视觉特征信息自动建立关系，从而感知图像的高层语义信息，但是计算机作为工具只能提取到数字图像的低层数据特征，而无法像人类大脑一样生成高层语义信息，这就是计算机视觉中的“语义鸿沟”问题。图像描述技术的本质就是将计算机提取的图像视觉特征转化为高层语义信息，即解决“语义鸿沟”问题，使计算机生成与人类大脑理解相近的对图像的文字描述，从而可以对图像进行分类、检索、分析等处理任务。

6.1.1 描述方法

近年来，随着深度学习技术的不断发展，神经网络在计算机视觉和自然语言处理领域得到了广泛应用。受机器翻译领域中编码器-解码器模型的启发，图像描述可以通过端到端的学习方法直接实现图像和描述句子之间的映射，将图像描述过程转化为图像到描述的“翻译”过程。深度学习方法可以直接从大量数据中学习图像到描述语句的映射，生成更加准确的描述，其性能远远超过传统方法。

1. 基于编码器-解码器的方法

基于深度学习的图像描述生成方法大多采用以卷积神经网络-循环神经网络（CNN-RNN）为基本模型的编码器-解码器框架，如图 6-1 所示，卷积神经网络决定了整个模型的图像识别能力，其最后的隐藏层的输出被用作解码器的输入，循环神经网络是用来读取编码后的图像并生成文本描述的网络模型。

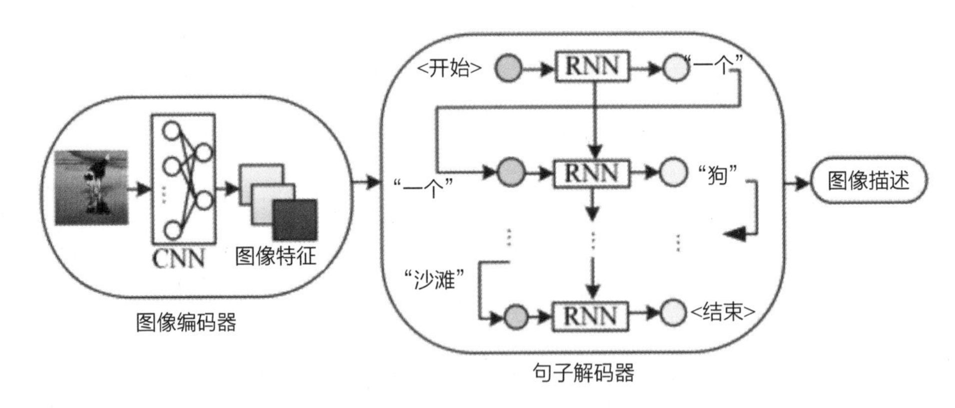

图 6-1　基于编码器-解码器的图像描述模型[91]

2. 基于注意力机制的研究

随着深度学习的发展，注意力机制在计算机视觉领域得到了广泛应用。其本质是为了解决编码器-解码器在处理固定长度向量时的局限性。注意力机制不再将输入序列编码成一个固定向量，而是通过增加一个上下文向量来对每个时间步的输入进行解码，从而增强图像区域和单词之间的相关性，获取更多的图像语义细节（见图 6-2）。

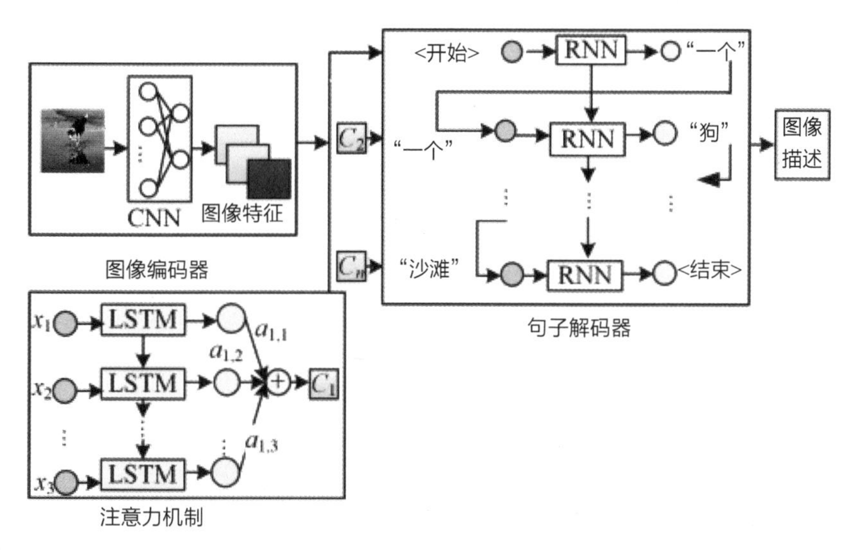

图 6-2　融入注意力机制的编码器-解码器图像描述模型[82]

3. 基于生成对抗网络的方法

生成对抗网络模型中至少包含两个模块：生成网络和判别网络。在训练过程中，生成网络生成尽量真实的数据以“欺骗”判别网络，并且通过判别网络的损失不断学习；而判别网络的任务就是区分生成的数据和真实数据。这两个网络通过动态的博弈学习，可以从无标签数据中学习特征，从而生成新的数据。生成对抗网络模型通过控制随机噪声向量来生成多样化的描述，它可分为两部分，如图 6-3 所示。第一部分是句子生成部分，在该部分中依然使用卷积神经网络来提取图像特征，使用 LSTM 来生成句子，区别是在生成单词时加入了随机噪声，并在描述句生成完成后将其输入第二部分的判别器进行评估。第二部分用来评估句子，使用 LSTM 对句子进行编码，与图像特征一起处理获得一个概率值，评估该描述句是否与人类的描述相似，是否符合图像内容，最后使用策略梯度方法反向传播更新参数，使其获得最大的概率值，直到输出理想的描述句子。

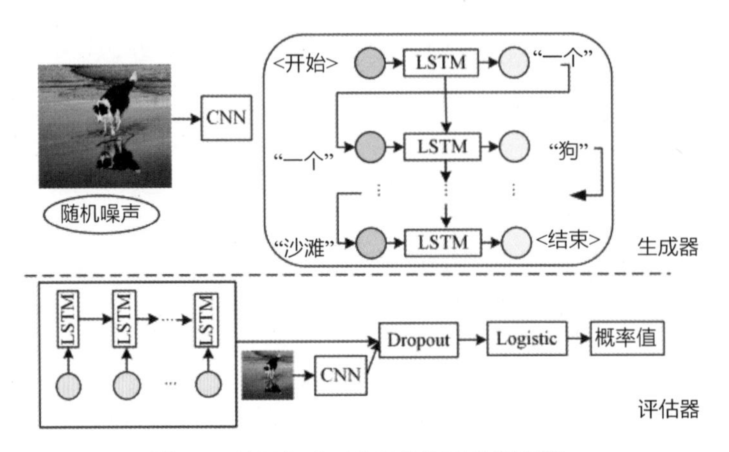

图 6-3　基于生成对抗网络的图像描述[83]

4. 基于密集描述的图像描述方法

基于密集描述的图像描述方法（见图 6-4）将图像描述分解为多个图像区域描述，当描述一个物体时，可以看成目标识别，当描述很多物体或一幅图像时，就是图像密集描述。在文献[84]中提出了一种基于推理机制和上下文融合机制的密集描述方法：推理机制依赖于区域的图像特征和预测描述，以便定位区域边界，从而解决因区域密集而产生的区域重叠问题；上下文融合机制将文本特征与图像特征相结合，提供更加丰富的语义描述。

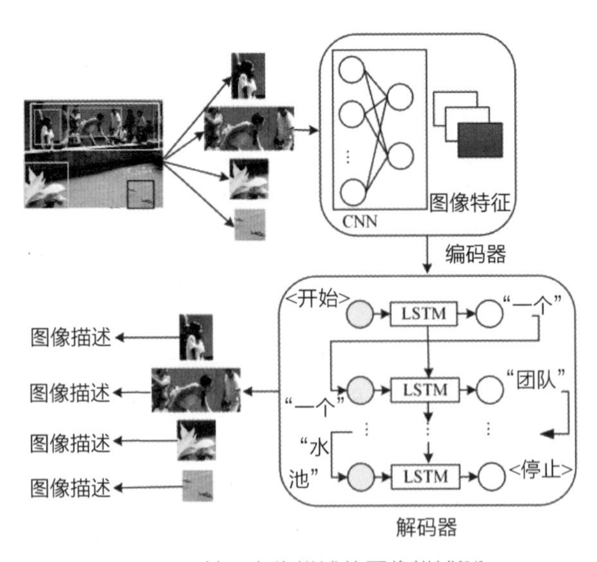

图 6-4　基于密集描述的图像描述[84]

6.1.2　评价指标

BLEU（Bilingual Evaluation Understudy）：把生成的候选语句和参考语句看成连续 n 个词，即将按句子顺序划分的 n 个词组成的组，而后对这些组计算精度，并且在长度上施加适量的惩罚，得到 BLEU 的分数。

METEOR：基于一元模型的精确度和召回率的调和平均值。

ROUGE（Recall-Oriented Understudy for Gisting Evaluation）：在图像描述任务中，常使用 ROUGE-L 指标，L 代表最长公共子序列（Longest Common Subsequence，LCS），是指同时出现在参考语句和候选语句中且顺序相同的一段小语句。由于参考语句一般有多条，ROUGE-L 会基于 LCS 召回率和精确度来计算 F 值（Balanced F Score，即精确度和召回率的调和平均值）。

CIDEr：通过计算候选描述和参考描述之间的 TF-IDF 向量的余弦相似度来度量二者的相似性，其中 TF-IDF 的权重是根据参考描述中 n 元词组的频率来计算的。CIDEr 的值越高，说明候选描述和参考描述的信息含量越高，翻译的相关性越高。

CIDEr-D：CIDEr-D 在 CIDEr 上做了一些改进，通过给在所有参考标注中出现次数更多的无关视觉信息的词赋予更低的权重，减轻句子长度和单词频率带来的影响。当在较长句子上重复较高置信度的单词时，基本 CIDEr 指标会很高，CIDEr-D 在考虑候选句子和参考句子长度之间差异的同时，引入高斯惩罚与计数上的限制，使得评判标准和人类的更相似。

6.2　视频描述

6.2.1　视频定位

视频定位（Video Grounding）是多模态人工智能中的一个子任务，目标是将视频中的物体、场景、动作等元素与对应的文本描述进行对齐。如图 6-5 所示，给定一段视频和文本描述“一个男人伸手抚摸鱼”，视频定位的任务是将文本描述中的“男人”和“鱼”与视频中的相应区域对齐。

首先，使用计算机视觉技术来检测视频中的物体和场景。然后，使用自然语言处理技术来理解文本描述中的实体。最后，将检测到的物体和场景与文本描述中的实体对齐，以便可以在视频中找到与文本描述相对应的区域。密集回归网络（Dense Regression Network，DRN）[78]使用目标视频段内每一帧与查询描述的起始（或结束）帧之间的距离作为密集监督，以提高视频定位的准确性。具体而言，该方法设计了一种新颖的密集回归网络，用于回归每一帧到视频段的起始（或结束）帧的距离。

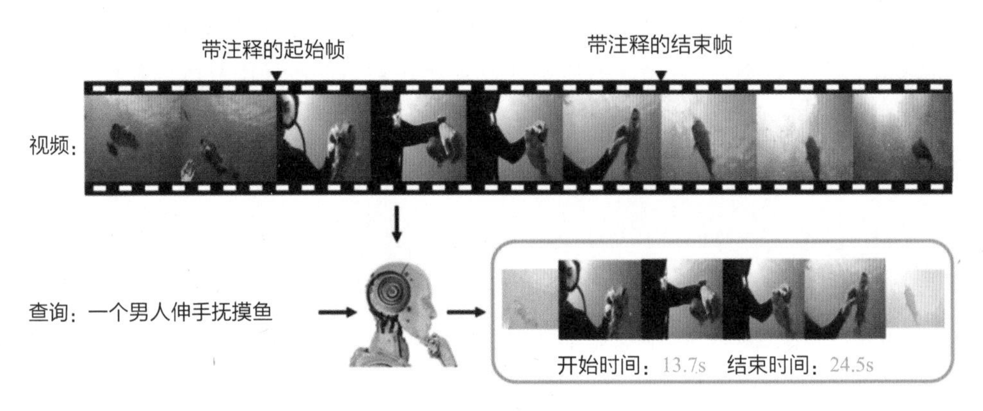

图 6-5　视频定位[78]

6.2.2　视频描述

视频描述旨在输出未裁剪的长视频中包含的所有事件的时间框及其自然语言描述，包含“定位”和“描述”两个子任务。以往工作的研究重点大致分为三类：设计更强大的编码器提取视频音频表征、通过上下文关联或增加约束以增强预测句间的连贯性、挖掘定位任务与描述任务的交互。前两类在传统的图像和视频描述的工作中都有所涉及，而第三类中的视频描述任务是更专有也更有趣的探索方向。

根据两个子任务的交互情况，相关工作可以分为以下四类：

(1) 先定位后描述。类似于目标检测，早期视频描述方法通常采用两阶段“先定位后描述”的方案。如果定位网络较准确，那么可以大致确定事件的位置，再综合事件内部帧的信息（也可考虑事件的上下文）生成一句话。但是这种方案预测的事件框缺乏来自高层语言的指导，可能定位到不准确或者不适合描述的背景帧。

（2）定位与描述循环交替进行。弱监督密集视频描述（Weakly Supervised Dense Event Captioning，WSDEC）[79]针对弱监督的密集视频描述问题（只给定视频与多个描述语句，不提供位置信息），提出初始化一组粗糙的候选时间框，经过“描述模块→句子定位模块”的不断循环来预测优化后的时间框的句子，并以计算循环损失作为约束。

（3）先描述后定位再精修。论文“Sketch,Ground, and Refine”[80]提出三阶段的思路。首先，从全局视角生成一个粗粒度的多句段落，用于描述整个视频。接下来，将每个事件描述与视频段落进行关联，以进行详细的细化。最后，通过改进增强训练及对粗粒度事件描述和对齐的事件段的双路径交叉注意力，提高字幕质量。

（4）并行进行定位与描述。端到端密集视频描述生成与并行解码（End-to-End Dense Video Captioning with Parallel Decoding，PDVC）[81]提出直接把两个子任务并行化，使得定位的监督和语言的监督同时作用于底层特征，学习到既有准确位置又能生成良好描述的事件候选框。该方法是端到端模型，相比之前的多阶段思路，很大程度简化了模型设计和训练流程，如图 6-6 所示。

图 6-6　密集视频描述任务

6.2.3　视频摘要生成

视频摘要生成可以从视频中提取最重要的信息，以便用户快速了解视频内容。视频摘要生成的应用非常广泛，在视频搜索、视频推荐、视频广告等领域都发挥着重要作用。

视频摘要生成的技术可以分为两类：基于文本的视频摘要生成和基于视觉的视频摘要生成。基于文本的视频摘要生成是通过分析视频的字幕，提取关键词和句子，然后根据这些信息生成视频摘要。基于视觉的视频摘要生成则是通过分析视频的图像，提取关键帧和镜头，然后根据这些信息生成视频摘要，如图 6-7 所示。

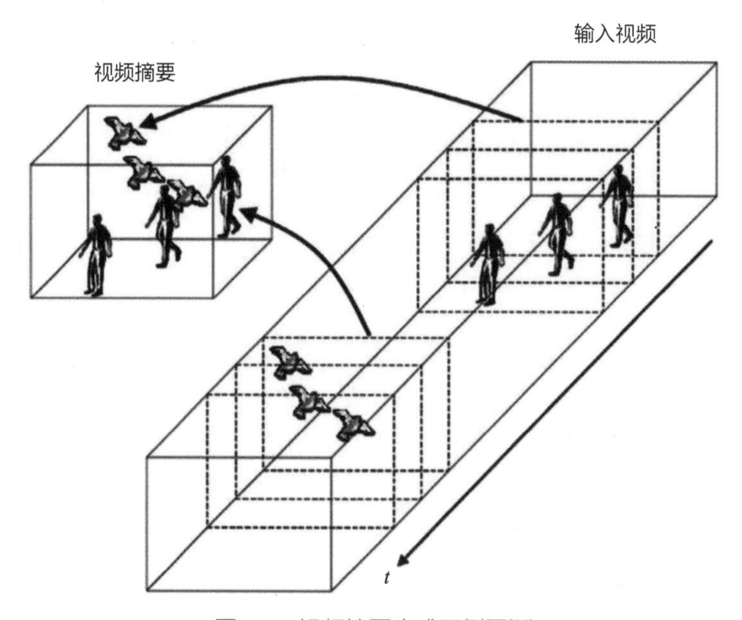

图 6-7　视频摘要生成示例图[85]

DSNet[86]是一个灵活的视频摘要生成框架（见图 6-8），它能够从视频中提取主要部分并生成一段新的摘要视频，用以概括原视频的内容。该框架包括基于锚点和无锚点两种方法。基于锚点的方法生成时间兴趣提议（Interest Proposal），用于确定和定位视频序列的代表性内容；无锚点的方法则消除了预定义的时间兴趣提议，直接预测重要性分数和片段位置。现有的监督视频摘要方法将视频摘要视为回归问题，缺乏时间一致性和完整性约束，相反，DSNet 的兴趣检测框架（Interest Detection Framework）首次尝试通过时间兴趣检测来实现时间一致性。

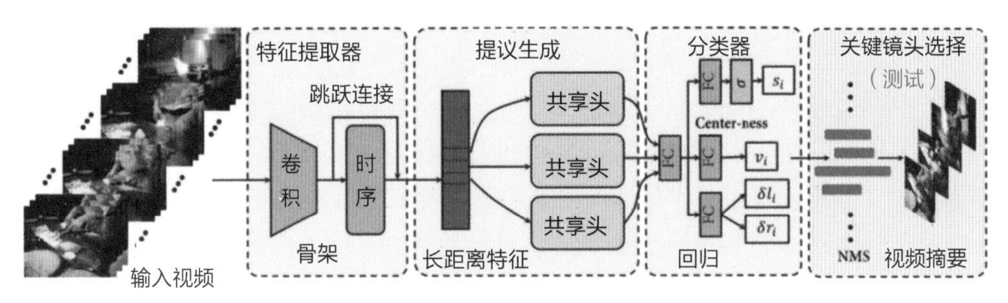

图 6-8　DSNet 网络结构图[86]

6.2.4　评价指标

视频描述模型评估指标可以帮助我们评估并改进生成的文本。以下是一些常见的视频描述模型评估指标。

BLEU@1-4：一种用于评估机器翻译质量的指标，首先，将候选描述（机器翻译结果）和参考描述（人工翻译结果）都分成 n 元词组（n=1,2,3,4）。然后，计算候选描述中有多少 n 元词组出现在参考描述中。最后对不同的 n 取加权平均，得到最终的 BLEU 分数。

ROUGE-L：一种用于评估自动摘要和机器翻译质量的指标。首先，计算候选描述和参考描述之间的最长公共子序列（LCS）的长度。然后，使用 F 值综合考虑精确度和召回率。F 值是精确度和召回率的平衡度量，它同时考虑了两者之间的权衡关系。

METEOR：一种用于自动评估机器翻译质量的指标。它计算机器翻译输出与参考翻译之间的相似性，不仅考虑词汇匹配，还包括同义词、词干、词缀等语义相似度，以及词序的一致性。METEOR 的计算基于精确度和召回率的调和平均值，其中召回率的权重高于精确度。因此，METEOR 的值越高，说明候选描述和参考描述的语义相关性越高，翻译的质量也越高。

CIDEr：一种用于评估图像标注质量的指标。通过对每个 n 元词组进行 TF-IDF 权重计算，计算参考描述与模型生成的候选描述之间的余弦相似度，以衡量图像标注的一致性。CIDEr 不仅考虑了词汇匹配，还关注了描述的内容和意义。

6.3 视觉问答

视觉问答（Visual Question Answering，VQA）是一项结合了计算机视觉和自然语言处理的学习任务。计算机视觉主要是对给定图像进行处理，包括图像识别、图像分类等任务。自然语言处理主要是对自然语言、文本形式的内容进行处理和理解，包括机器翻译、信息检索、生成文本摘要等任务。视觉问答则需要对给定图像和问题进行处理，在经过一定的视觉问答技术处理后生成自然语言答案。

6.3.1 问题定义

视觉问答是将计算机视觉和自然语言处理领域相结合的典型多模态问题之一，它是指在给定图片的情况下，利用人工智能技术回答用户提出的问题。根据处理流程可将其划分为三个步骤：从图像中提取特征、从问题中提取特征、结合图像与文本特征来生成答案。其中结合图像与文本特征来生成答案这一步的关键在于如何有效结合文本和图像。

虽然视觉问答可分为三个步骤，但是具体细分又会产生非常多的方法。比如从图像中提取特征甚至可以涉及多样化的视觉基准模型。而从问题中提取特征，则可以使用自然语言处理领域中的基准模型，从词袋模型到 LSTM，还包括门控循环单元和跳跃思维向量（Skip-thought Vectors）。

视觉问答处理中的核心差异主要体现在第三个步骤，即如何把两者的特征相结合给出结果。整体视觉问答框架如图 6-9 所示。

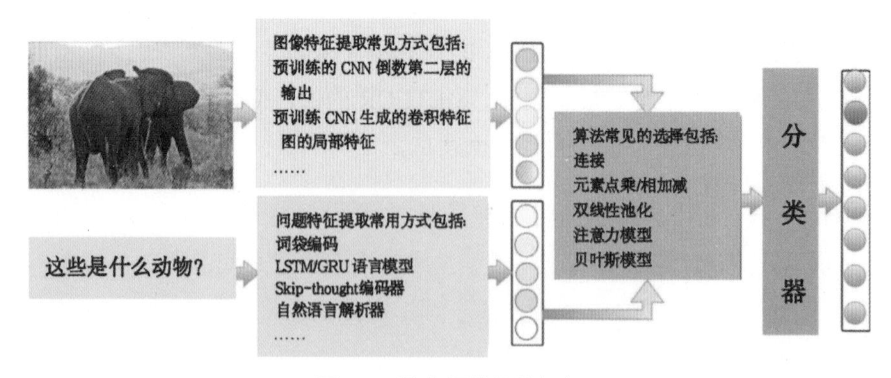

图 6-9　整体视觉问答框架

6.3.2 问答方法

有一些简单的方法可以直接整合图像特征和文本特征。这些方法可以是拼接、张量和内积、外积等一系列方法。整合特征之后，再接一个分类器，比如线性分类器或多层感知机（MLP）方法。还可以通过双线性池化或使用神经网络进行特征组合、分类。其中整合特征后，可以使用注意力机制的一系列方法。

此外，还可以使用贝叶斯模型来建模图像和问题特征之间的分布关系。

1. 基于特征整合的方法

通常来说特征整合时要求维度是匹配的，在不匹配的情况下，需要一方减少维度或者另一方填充维度。有研究工作[96]使用词袋模型来表示问题，使用 GoogLeNet[14]来抽取图像特征，然后将特征直接拼接输入多类逻辑回归分类器中。另有研究工作[93]使用跳跃思维向量来抽取问题特征，使用 ResNet-152 来抽取图像的特征。视觉问答同样使用 GoogLeNet 来抽取图像特征，但是使用 LSTM 来训练问题特征，然后使用哈达玛积（Hadamard Product）来组合特征，最后使用两个隐层的 MLP 来分类。

2. 基于 LSTM 的方法

一般视觉问答是 LSTM[17]、问题编码器和 VGG 图像编码器的组合。输出图像嵌入和问题嵌入，通过逐点相乘来简单地进行融合。然后，融合向量经过一个线性层和一个归一化（softmax）层，输出选择每个候选答案的概率。视觉问答中的后续研究通常采用相同的方法原型。Vanilla VQA[87]的体系结构包含一个 CNN 模型来编码输入图像和一个 LSTM 模型来编码输入问题；再将编码后的图像和问题特征进行点积合并，然后通过全连接层来预测候选答案的概率。其网络结构如图 6-10 所示。

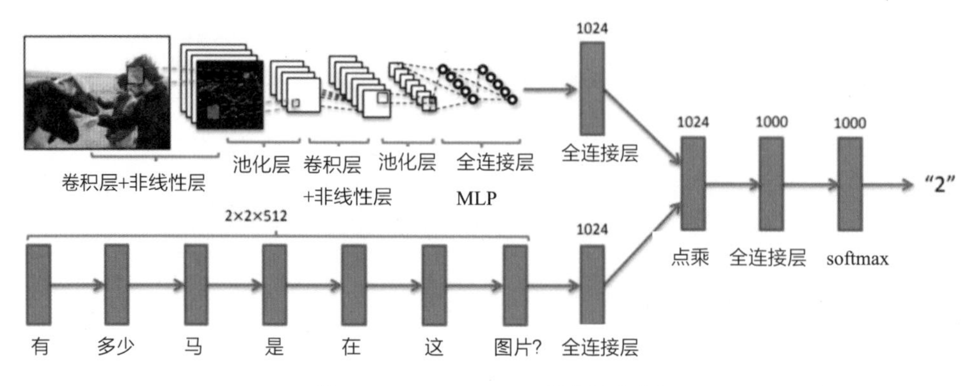

图 6-10　Vanilla VQA 网络结构[87]

早期研究通常采用全局图像表征和简单融合的方式。Malinowski 等[88]在 2015 年提出将 CNN 图像特征输入问题编码器的每个 LSTM 单元中。同年，Gao 等[89]使用了一个共享的 LSTM 来编码问题和解码答案。他们将 CNN 图像特征与每个解码器单元的输出融合，逐字生成答案。

mQA 模型[90]则是针对一个图片的自由形式的问题给出一个答案，这个答案可以是句子、短语或词，因此模型也相对复杂。模型使用了两个 LSTM，分别用来提取问题特征和生成答案，模型结构如 6-11 所示。

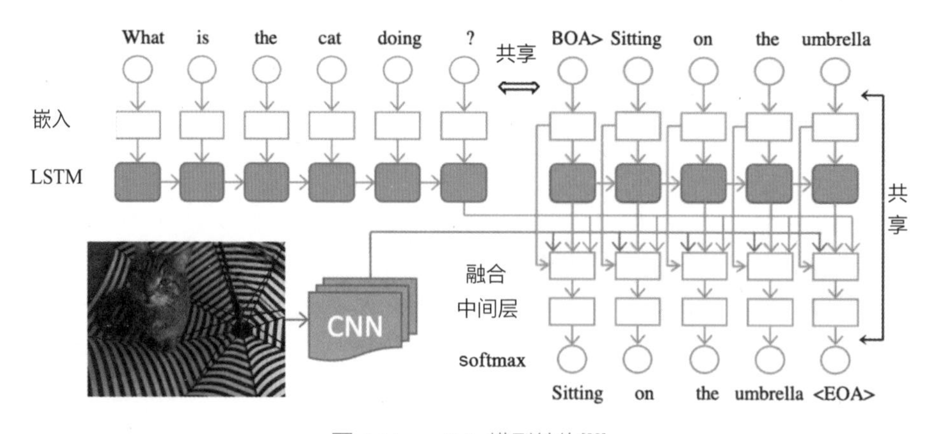

图 6-11　mQA 模型结构[90]

该结构包括四个子模块：（1）问题 LSTM 将自然语句编码成一个稠密的词向量特征，抽取问题中所包含的信息；（2）深度卷积神经网络抽取图片特征；（3）答案 LSTM 用于编码在答案中当前词和之前的一些词的特征信息；（4）最后一个模块用来融合之前产生的信息，预测当前阶段要产生在答案中的下一个词。

模型中需要训练的部分包括两个分别处理问题和答案的 LSTM，以及一个信息融合网络。为了避免模型过于复杂，发生过拟合，将信息融合部分的中间层和 softmax 层之间的权重矩阵和词向量生成层的权重以转置方式共享。在特征融合方式中，答案 LSTM 的输入从开始符开始，再将产生的预测词特征向量与特征（图片、问题）进行线性加和，送入第四个模型产生当前阶段的预测词。

3. 基于贝叶斯的方法

一般通过对问题和图像特征建模共现统计概率，然后使用贝叶斯模型推断问题、图像和答案之间的基础关系。

Mateusz Malinowski[92]通过使用语义分割来识别图像的物体和位置，再使用贝叶斯模型对物体的空间关系建模，然后以此来计算答案的概率，这是比较早的模型（该模型结构如图 6-12 所示），早已经被基线模型所超越。这种方法的不足之处在于模型性能取决于语义分割的性能。

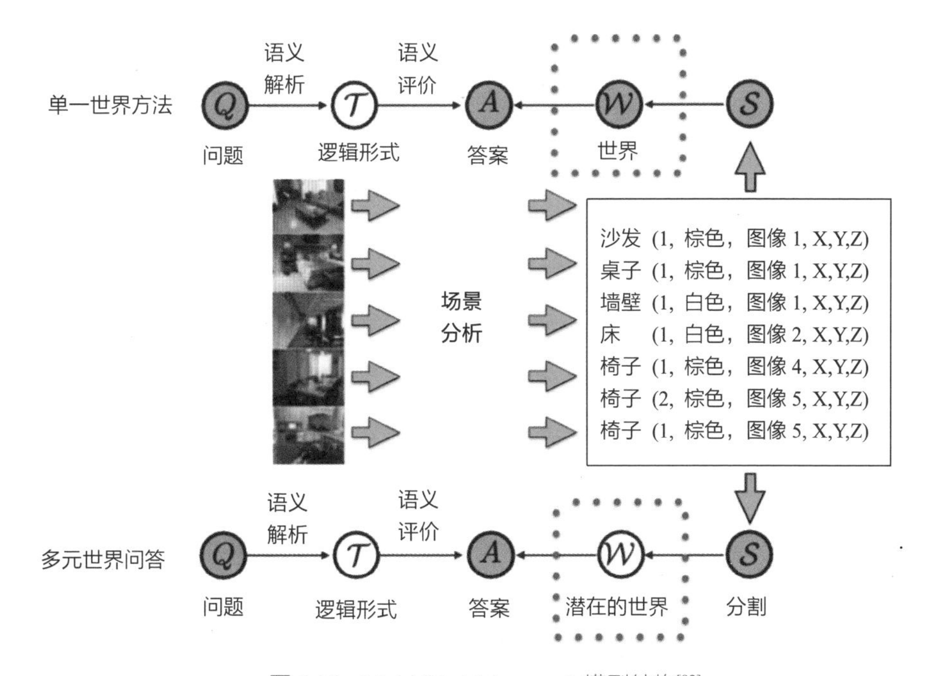

图 6-12　Multi-World Approach 模型结构[92]

后续也有研究人员提出了另一种贝叶斯模型，Kafle 等[93]给出了问题特征和答案类型的图像特征概率。他们观察到针对给定的问题，可以预测答案的类型。例如，“图像中有多少玩家？”是一个“多少”的问题，需要一个数字作为答案。为了对这些概率建模，他们将贝叶斯模型与鉴别模型相结合。

4. 基于注意力模型的方法

注意力模型在计算机视觉和自然语言处理领域都非常成功，使用全局特征会导致任务相关的区域变得模糊，引入注意力机制就是为了解决这类问题。它根据相对重要性自适应地缩放局部特征，问题的部分单词比其他部分更具信息性，将算法的重点放在与输入最相关的部分，利用空间注意力生成特定区域的特征来训练卷积神经网络，以实现抑制或增强图像的空间位置信息特征。

举例来说：如果问伞是什么颜色的，那么伞就是关注的对象，比其他位置更加重要。在引入注意力机制之前的方法关注的都是全局特征而非局部特征。关于注意力模型的方法已有很多文献，这里重点关注提取局部特征的两种方法。第一种基于网格划分图像，然后针对每个划分出来的网格提取感兴趣的特征；另一种是基于候选区域的方式，通过提取候选区域来关注局部感兴趣的信息。

（1）基于网格划分的方法：基于网格划分的方法可分为以下步骤。

第一步，对图像投射网格，通过在图像上投射统一的网格，使每个网格都包含不同的局部特征。

第二步，使用图像和问题特征计算网格和问题的相关性系数，产生权重。

第三步，网格应用后，每个区域的相关性由具体问题决定。

整个流程如图 6-13 所示。

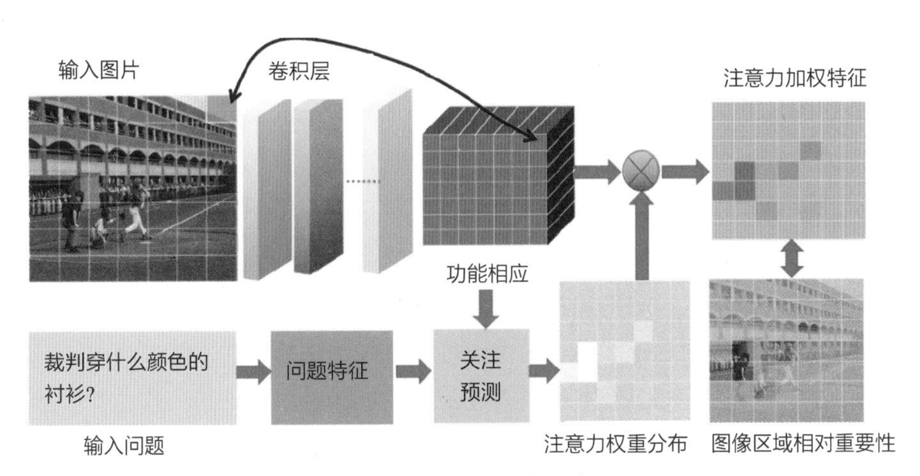

图 6-13　基于网格划分的方法[94]

该方法还可以细分为以下几种主要方法。

- Stacked Attention Network（SAN）[95]：如图 6-14 所示，注意力层由单层权重指定，该权重层结合问题和 softmax 激活函数，计算整个图像的注意力分布。这个分布作用于卷积神经网络特征图，然后通过加权和在空间特征的位置上进行合并，以增强对某些区域的注意力。之后将组合出来的特征向量和问题的特征向量结合送入 softmax 分类层中预测答案。最终对这种方式进行泛化来得到多个堆叠的注意力层，以便能充分建模系统中多个目标的复杂关系。

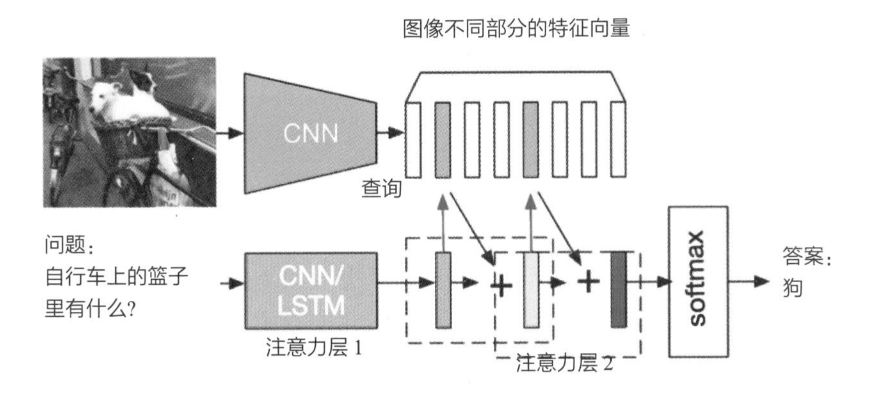

图 6-14　SAN 网络结构[95]

- Spatial Memory Network[98]：注意力机制先通过评估图像块与问题中每个词之间的相关性生成，利用这种词引导（Word-guided）注意力来预测注意力的分布。然后，利用整个问题的编码特征和加权的视觉特征来预测答案。
- 二跳模型：视觉特征和问题特征的组合被循环用于计算注意力的分布，整个网络由三部分组成，分别是输入模块，情景记忆（Episodic Memory）模块和回答模块。输入模块负责将问题中的每个字输入一个 RNN 中，以提取句子中的信息。然后，图像中每个空间网格的位置都像单词一样被输入 RNN 中，以生成视觉任务的信息。情景记忆模块对这些信息的子集进行多次传递，每次传递都会通过学习来更新内部存储表示（Internal Memory Representation）。回答模块负责使用最终的存储表示状态和问题输入来预测答案。
- 双重注意力网络：它利用联合注意力来提取图像和问题特征，并实现图像和问题之间的相互指导。输入采用问题和视觉的联合表示存储向量，以便同时预测注意力。随后，持续更新图像和问题的表示，在多个层级中递归地更新存储表示，这可以理解为分 k 次、多步地提炼注意力，对于 COCO-VQA 数据集而言，通常选择 k=2 是最佳的。

（2）基于候选区域的方法：通过图像的候选区域提取实现局部特征提取，进而应用空间注意力机制，使用 CNN 对提取的候选区域进行编码，再判断每个候选区域与问题的相关性。该方法一般先处理选择题，将选择转换为分类，再求分数进行排名。

基于候选区域的方法主要涉及两种算法。

一种是 Focus Regions for VQA[94]，它的大致流程是先使用 CNN 抽取边界框（Bounding Box）特征，然后把 CNN 特征、问题特征以及多选答案共同作为网络输入，针对每个单选答案生成一个分数，再选择分数最高的答案。计算分数时，通过将区域 CNN 特征的点积和问题嵌入完全连接的层中，简单地学习加权的每个区域的分数的平均值，即可得到最终的分数。

另一种使用候选区域提取的算法是 Focused Dynamic Attention（FDA）[97]，该算法的输入是带有相应标签的边界框列表。在训练时，从 COCO 标记中得到边界框和标签；在测试时，通过残差网络计算得到边界框和标签。然后，利用 Word2Vec[21]来建模问题中的词与候选区域标签之间的相似性距离，仅保留被问题提及的候选区域。其中，相似性大于 0.5 的部分被输入 LSTM 中，同时单独的 LSTM 也被用作问题表示。在 LSTM 的最后一个时间步，全局 CNN 特征也要被送入网络中，以便网络能同时包含全局和局部特征。最后，将两个 LSTM 的输出送入全连接层，使用 softmax 计算最终的预测概率。

5. 基于双线性池化的方法

基于双线性池化的方法主要用于特征融合。它对提取的两个特征进行双线性池化，得到两个融合后的特征，再用于分类。双线性池化在融合特征时使用两个特征的外积，这样可以允许两种特征进行深层次的融合。但是，使用外积有一个巨大的弊端，即融合后的特征维度非常高，等于两个特征维度的乘积，因此，这一系列方法的主要特点就是在融合特征时对这个高维特征进行了优化。

多模态双线性池化（Multimodal Compact Bilinear Pooling）[100]则使用近似外积来减少计算和降低特征维度，并运用了软注意力机制（Soft-attention）。在论文“Multimodal Low-rank Bilinear Pooling”[103]中，作者认为使用近似外积运算开销很大，因此改用哈达玛积和线性映射来实现近似外积，以进一步缩小参数量，并且保证性能不至于有较大损失。

6. 组件式问答模型

组件式问答模型将视觉问答分解为一系列的子步骤，然后通过子步骤的求解得到最终结果。比如，将“马的左侧是什么”分解为“找马”、“看左边”两个步骤。

神经模块网络（Neural Module Network，NMN）[99]是一种视觉问答方法。神经模块网络框架将视觉问答问题视为由不同神经子网络执行的一系列子任务。每个子网络执行一个定义明确的任务，例如，find[X]模块会生成一个热图，显示某个物体是否存在。Describe[X]任务则针对图像的信息进行学习，剩下的两个任务分别是 Measure[X] 和 Transform[X]。模型解析完子任务后需要对子任务的特定网络设计布局。

循环应答单元（Recurrent Answering Units，RAU）[101]是一种端到端训练的方法，它通过设置一系列子任务学习器，使网络自行收敛到特定的学习器以完成特定任务。这种方法允许子任务隐式学习，即使不使用语言解析器，也能表现出良好的性能。在这个框架中，每个子模块都使用独立的应答单元（Multiple Self-contained Answering Units），再通过网络递归式地解决子任务。每个应答单元都使用了注意力机制的分类器，以便更好地处理不同子任务之间的关联和依赖关系。

当然还可以用到一些其他方法，比如在卷积神经网络中将动态参数预测层（Dynamic Parameter Prediction）添加到全连接层中，或者使用多模态残差网络（Multimodal Residual Networks，MRN）[102]。这些方法有助于更好地处理视觉和语言信息的联合表示。

6.3.3 评价指标

视觉问答模型评估指标可以帮助评估和改进生成的文本，以下是一些常见的视觉问答模型评估指标。

简单精度（Simple Accuracy）：视觉问答任务中的问题可以是开放式的，即系统必须生成一个字符串来回答问题，也可以是选择题，即系统从给定的选项中选择一个选项。当算法做出正确的选择，得到正确的答案时，可以使用简单精度来评估 VQA 任务的多项选择题。当算法给出的预测答案与真实标注（Ground Truth）完全匹配时，也可以使用简单精度来评估开放式 VQA 任务。这种简单的精度度量由于需要精确匹配，因此有其局限性。它可以用公式 6-1 来表示。

$$\text{Accuracy} = \frac{\text{questions answered correctly}}{\text{total questions}} \tag{6-1}$$

吴-帕尔默相似度（Wu-Palmer Similarity，WUPS）：吴-帕尔默相似度是简单精度的替代品。该指标旨在评估算法预测的答案与数据集中可用的真实标注答案之间的差异，这取决于它们语义内涵的差异。基于它们之间的相似性，吴-帕尔默相似度将根据数据集中的真实标注和算法对问题的预测答案，在 0 至 1 之间分配值。例如，apple 和 apples 的相似度为 0.98，而 apple 和 fruit 的相似度为 0.86。它可以用公式 6-2 来表达。

$$\text{WUPS}(a,b) = \frac{1}{N_{\mathrm{Q}}}\sum_{i=1}^{N_{\mathrm{Q}}}\min\left\{\prod_{a\in P_{\mathrm{A}}}\max\text{WUP}_{t\in G_{\mathrm{A}}}(a,t),\prod_{t\in G_T}\max_{a\in P_{\mathrm{A}}}\text{WUP}(a,t)\right\} \tag{6-2}$$

其中，N_{Q}：问题总数，P_{A}：预测答案集，G_{A}：真实标注答案集，WUPS (a,b)：将基于分类树与最小公共子单元（the Least Common Subsumer）(a,b)位置的关系，返回单词‘a’和‘b’的位置。

吴-帕尔默相似度度量存在以下局限性，使其难以在视觉问答任务中使用。首先，某些词在词汇上非常相似，但它们的含义可能非常不同。这个问题可能出现在颜色问题上。例如，如果某个问题的答案是白色的，而系统预测答案是黑色的，这个答案仍然会得到 0.92 的 WUPS 分数，这似乎很高。其次，吴-帕尔默相似度不能用于短语或句子的答案，因为它总是处理死板的语义概念，这些概念最有可能是单个单词。

人工裁判：根据 FM-IQA 数据集开发人员的建议，可以使用人工裁判来评估多词答案。但这需要大量的时间和资源，而且非常昂贵，但它可以包括参与过程中每个人的主观意见。在视觉问答数据集、Visual7W 和 Visual Genome 中，多项选择范式可以作为评价多词答案的替代方法。在这种情况下，系统必须只选择给定选项中哪个是正确的，而不是生成一个答案。

6.4　小结

本章为读者提供了对多模态理解的全面认识，详细介绍了多模态理解的原理和主流的方法。分别介绍了针对图像描述、视频描述以及视觉问答领域的经典方法，然后对多模态理解的下游任务的发展现状进行了整体介绍。最后介绍了各个应用领域的评价指标。多模态理解涉及多种模态信息的分析，在本章主要以图像和视频信息的理解为主，主流方法同样可以扩展到对语音和三维信息的理解，通过结合各种模态的信息可以有效提升单模态理解的性能，同时多模态理解也是多模态生成的基础。

第 7 章

多模态检索

本章将介绍多模态检索的相关内容，检索是在庞大的信息中根据用户需求筛选出相关信息，而日常生活中的信息是多种多样的，如文本、图像、声音等，我们称之为多模态数据。多模态检索系统在自动驾驶、智慧医疗、工业缺陷检测等领域可以帮助工作者高效且准确地提取所需信息。传统的单模态检索任务有以文搜文、以图搜图等，随着多模态数据的增长，以文搜图、以文搜视频、以图搜视频等跨模态检索任务也逐渐成熟。

7.1 数据检索

随着互联网的不断发展以及大数据时代的到来，多模态数据日益增长，以文本数据、图像数据、视频数据以及音频数据等各种形式存在，单模态检索的局限性逐渐明显，为了满足人们对于信息检索更加高效全面的需求，多模态检索学习逐渐引起了广大学者的关注。

现有的数据检索技术主要分为单模态检索和多模态检索。单模态检索要求查询词和检索集属于同一种模态类型，如图 7-1 所示的以图搜图、以文搜文等；多模态检索则是融合不同模态进行检索，通过利用不同模态的互补信息达到提高检索准确率的目的。在多模态检索中，查询集和检索集必须至少有一个模态是相同的，如图 7-2 所示，输入文本既可以检索出相关文本，也可以检索出具有相关语义的图片。下面我们将分别介绍。

图 7-1　单模态检索

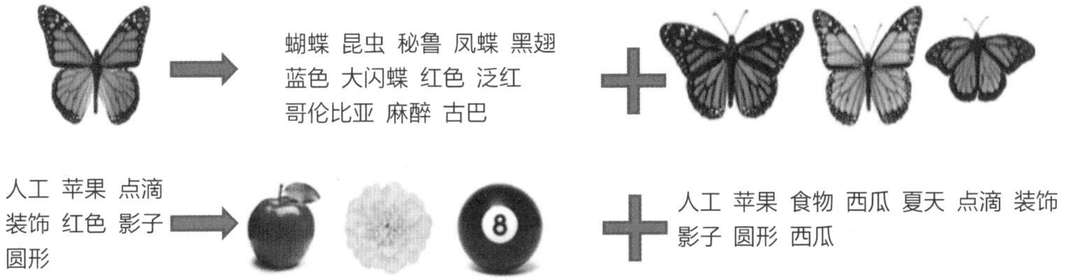

图 7-2　多模态检索

7.1.1　单模态数据与检索

信息爆炸时代产生的海量数据促进了人工智能的飞速发展，大数据虽然蕴含丰富的信息，但是价值密度低，如何高效准确地检索所需信息成为一项关键任务。单模态检索是一种基于特定数据类型的搜索方法，它聚焦于文本、图像、音频或其他单一媒体形式，为用户提供专业、精准的搜索结果，在搜索、推荐系统等业务场景中发挥着重要作用，也是数据挖掘中聚类、去重等子任务的重要步骤。本节简要介绍常见的图像检索、文本检索、音频检索的发展历程及应用。

1. 图像检索

早在 20 世纪 90 年代就有了基于图像内容的检索（Content Based Image Retrieval, CBIR）的研究[100]，也就是我们常说的“以图搜图”，即给定一张描述了用户需求的查询图像（Query），通过分析视觉内容，在一个很大的图像数据库（Gallery）中搜索与查询图像（Query）语义上匹配或者相似的图像。单模态检索在现实生活中有很多应用，比如在电子商务方面，淘宝、京东等购物应用允许用户抓拍图片上传至服务器端，在服务器端运行图片检索应用从而为用户找到相同或相似的物品并提供购买店铺的链接；在医疗诊断方面，医生通过检索医学影像库找到多个病人的相似部位，协助诊断病情；在搜索引擎方面，谷歌、百度、搜狗都能提供识图的功能，检索出相似图像及出处；此外，在交通管理方面，还可以运用车辆重识别、行人重识别帮助交警监管车辆。

基于图像内容的检索整体流程如图 7-3 所示，首先需要收集一个图像数据库（Gallery），对图像进行预处理并提取特征，得到一个图像特征库，与此同时，建立数据库到特征库的索引（Index）；然后将待检索的查询图像（Query）经过同样的特征提取器，得到查询图像特征；接下来，在某种相似性度量准则下计算查询图像特征向量到图像特征库中各个特征向量的相似性大小并排序，例如余弦相似度、欧氏距离等；最后根据索引映射回数据库，按相似性大小排序并顺序输出对应的图片得出检索结果。其中，特征提取器的发展大致分为两个阶段，即特征工程阶段和深度学习阶段。在特征工程阶段，该领域被各种里程碑式的手工图像表示（Image Representation）所主导，如 SIFT（尺度不变特征变换）[104]和词袋模型[105]。2012 年，AlexNet 在 ImageNet[106]大规模视觉识别竞赛中取得了优异的成绩，将深度学习模型在比赛中的正确率提升到一个前所未有的高度。从此，SIFT 这种局部描述符的主导地位被数据驱动的深度神经网络（DNN）所取代，后者可以直接从数据中学习具有多级抽象的强大特征表示，DNN 在各种经典的计算机视觉任务中（包括图像分类、目标检测、语义分割和图像检索等）已经达到了最先进的水平。现在常用的特征提取器有残差网络 ResNet[16]、Vision Transformer（ViT）[8]等。总体而言，基于内容的图像检索在处理视觉相似性问题上表现出色，但在类内差异性大、类间相似性小、遮挡、背景杂乱等场景的应用中仍然面临一些挑战，随着技术的发展，研究者们正在努力克服这些挑战，以提高基于内容的图像检索的性能和实用性。

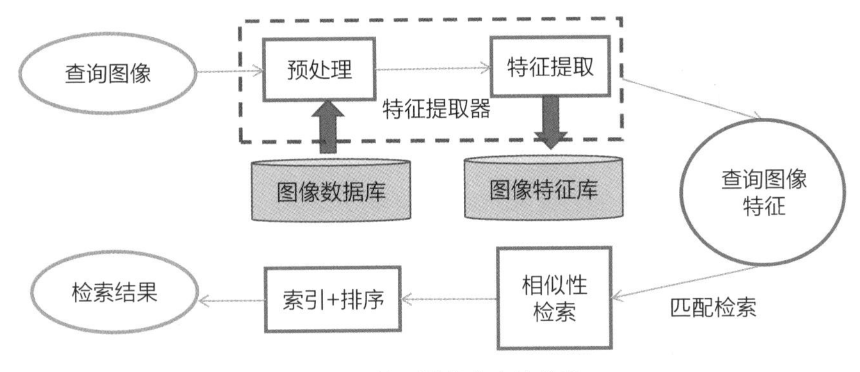

图 7-3　基于图像内容的检索

2. 文本检索

文本检索是信息搜索领域中一个长期存在的研究课题，它旨在根据用户的查询从大型文本集中查找到相关的信息资源（如文档或段落），以响应用户发出的自然语言查询。查询（Query）和文本集（Text）以词汇表中的单词记号序列的方式呈现，文本集可以表现为不同的语义粒度（如文档、段落或句子），并因此产生不同类型的检索任务，如文档检索和段落检索，这些任务统称为文本检索。

文本检索面临语义上的歧义性、多语言处理、隐私安全、专业术语长尾查询等挑战。作为克服信息过载最重要的技术之一，文本检索系统已被广泛用于支持许多下游应用，包括问答[107]、对话系统[108]、实体链接和 Web 搜索[109]等。通常，一个完整的信息检索系统由多个阶段组成，如图 7-4 所示。第一阶段检索的目的是通过检索相关的候选文本来减少候选空间；第二阶段主要是对候选文本进行重新排序[110]，基于第一阶段检索器的检索结果，检索系统通常设置一个或多个重新排序阶段，对初始结果进行细化，得出最终的搜索结果；第三阶段运用其他细粒度的下游检索任务，例如问答，最终返回文本并定位查询的答案。

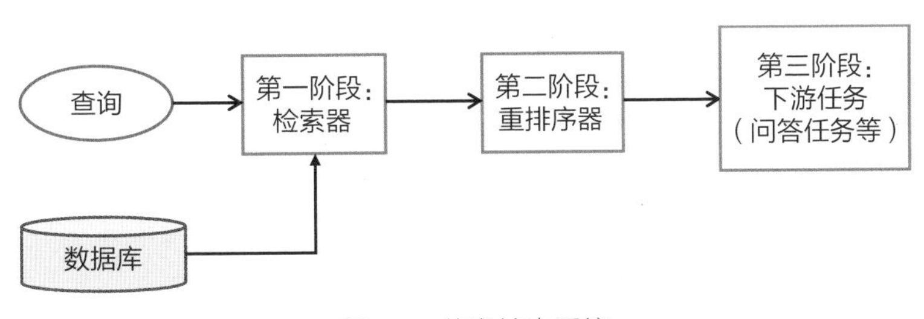

图 7-4　信息检索系统

3. 音频检索

声音媒体是除视觉媒体外最重要的媒体，在海量的网络音乐爆发时期，人们往往仅记得某个音乐片段，想要知道其完整曲目、作者、歌名就需要音频检索的支持。基于内容的音频检索，是指通过音频特征分析，对不同音频数据赋以不同的语义，使具有相同语义的音频在听觉上保持相似。语音识别系统可能受到噪声、口音、语速变化等因素的影响，同时音频数据可能涵盖多种内容，包括语音、音乐、环境声等，不同类型的音频需要不同的处理方法，因此设计一个通用的音频检索系统需要考虑到这种多样性。音频检索流程同图像检索流程相似，只不过需要建立音频库（Gallery），采用音频特征提取器，对音频信号进行预处理；通过对音乐旋律的特征提取，形成查询索引；对音乐数据库中的音乐建立音频索引；根据查询索引和数据中音频索引之间的相似性，对音乐片段进行检索。北京大学Cui 等[111]提出使用紧凑的音乐签名进行高效的基于内容的音乐检索。每个音乐文件被分割成一组（重叠的）片段；相似的片段聚集在一起；对于每个音乐文件，属于一个簇的音乐片段的数量决定了该维度的键值。他们还设计了一个评分功能，允许仅基于签名直接生成排名答案集。北京师范大学的研究人员实现了一个实时、鲁棒的语音-旋律转换器[112]，在数据库构建方面，提出了从 MIDI 文件中自动获取音乐旋律特征的分析方法。Zapata 等[113]在数据输入部分通过设定置信度值来快速判定大规模音乐数据中的节奏变化特征，统计拍数等相关信息。

此外，还有基于内容的视频片段检索等单模态检索任务，尽管单模态检索在许多场景中表现出色，但与多模态检索相比，它是否能够胜任更为复杂的信息需求呢？接下来我们介绍多模态检索。

7.1.2　多模态数据与检索

随着信息时代的发展，图像、文本、视频、音频等多模态数据呈爆炸式增长，对某件物品或者某件事采取多角度、多形式的描述能够帮助人们更好地感知与理解周围世界。多模态检索是指融合和利用多种模态（例如文本、图像、音频等）的信息来进行检索任务，多模态是指用多种不同方式来表达或感知事物，例如探索图片与文本语言的关系。与单模态数据检索任务中输入输出数据模态的固定性相比，多模态数据检索更灵活、更方便、更易实施，允许用户随意输入拥有的任意的模态数据来对感兴趣的任意模态数据进行检索（见图 7-2），输入的查询与语料库中的至少有一个模态是相同的。

狭义上，多模态检索的查询可以是一种或多种模态，匹配结果也可以是一种或者多种模态；当查询是一种模态，匹配返回结果是另一种模态时，我们将其划入跨模态检索任务，这种检索通常涉及不同模态数据的匹配和关联。但是在训练多模态检索模型时，两者训练的数据都是多模态的，只不过在推理阶段有输入输出模型在定义上的细微差别，详细的研究工作我们将在 7.2 节展开介绍。

同质性的多模态检索，如目标重识别[114]是指在跨相机的多视角图中识别出目标图像的过程；而图像匹配则是通过像素级的识别与对齐，找出两幅图像中具有相同/相似属性的内容或结构。异质性的多模态检索中的以图搜文、以文搜图的跨模态检索任务将在 7.2 节阐述。在这里它指的是输入图像和文本，输出图像或文本；或者输入图像或文本，输出图像和文本的检索任务。一个典型的多模态检索场景包括购物 APP、搜索引擎等常用的识图功能。在这些场景中，系统同时考虑文本和图像信息，用户可以输入文本查询，系统会返回包含文本和相关图像的结果；或者用户也可以使用图像查询，系统将找到与该图像相关的文本和其他信息。在实际应用中，这两个概念有时会被混淆使用，因为它们之间有一些重叠。然而，多模态检索更侧重于融合多种模态的信息来支持综合检索，而跨模态检索更强调在不同模态之间建立有效的关联和匹配。

7.2　跨模态检索

人类大脑很容易处理多模态信息，对齐并利用其中互补的语义信息，进而更加全面准确地学习知识，五岁的儿童在公园见到小猫、小狗也会迅速说出它们的动物类别。在人工智能跨模态检索领域，首要目标是实现类似人脑对不同形式的信息进行语义对齐与互补的功能。跨模态检索属于多模态学习的一个子方向，特指以一种类型的数据作为查询来检索另一种类型的数据，如图 7-6 中的以图搜文、以文搜图。我们先将跨模态检索研究方法概括为两大类：公共空间特征学习方法和跨模态相似性度量方法，再进一步介绍跨模态检索评价指标。

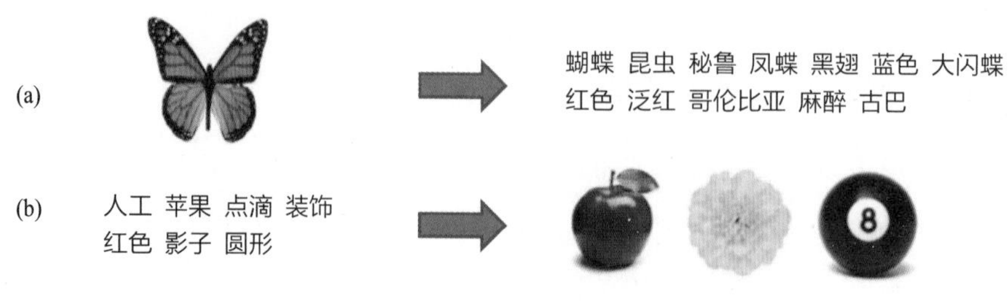

图 7-6 跨模态检索

7.2.1 检索方法

以图像和文本两种模态为例，由于“异质鸿沟”问题，图像和文本的表示形式不一致，需要对不同模态的信号分别进行编码得到其语义特征表示，同时要建立一个度量方法用该距离来计算不同模态数据的相似性，达到跨模态检索的目的。以下介绍公共空间特征学习方法、跨模态相似性度量方法两种研究思路。

1. 公共空间特征学习方法

如图 7-7 所示，公共空间特征学习方法是将图像和文本显式映射到一个相同维度的空间中，以获取它们各自的特征表示。通常这些特征表示为各自模态编码器最后一层或者融合多层的特征（维度相同）。这样，我们便可以直接使用度量方式计算它们之间的相似度，例如余弦相似度、欧氏距离。在这种方法中，图像和文本相互独立没有交互，寄希望于学习到一个优秀的表示来进行相似度度量，因此也被称为“双塔结构”。可以看到，此类方法的核心在于获取高质量的特征表示，可以借鉴表示学习领域的研究方法。

公共空间特征学习方法的优点是检索效率高，系统可以提前离线保存图像和文本的表示，当用户输入一个文本（图片）查询样本，便可以直接与保存好的图像（文本）特征进行相似度计算，这也是商业上的主流检索结构；它的缺点也很明显，由于模态之间缺少交互，很难学习获得一个代表语义的高质量特征表示，导致对应的度量空间不够准确。双塔结构不仅用于图文跨模态场景中，也在其他场景下广泛应用。比如广告或推荐场景，广告/内容是一个模态，用户/流量是一个模态；在文本相关性场景中，虽然是同模态数据，但它们各自代表不同的域，因此双塔结构依旧有效；此外，双塔结构还用于基于文字属性的行人图像检索或者基于行人图像搜索属性识别等。

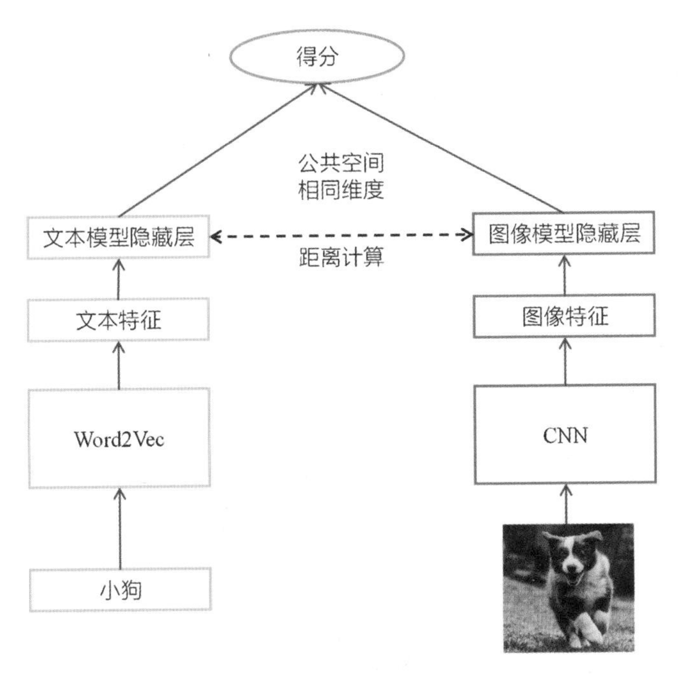

图 7-7　公共空间特征学习方法结构

2013 年谷歌团队[115]提出利用标记的图像数据和从未注释的文本中收集的语义信息来识别视觉对象。深度视觉语义嵌入模型利用文本数据学习标签之间的语义关系，并显式地将图像映射到丰富的语义嵌入空间中，达到以图搜文的目的，并使用扁平的 1-of-N 指标进行训练和评估。

VSE++[116]是一种基于排序的经典方法。在该方法中，图像使用 VGG-19 或者 ResNet-152 进行特征提取，文本则采用门控循环单元进行特征提取。利用排序损失，VSE++缩短了公共空间中配对样本的距离，增加了不成对样本之间的距离。该类方法通常用三元组<a,p,n>的形式输入模型，以构建模态间的相似性。其中，***a*** 表示锚（Anchor），即查询向量；*P* 表示正样本（Positive），即与锚配对的正样本；*n* 表示负样本（Negative），即与锚不配对的样本。VSE++主张在排序过程中应该更多地关注困难负样本（即与锚靠得近的负样本），因此，VSE++在损失函数中引入困难负样本，提出了一种新的损失函数——最大铰链损失（Max Hinge Loss）函数。

以上方法都是对不同模态全局特征的提取，还有一些提取局部特征，进而建立物体级别的多模态相关性表示的方法。李飞飞团队[117]提出建立一个描述场景内容的数据结构，即场景图。场景图通过显式建模对象、对象属性和对象之间的关系来捕获视觉场景的详细语义，后续的检索模型将使用场景图作为查询，执行语义图像检索。用场景图代替原始文本查询，使查询能以精确的细节描述所需图像的语义，而不再依赖于非结构化文本，最终达到以文搜图的效果。

随着多模态大模型的出现，OpenAI 在 2021 年 1 月份发布了一项技术 CLIP：用文本作为监督信号来训练可迁移的视觉模型，引发了一波新的研究高潮。为了训练此模型，OpenAI 从互联网收集了共 4 亿个“图像-文本对”，即一张图像和它对应的文本描述。具体地，CLIP 使用对比学习框架，通过最大化相关样本的相似性同时最小化不相关样本的相似性（余弦相似度）来学习文本-图像对的匹配关系。如图 7-8 所示，CLIP 包括两个模型：文本编码器和图像编码器。其中，文本编码器用来提取文本特征，可以采用自然语言处理中常用的 Text Transformer 模型；图像编码器用来提取图像的特征，可以采用常用的 CNN 模型或者 Vision Transformer（ViT）模型[8]。预训练好的 CLIP 模型可以在下游特定任务上进行微调，实现以图搜文、以文搜图的目标。

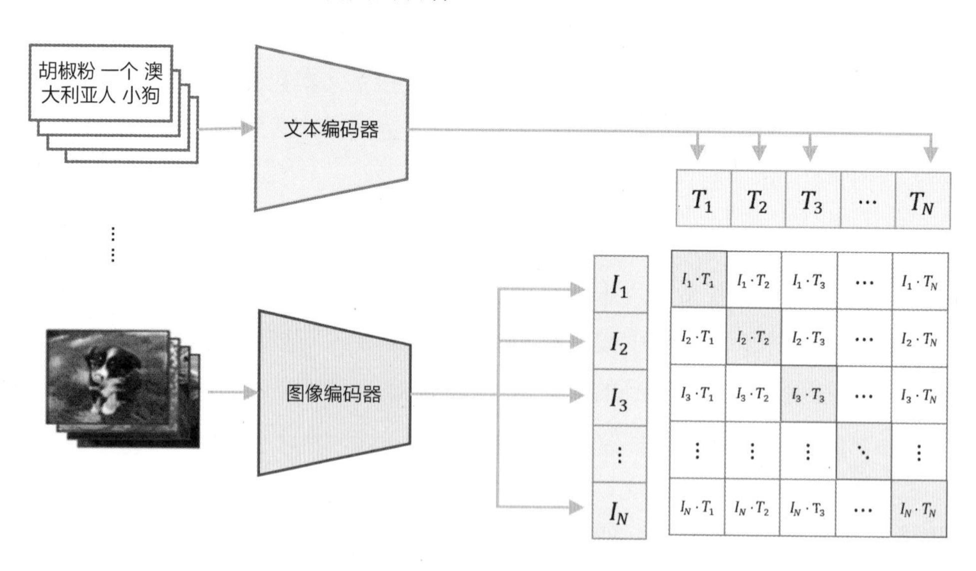

图 7-8　CLIP 模型结构[6]

2. 跨模态相似性度量方法

以图文检索为例，跨模态相似性度量方法（见图 7-9）的主要思路是融合图文特征，然后由隐藏层进一步处理，其目标是让隐藏层学到能够度量跨模态相似度的函数。此类方法的核心在于学习全面而统一的特征表示来表达多模态数据。由于图文特征融合后可以为模型提供更多的互补或是对齐的特征信息，所以特征质量也更高，比双塔结构更容易获得较高的准确率。

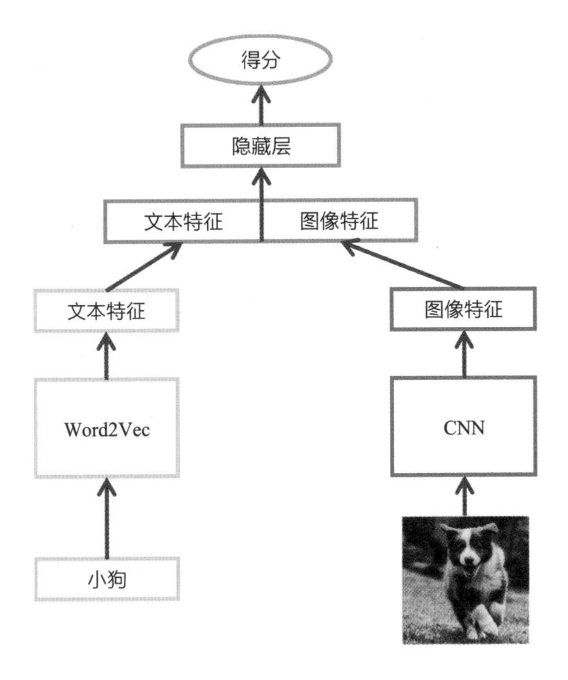

图 7-9 跨模态相似性度量方法结构[118]

Wang 等[118]提出用两种场景图来表示图像和文本：视觉场景图和文本场景图，每种场景图都用于共同表征相应模态的对象和关系，通过聚合邻域信息来改进图上每个节点的表示。然后，图像-文本检索任务自然地被描述为跨模态场景图匹配，获得对象级和关系级的跨模态特征，从而更合理地评估图像和文本在两个层次上的相似性。还有很多工作采用注意力机制进行多模态特征的交互，CASC[119]包含了一个局部对齐的跨模态注意力模块和全局语义一致性的多标签预测模块，分别将重要的图像区域和单词作为独立推断局部图像-文本相似度的对象，即图-文和文-图。

跨模态相似性度量方法基本可以借鉴多模态融合的方法，比如直接拼接特征、加权平均、注意力机制等，以提高系统的性能和鲁棒性。

7.2.2 评价指标

评价跨模态检索的检索能力，需要考虑有效性、多样性、新颖性等。本节主要关注检索的有效性，常用的排名评价指标有平均精度均值（mean Average Precision，mAP)[120]、召回率（Recall@k）[120]、MRR（Mean Reciprocal Rank，平均倒数排序）[121]和 NDCG（Normalized Discounted Cumulative Gain，归一化折损累积增益）[122]。

1. mAP

首先介绍两个概念。准确率（P，Precision）是指检索到的正样本数占所有检索结果的比例；平均精度值（AP，Average Precision）是检索到的每个正样本在对应位置的准确率（P）加和，再除以测试集中所有正样本数。mAP 则同时反映了整体准确率和召回率。

假设查询样本集（Query）为$Q = \{q_i|i = 1,2,\dots,N\}$，数据库（Gallery）为 $G = \{g_j|j = 1,2,\dots,M\}$。对于一个查询样本$q_i$，前$k$个检索结果中正样本集合为$\chi_k(q_i)$，数据库中所有正样本集合为$\chi_{\mathrm{G}}(q_i)$，则第$k$个位置的准确率见公式 7-1：

$$P(q_i,k) = \frac{1}{k}|\chi_k(q_i)| \tag{7-1}$$

前M个检索结果的平均精度值见公式 7-2，一般 M 为数据集（Gallery）大小：

$$\mathrm{AP} = \frac{1}{|\chi_{\mathrm{G}}(q_i)|}\sum_{m=1}^{M} P(q_i,m)\theta(q_i,m) \tag{7-2}$$

第m个检索结果如果为正样本，则$\theta(q_i,m) = 1$；否则$\theta(q_i,m) = 0$。

mAP 是 AP 对所有查询样本的均值，N是查询样本的总数，见公式 7-3：

$$\mathrm{mAP} = \frac{1}{N}\sum_{i=1}^{N}\mathrm{AP} \tag{7-3}$$

2. Recall@k

召回率Recall@k是指在前 k 个样本中，实际检索到的相关正样本占所有正样本的比例，并且对来自查询集 Q 的 N 个查询样本的召回率取平均值，见公式 7-4：

$$\text{Recall@}k=\frac{1}{N}\sum_{i=1}^{N}\frac{|\chi_k(q_i)|}{|\chi_{\mathrm{G}}(q_i)|} \tag{7-4}$$

Median r 代表在所有查询中，使得Recall@k≥50%所需的最小 k 值的平均值，它是一个衡量系统检索效率的指标。

3. MRR

MRR 是对一组查询样本集中，每个查询的第一个正例文本的排名的倒数进行平均。对于一个查询样本q_i，只看第一个匹配项，rank_{q_i}是第一个检索到的正样本相对于查询样本的位置。见公式 7-5：

$$\text{MRR}=\frac{1}{N}\sum_{i=1}^{N}\frac{1}{\text{rank}_{q_i}} \tag{7-5}$$

4. NDCG

折损累积增益（Discounted Cumulative Gain，DCG）衡量整体检索结果的相关性大小，避免过于严苛地用“绝对正确”来评价检索系统。它不仅考虑了正样本的出现位置，还进一步考虑了其他正样本的位置，倾向于将相关样本放在排序较高的位置，见公式 7-6：

$$\text{DCG}_{q_i}@k=\sum_{i=1}^{k}\frac{2^{s_i}-1}{\log_2(i+1)} \tag{7-6}$$

s_i是检索到的第 i 个相关样本的相关性得分。NDCG@k（见公式 7-7）是在特定位置k，计算每个检索结果的累积折损累积，然后将其归一化为理想情况下的最大 DCG，并对每个样本的 NDCG 求平均。$\text{DCG}_{q_i}@k$和$\text{IDCG}_{q_i}@k$分别表示在特定 rank-k 处的折损累积增益和理想折损累积增益，$\text{IDCG}_{q_i}@k$是计算理想状态下相似度由高到低排序的 DCG。

$$\mathrm{NDCG}@k=\frac{1}{\mathrm{N}}\sum_{i=1}^{N}\frac{\mathrm{DCG}_{q_i}@k}{\mathrm{IDCG}_{q_i}@k} \tag{7-7}$$

通过数值化的指标，我们能够准确地衡量检索在返回结果时的准确性、相关性、效率等，而不仅仅依靠主观判断。研究人员可以通过使用共同的评价指标，比较不同算法，寻找检索系统问题，不断调整和优化信息检索系统的算法和模型，使其达到更高的评价指标值，从而提升检索系统的性能，提高用户满意度。

7.3 交互式检索

交互式检索系统允许用户在检索过程中与系统进行动态交互，检查检索结果和修改查询，更好地满足检索需求。与传统的静态检索系统不同，交互式检索系统允许用户在查看初始检索结果后提供反馈，并根据反馈不断调整和改进检索过程，如图 7-12 所示。这种检索方式更贴近用户的实际需求，能够在检索过程中更好地适应用户需求的变化、深化用户的搜索目标，体现出人与系统的协同工作。

图 7-12　交互式检索系统

随着移动应用程序的广泛使用，越来越多的信息检索服务提供了交互式功能和产品，像谷歌和阿里巴巴这样的互联网公司已经开始从基于强化学习的搜索中获得竞争优势。强化学习是机器学习的一个领域，主要是为了解决当条件变化时如何自动学习并作出最优决策的问题。许多信息检索研究人员和实践者应用强化学习技术来解决检索系统中具有挑战性的决策问题。强化学习与交互式检索，都是在交互过程中完成一个目标。在强化学习中，机器智能体在与环境的交互过程中最大化其累积奖励；在交互式检索中，检索系统通过与用户和数据库的交互来满足信息需求。这些共性启发了基于强化学习的交互式检索方法的研究。也就是，检索系统相当于一个强化学习智能体，用户和数据库都处于强化学习的环境中，强化学习为检索结果提供奖励。这些基于深度强化学习的技术有两个关键优势[123]：（1）能够根据用户的实时反馈不断更新信息检索策略；（2）能够最大化用户预期的累积长期奖励，其中奖励会因信息检索应用的不同而有不同的定义，如点击率、收益、用户满意度和参与度等。同时，它也面临一些挑战：（1）训练一个智能体很困难，智能体可能需要数百万步来与环境进行交互；（2）虽然使用“人在环路”的交互检索，但在事后发现不完美的检索结果时，仍然需要用各种方式“纠正”不完善的查询（例如，可以添加初始查询中忽略的相关关键字；用同义词代替被搜索引擎错误解释的词汇；将上下文相关的术语附加到原始查询中），然而这样的过程总是乏味的，并且经常需要用试错的方式来修改查询，因为用户参与交互的迭代次数不多，所以当真正的人类参与互动检索时，训练变得更加昂贵。

在文本检索中，Chen 等[125]提出通过领域随机化来合成更多的相关文档进行训练，以解决由于预注释的文本语料库含有大量不相关文本造成的训练不平衡的问题[124]。在图像检索中，运用交互手段来捕获用户对图像内容的认知，在文献[126]中提出了一个交互式图像检索系统，该系统将强化学习与用户界面相结合，旨在允许用户积极参与指导检索过程，避免检索算法因只关注基于用户明确制订的查询而向用户提供越来越多的相似图像，从而限制了用户对图像空间的探索；Guo 等[127]提出了特定领域对话框的图像检索，将基于对话的交互式图像检索任务制订为一个强化学习问题，并奖励对话系统在每个对话回合中提高目标图像的排名。在视频检索中，有基于强化学习的单个视频时刻定位[129]；Ma 等[128]在大型视频语料库中探索，研究利用强化学习进行交互式搜索的方法。由于查询历史没有随时间跟踪，每次修改都被视为一个独立的搜索会话，最终导致相邻会话的搜索结果之间缺乏持久视图，隐藏在长视频或排名列表深处的检索目标很容易因精神疲劳而被忽略，它们基于用户反馈的查询持续更新来解决交互式检索问题。

在交互检索中必然要用到反馈，反馈系统的核心在于如何根据用户的反馈结果构造出更好的查询，最近也有研究人员对检索中的相关反馈展开探索[130,131,132]。相关反馈（Relevance Feedback）起源于信息检索领域，目的是在信息检索的过程中通过用户交互来提高最终的检索效果。其基本过程是由用户提交一个简短的查询；系统返回初次检索结果；用户对部分结果进行标注，将它们标注为相关或不相关；系统基于用户的反馈计算出一个更好的查询来表示信息需求；利用新构造的查询，系统再次返回新的检索结果；进行多次循环。接下来，我们介绍主要的相关反馈方法。

（1）显式反馈，从用户直接获取反馈，假设大部分用户都有一个大致的概念，以保证他们能够判定哪些文档与查询主题相关，反馈通常为评分或者二进制的Good/Bad，但是用户一般不愿意花费精力提供反馈；（2）伪相关反馈（Pseudo Relevance），也称为盲相关反馈（Blind Relevance Feedback），将相关反馈的人工操作部分由计算机自动处理，不同于显式反馈，用户不再需要进行额外的交互。首先进行正常的检索，然后基于前 k 个初始结果相关的假设进行查询扩展，将初始查询和更新查询结合起来按照以往的方法进行相关反馈。显然，此方法面临主题漂移的风险；（3）隐式相关反馈（Implicit Relevance Feedback），不需要用户显式地标记相关文档和不相关文档，而是间接收集用户的反馈和行为，常见的有互联网系统中对用户浏览搜索结果、点击、浏览时间、文档注释等信息的收集。经典的相关反馈算法有类中心最近距离判别算法（Rocchio 算法），它源自 1970 年代建立的 SMART IR 系统，以在信息检索系统建立的强化学习方法为基础，通过查询的初始匹配文档对原始查询进行改动以优化查询，该算法提供了一种将相关反馈信息融入向量空间模型的方法。假定要找一个最优查询向量$\boldsymbol{q}$，它与相关文档之间的相似度最大且同时又和不相关文档之间的相似度最小；（4）基于概率的相关反馈方法，它通过建立分类器而不是修改查询向量的权重来进行相关反馈。

此外，排序学习也是检索系统中需要关注的方法，例如文档检索、协作过滤、情感分析和在线广告。在机器翻译中，它用于对一组假设的翻译进行排序；在计算生物学中，用于对蛋白质结构预测问题中的候选 3-D 结构进行排序[135]；在推荐系统中，它用于识别相关新闻文章的排名列表，以便在用户阅读当前新闻文章后进行推荐[136]。排序学习的训练数据由查询和与查询匹配的文档以及每个匹配的相关度组成，进而模型可以计算实际查询文档的相关性。通常，用户期望搜索查询在短时间内完成（例如 Web 搜索用时几百毫秒），这使得评估语料库中每个文档的复杂排名模型几乎无可能，因此使用了两阶段方案。在第一阶段，使用更简单的检索模型识别少量潜在的相关文档，这些模型允许快速查询评估，这个阶段被称为 Top-k 文档检索[133]；在第二阶段，使用更准确但计算成本较高的机器学习模型对这些文档进行重新排序[134]。

随着技术和理论的不断进步，交互式检索系统将在未来呈现更为丰富和创新的发展，将用户置于中心，通过实时的用户反馈和动态调整，不断提升搜索系统的性能和用户满意度。

7.4 小结

本章介绍了单模态检索的应用和发展，例如基于内容文本搜索、图像搜索、音频搜索，单模态检索是多模态检索任务的关键支撑；并阐述了多模态检索和跨模态检索在概念上的区别；接着就跨模态任务的研究方法进行了分类介绍。同时“人在环路”的交互式检索也是未来的研究趋势。此外，多模态检索还有很多应用，利用多模态检索可以增强生成技术，减少幻觉信息；在预训练阶段，通过与检索工具互动，可以有效地利用外部信息库来输出更多有根据的信息，提高模型在开放域环境的鲁棒性。当然，多模态检索仍然面临多模态数据稀疏性、跨域问题等挑战，需要研究人员继续深入探究。

检索任务归根结底是在一个已知的巨大语料库上进行查询和搜索，而多模态生成任务则不受底库的限制，能以自回归的方式生成语言描述，接下来我们介绍多模态生成。

第 8 章

多模态生成

本章将主要介绍多模态图像、视频及音频生成。多模态生成旨在通过算法生成多种形式的数据，如图像、视频、音频等。随着计算机技术和多媒体技术的发展，图像和视频的数据量呈爆炸式增长。生成式模型已在文本-图像生成、文本-视频生成、图像转换、超分辨率、图像编辑等实际任务中得到了应用，具有重要的学术意义和科研价值。

8.1 图像生成

图像生成是人工智能领域中备受瞩目的研究方向，它以视觉的方式将机器的创造力与人类的需求相结合。就像语音是人类交流的基本方式一样，图像生成已成为机器智能融入各领域的重要工具。让机器创造图像曾是科幻的梦想，但随着科技的飞速发展和深度学习算法的突破，图像生成已经成为现实，并在生活、工作和娱乐中产生了深远的影响。这一技术的发展为我们提供了前所未有的便利，不仅丰富了媒体内容，还改变了设计、医学、教育等领域的方式。在人工智能的引领下，图像生成正逐渐成为创新和交流的重要手段，对人类社会的发展具有非凡的意义。

8.1.1　问题定义

图像生成技术（Image Synthesis 或 Image Generation）是一种将文本或其他形式的输入转化为图像的技术。它利用计算机科学、数学、人工智能等领域的知识，对图像的生成过程进行模拟和抽象总结，从多角度对输入进行分析，经过一系列的处理，最终生成具有特定特征的图像。

图像生成技术广泛应用于各种领域，包括游戏开发、电影特效、虚拟现实、设计、艺术创作等，为人们提供更便捷的信息获取方式和更高效的工作方式。随着技术的发展，图像生成的准确性和自然度也在不断提高。现在，高质量的图像生成技术已经能够生成具有极高真实感和逼真度的图像，甚至能与真实图像相媲美（见图 8-1）。

图 8-1　DALL · E 3[137]生成的图像效果展示

神经网络的兴起为图像生成领域带来了显著的进步，模型参数量、性能都得到了极大提升。在诸如文本到图像等生成场景中，图像生成技术已经能生成和真实图像接近的图像。目前国内外诸多机构已经推出了非常成熟的技术模型，例如美国 Midjourney 研究实验室开发的同名 AI 绘画模型、OpenAI 公司推出的文生图模型 DALL · E 3[137]，Runway、CompVis、Stability AI 联合开发的文本到图像生成模型 Stable Diffusion[54]，以及谷歌最新推出的大模型 Gemini[138]中的图像生成器。可见，图像生成技术是一项具有广阔发展前景的人工智能技术，未来将开发出可控性更强、生成速度更快的图像生成模型，提升人们的工作效率。

图像生成模型一般采用概率模型进行建模，并在目标数据上进行训练，使其能够拟合真实的数据分布并生成所需内容。早期传统的生成式模型由于通常采用手工设计的特征，只能完成一些简单的内容生成，因此表达能力有限。传统图像生成模型中的代表性模型主要包括隐马尔可夫模型（Hidden Markov Model，

HMM）和高斯混合模型（Gaussian Mixed Model，GMM）等，这些模型曾经在生成式任务中占据主流地位。

深度神经网络出色的特征学习和表示能力极大地推动了图像生成模型的发展，显著提升了模型的生成性能，以生成对抗网络（Generative Adversarial Networks，GAN）为主要代表的生成式模型风靡一时。近年来，随着 Transformer 在文本视觉领域的兴起，涌现出许多基于变分自编码器（Variational Autoencoder，VAE）和 Transformer 架构的预训练图像生成模型。同时，随着硬件算力的提升，模型参数量和训练数据量发展到了一个新的层级。近期，扩散模型（Diffusion Models，DM）进一步推动了图像生成的发展速度，基于扩散模型的生成式模型的相关工作层出不穷。受益于扩散模型训练的稳定性和模型表征能力的增强，生成效果再次迈上了一个新台阶。

目前最为先进的图像生成技术已经可以用于合成逼真的图像，并在诸多相关应用中落地。文本到图像生成的模型已经被广泛应用于艺术创作、插画生成等方面，也在虚拟现实、游戏开发等领域得到广泛应用。此外，此类图像生成模型还可以用于合成逼真的场景图像，例如街景、人脸等。这些模型支持用户输入富有想象力和创造力的文本，生成各种充满奇思妙想的图像（见图 8-2）。

“一只泰迪熊在时代广场玩滑板”

“特朗普来到中国地铁上和群众谈笑风生”

“城市道路旁的广告牌上写着‘PRETTY GOOD’”

图 8-2　采用 DALL · E 2[139]，Midjourney[140]、Stable Diffusion XL[141]等文生图模型创作的效果展示

图像生成技术还可以用于图像修复和增强任务，例如去除图像中的噪声、修复缺失的图像部分等。通过训练一个生成模型，可以自动学习图像的特征，并生成逼真的修复结果。例如图像修补工具 Inpaint Anything[142]，它的主要原理是结合

多种视觉基础模型，包括 Segment Anything Model（SAM），图像修补模型 LaMa[143] 和 AIGC 模型 Stable Diffusion 等（见图 8-3）。首先，利用 SAM 模型进行对象分割，确定需要修补的区域。接着，运用 LaMa 模型删除需要修补的区域。最后，使用 Stable Diffusion 模型进行图像重绘，实现内容的移除、填充和替换。

输入文本：一辆黑色敞篷跑车在路上行驶

替换物体

输入文本：一辆公交车在乡间小路行驶，夏天

替换背景

图 8-3　采用 Inpaint Anything 进行物体和背景替换[142]

图像生成模型另一个常见的应用场景是图像风格转换。通过训练一个生成模型，可以将一种图像的风格转换为另一种图像的风格。这在艺术创作、图像处理等领域应用广泛。例如，ControlNet[144]通过控制 Stable Diffusion 模型，使其能够接受更多的输入条件（如 Canny 边缘、语义分割图、关键点、涂鸦等），拓展了 Stable Diffusion 模型的能力边界，大幅提高了 AI 绘画的可控性，用户可以设置各种条件更精准地控制 AI 生成的最终图像结果（见图 8-4）。

综上，目前的图像生成模型已经具备了非常强大的功能，可以生成逼真美观的图像，并且可以完成图像编辑、风格转换等任务；其应用场景广泛，可以被应用于教育、创造、绘画、建筑等诸多领域，具有很高的商业价值，未来的发展前景非常广阔。

图 8-4 采用 ControlNet 进行图像风格转换[144]

8.1.2 生成方法

常用的图像生成方法主要包括传统生成模型、生成对抗网络、流式生成模型、自回归生成模型以及扩散模型。接下来我们将分别介绍。

1. 传统生成模型

传统生成模型主要依赖于手工设计特征以对数据进行表征。高斯混合模型是其中的代表性工作之一，它将多个高斯分布函数进行线性组合，从而可以拟合非常复杂的密度函数。换言之，通过叠加足够多的高斯分布，可以调节它们的均值、协方差矩阵以及线性组合系数，从而得到如下的概率密度函数。在抽样的过程中，首先通过离散分布$p(z)$抽样得到变量z，之后选择第k个分模型，最后以高斯分布$p(x \mid \mu_k, \Sigma_k)$抽样得到$x$。

$$p(x) = \sum_{k=1}^{K} \pi_k p(x \mid \mu_k, \Sigma_k) \tag{8-1}$$

后续出现了基于马尔可夫随机场的生成模型。马尔可夫随机场是概率图模型中的一种，是由马尔可夫网构成的无向图生成模型。它主要用于定义概率分布函数，马尔可夫条件的独立性主要体现在全局、局部和成对马尔可夫性三个方面。传统的生成模型方法通常只能处理简单的、规则的数据分布，表征能力有限，不足以支持完成大规模预训练任务，也限制了其在更广泛任务上的应用。

2. 生成对抗网络

深度学习技术的兴起，特别是生成对抗网络[145]的出现，极大推动了生成模型的发展。GAN 主要由生成器G和判别器D组成，生成器通过生成数据$G(z)$，尽可能使判别器误以为是真实数据；判别器通过输入数据x，并输出$D(x)$来判断是否是真实数据。通过持续的对抗训练，不断提高G的生成能力和D的判别能力，最终达到生成器能生成较为真实的模拟图像的收敛状态。

具体地，生成器和判别器通常包含两个卷积层和一个全连接层。为了学习得到生成器在真实数据x上的数据分布p_g，生成器需要从噪声分布$P_z(z)$构建一个映射函数$G(z;\theta_g)$。判别器$G(x;\theta_d)$输出一个标量，代表数据x来自于训练数据而不是生成数据分布p_g的概率。同时训练生成器与判别器，生成器的参数通过不断更新最小化$\log(1-D(G(z)))$，判别器的训练目标则是最小化$\log D(x)$。GAN 的训练目标函数可以用公式 8-2 表示：

$$\min_G \max_D V(D,G) = E_{X\sim P_{\text{data}(x)}}[\log D(x)] + E_{z\sim P_z(z)}\left[\log\left(1-D\left(G(z)\right)\right)\right] \tag{8-2}$$

在训练过程中，生成器不能直接访问真实数据，学习的唯一方法是与判别器进行交互。判别器可以访问假样本和真实样本。判别器判断数据是来自真实样本还是由生成器生成的数据。判别器将结果发送给生成器，生成器可以使用这个结果来改进其输出。

最新的一些图像生成研究成果尝试在传统 GAN 架构的基础上改进和创新。跨模态对比生成对抗网络（XMC-GAN[146]，参见图 8-5）将对比学习的概念引入 GAN 的学习过程中，通过设计一个涵盖模态间和模态内对比的多重损失函数，实现了最大化图像和文本之间的互信息。该网络采用了一个注意力自调制生成器来强制保证生成图像与输入文本的对应，在对比学习时，使用一个判别器进行判别并将其作为特征编码器，最终生成与文本相对应的图像。

上述工作列举了生成对抗网络在图像和视频领域的最新代表性研究成果，这些模型的生成效果在基于 GAN 的方法中位居前列。然而，由于 GAN 的训练需要达到纳什均衡，容易出现训练不稳定、梯度消失、模式崩溃等问题，因此，这些模型在训练数据量和参数量上仍然受到很多限制，导致将其作为预训练模型迁移至下游任务时仍然存在较大的挑战。近期的部分研究尝试将预训练模型应用至GAN网络，例如将一组不同的预训练模型的表征集合起来作为判别器，在预训练的特征上训练一个浅层分类器，使深度网络适应小规模数据集并减少过拟合；将多个预训练模型组合起来，还可以促进生成器在不同且具有互补的特征空间中匹配真实的分布。该研究也为预训练模型在 GAN 中的应用提供了新思路，其基本原理如图 8-6 所示。

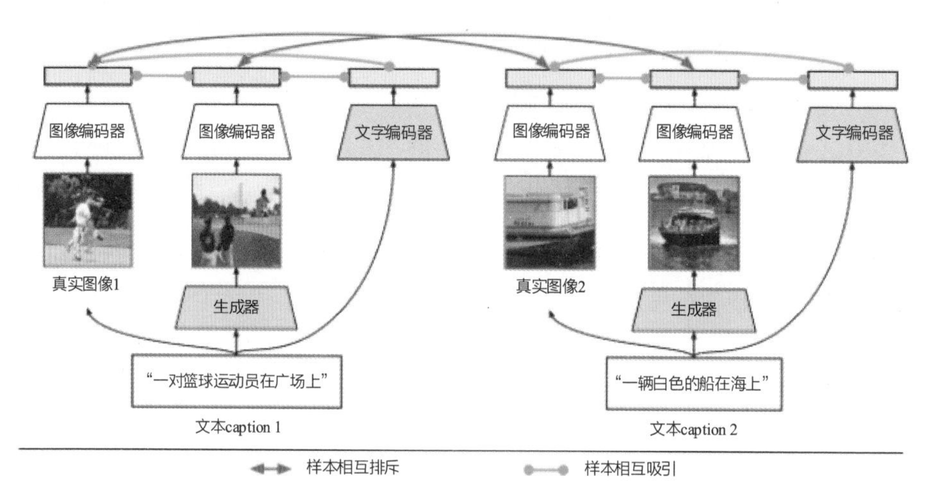

图 8-5　XMC-GAN 的损失示意图[146]

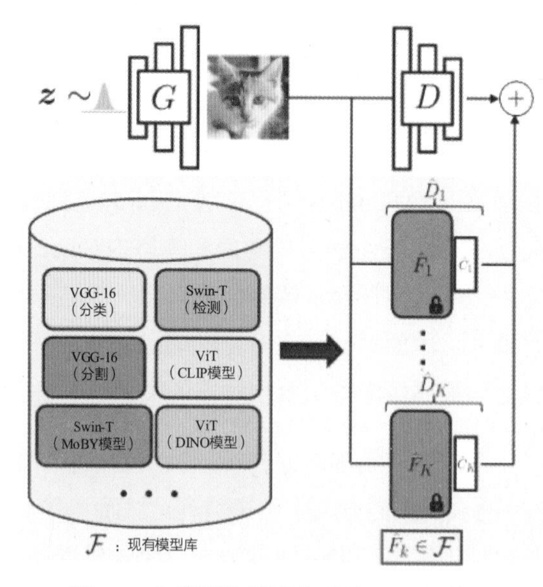

图 8-6　将预训练模型应用至 GAN 网络[147]

3. 流式生成模型

流式生成模型（Flow-based Generative Model）利用标准化流（Normalizing Flow）显式地建模概率分布，标准化流是一种使用概率的变量变换法则将简单分布转换为复杂分布的统计方法。流式生成模型的整体结构如图 8-7 所示，标准化流通过多个变换把一个简单分布$f_\theta(x)$，一步一步地逐渐变复杂，直到得到想要的分布$p(x)=p_k(z_k)$，从而生成所期望的图像。这类模型直接建模似然函数，具有许多优点。例如，负对数似然可以直接计算并最小化为损失函数。此外，可以通过从初始分布中进行采样并应用流变换来生成新样本。

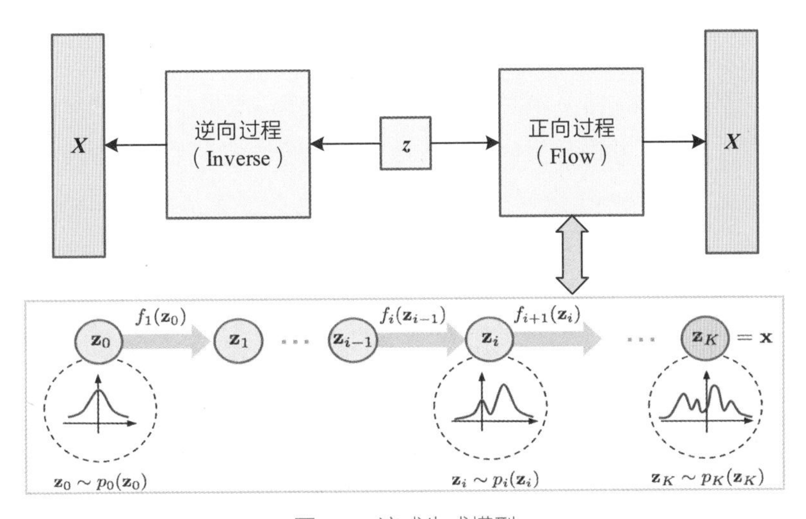

图 8-7　流式生成模型

数据集中有很多不同的样本，这些样本服从概率密度函数是$f_\theta(x)$的分布，每个样本相当于从该分布中采样得到。生成模型就是要建模$f_\theta(x)$，然后根据这个模型来生成服从这个分布的样本。具体地，假设z_0是一个随机变量，其分布为$p_0(z_0)$。对于$i=1,\cdots,K$，设 $z_i=f_i(z_{i-1})$是从z_0转换而来的一系列随机变量。函数$f_1,\cdots,f_K$应该是可逆的，即存在逆函数f_i^{-1}。最终得到模拟目标分布输出z_K，其对数似然函数为

$$\log p_K(z_K)=\log p_0(z_0)-\sum_{i=1}^{K}\log\left|\det\frac{\mathrm{d}f_i(z_{i-1})}{\mathrm{d}z_{i-1}}\right| \tag{8-3}$$

为了有效地计算对数似然，函数$f_1,\cdots,f_K$应易于求逆，也要易于计算其雅可比行列式。在实践中，通常使用深度神经网络对函数$f_1,\cdots,f_K$进行建模，并通过训练来最小化来自目标分布数据样本的负对数似然。常见的流式模型包括 NICE1、RealNVP2 和 Glow3，这些模型通常被设计为只需要神经网络的前向传递即可在逆和雅可比行列式计算中使用。

训练模型时，标准化流的目标通常是最小化模型似然和要估计的目标分布之间的 KL 散度。设p_θ为模型似然，p^*为要学习的目标分布，则（正向）KL 散度为

$$D_{\mathrm{KL}}[p^*(x)||p_\theta(x)] = -\mathbb{E}_{p^*(x)}\left[\log\left(p_\theta(x)\right)\right] + \mathbb{E}_{p^*(x)}\left[\log\left(p^*(x)\right)\right] \tag{8-4}$$

可见，方程右侧的第二项对应于目标分布的熵，与模型学习的参数 θ 无关，因此只需要针对第一项进行优化即可，该式可以通过重要性采样的蒙特卡洛方法来近似。实际上，假设一个数据集$\{x_i\}_{i=1:N}$，其中每个样本都是从目标分布$p^*(x)$中独立抽取的，则可以将这个项估计为

$$-\widehat{\mathbb{E}}_{p^*(x)}\left[\log\left(p_\theta(x)\right)\right] = -\frac{1}{N}\sum_{i=0}^{N}\log\left(p_\theta(x_i)\right) \tag{8-5}$$

因此，最终的学习目标$\underset{\theta}{\operatorname{argmin}} D_{\mathrm{KL}}[p^*(x)||p_\theta(x)]$可以被替换为

$$\underset{\theta}{\operatorname{argmax}}\sum_{i=0}^{N}\log\left(p_\theta(x_i)\right) \tag{8-6}$$

换言之，最小化模型似然和目标分布之间的 KL 散度等价于在目标分布的观察样本下最大化模型似然。当我们训练神经网络时，使用梯度下降算法来优化模型参数，以最小化损失函数。

4. 自回归生成模型

Transformer 采用自注意力结构取代了传统的循环神经网络结构，其优点在于可以进行并行计算，并首先在自然语言处理领域取得了巨大的成功，之后被应用于计算机视觉领域并取得了极大进展，出现了如 Vision Transformer（ViT）这样的

经典架构。在视觉生成领域，研究人员提出将变分自编码器（Variational Autoencoder，VAE）与 Transformer 相结合进行生成，涌现许多具有里程碑意义的成果。

此类方法通过训练一个 Transformer 将条件与图像通过自回归建模为单个数据流。由于直接采用像素级别的信息需要大量的存储空间和计算资源来处理高分辨率图像，因此，首先通过训练一个变分量化自编码器（VQVAE）将$3 \times H \times W$（其中 3 代表颜色通道，H 和 W 分别代表图像的高度和宽度）的图像压缩至$(H/f) \times (W/f)$（表示图像压缩后的新尺寸，其中 H 和 W 分别代表原始图像的高度和宽度，f 代表压缩率）的图像特征序列（Token）；之后通过文本编码器获取长度为L的条件特征序列（Token），并将其与$(H/f) \times (W/f)$个图像特征序列进行拼接，再利用自回归 Transformer 进行训练。概率公式 $p(\boldsymbol{s}) = \prod_{i=1}^{L} p\left(\boldsymbol{s}_i \mid \boldsymbol{s}_{<i}\right)$表示自回归 Transformer 生成序列的概率模型，其中$\boldsymbol{s}_i$是序列中的第 i 个元素，而$\boldsymbol{s}_{<i}$表示序列中第 i 个元素之前的所有元素。采样时，首先输入文本特征序列，之后通过模型依次采样得到图像特征序列，送入 VQVAE 解码得到与文本相对应的图像，基本架构如图 8-8 所示。

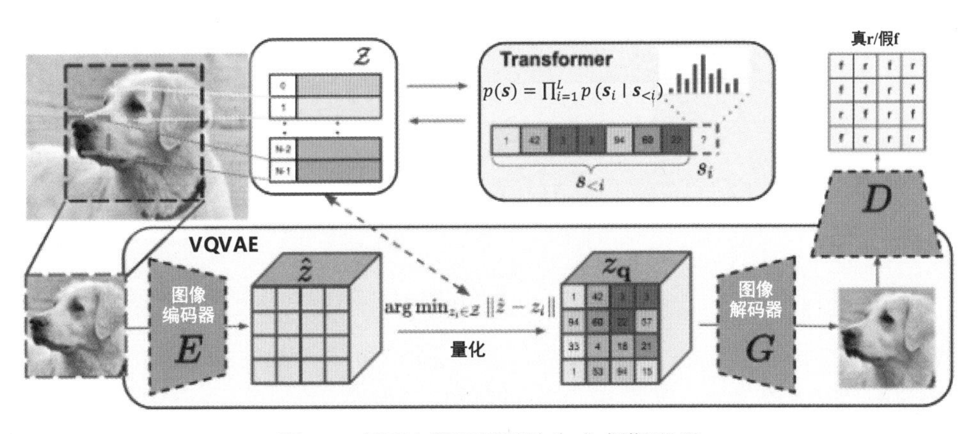

图 8-8　基于自回归模型的生成式模型[148]

这个过程可以被看成最大化模型分布在图像x、条件y和图像的特征序列（Token）z上的联合似然的证据下界（Evidence Lower Bound，ELB），使用因式分解$p_{\theta,\psi}(x, y, z) = p_\theta(x \mid y, z) p_\psi(y, z)$来建模这个分布：

$$\ln p_{\theta,\psi}(x, y) \geqslant \mathbb{E}_{z \sim q_\phi(z|x)}\left(\ln p_\theta(x \mid y, z) - \beta\, D_{\mathrm{KL}}\left(q_\phi(y, z \mid x), p_\psi(y, z)\right)\right. \tag{8-7}$$

其中，q_ϕ表示给定 RGB 图像x由 VQVAE 编码器生成的$(H/f)\times(W/f)$图像；p_θ表示给定图像 Token，由 VQVAE 解码器生成的 RGB 图像的分布，p_ψ表示由 Transformer 建模的条件和图像 Token 的联合分布。

基于 VQVAE 和 Transformer 结合的自回归图像生成方法可以利用大规模数据进行预训练，和基于 GAN 的方法相比，模型参数量提升了几十倍甚至上百倍，使得生成效果取得了很大的进展，代表性工作有 DALL · E、CogView 和 Nüwa[149]等。然而，这种采用两阶段架构的模型仍然存在训练速度慢、采样存在累计误差等不足之处。

5. 扩散模型

扩散模型（Diffusion Models）是近期最为热门的生成模型，在提出后经过了数年的发展，近两年 DDPM（Denoising Diffusion Probabilistic Models）进一步改进了传统扩散模型，并大幅提升了它在生成式任务上的效果。目前所采用的扩散模型大多基于 DDPM。主要包括前向过程（Forward Process）和反向过程（Reverse Process），如图 8-9 所示。

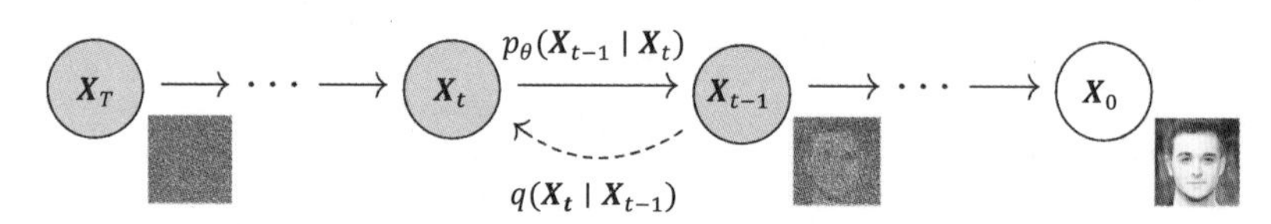

图 8-9　扩散模型框架

前向过程（Forward Process）：是数据逐渐被增加高斯噪声的过程，直到数据完全变成随机噪声。这个过程通常用数学表达式$q(\boldsymbol{X}_t \mid \boldsymbol{X}_{t-1})$来描述，其中$\boldsymbol{X}_t$表示在时间 t 的噪声数据，$\boldsymbol{X}_{t-1}$表示前一时间点的数据。

反向过程（Reverse Process）：用训练得到的模型对噪声数据进行去噪，逐步将数据恢复至没有噪声的状态，也就是生成数据的过程。这个过程通常用$p_\theta(\boldsymbol{X}_{t-1} \mid \boldsymbol{X}_t)$来描述，其中$\boldsymbol{X}_0$表示原始数据，$\boldsymbol{X}_t$表示在时间 t 的噪声数据。

从数据分布中取样x_0，扩散模型的正向过程可以表示为马尔可夫过程$q(x_{1:T}|x_0) := \prod_{t=1}^{T} q\,(x_t|x_{t-1})$，噪声可以根据以下概率分布逐渐添加到数据中，

其中$x_1, \ldots, x_T$是在正向过程中产生的潜在变量，与x_0大小相同，而$\beta_1, \ldots, \beta_T$构成了从 0 到 1 的方差表。最后，得到不包含任何结构信息的图像的高斯噪声。

$$q(x_t|x_{t-1}) := \mathcal{N}\left(x_t; \sqrt{1-\beta_t x_{t-1}}, \beta_t \boldsymbol{I}\right) \tag{8-8}$$

相反，给定高斯噪声$\mathcal{N}(0, I)$，参数为θ的神经网络作用于反向过程，如公式 8-9 所示。其中$\mu_\theta(x_t, t)$和$\Sigma_\theta(x_t, t)$分别表示网络预测的均值和方差：

$$p_\theta(x_{0:T}) := p(x_T) \prod_{t=1}^{T} p_\theta\,(x_{t-1}|x_t) \tag{8-9}$$

$$p_\theta(x_{t-1}|x_t) := \mathcal{N}\left(x_{t-1}; \mu_\theta(x_t, t), \Sigma_\theta(x_t, t)\right) \tag{8-10}$$

正向过程中的一个优异特性是，在给定x_0时，可以采样得到任意时间步长t处对应的噪声图像x_t。设$\alpha_t := 1 - \beta_t$，$\bar{\alpha}_t := \prod_{s=0}^{t} \alpha_s$，则：

$$q(x_t|x_0) := \mathcal{N}\left(x_t; \sqrt{\bar{\alpha}_t} x_0, (1-\bar{\alpha}_t)\boldsymbol{I}\right) \tag{8-11}$$

训练扩散模型通常采用一种组合损失函数，其中包括均方误差（MSE）损失和变分下界（VLB）损失：

$$L = L_{\text{MSE}} + \lambda L_{\text{VLB}} \tag{8-12}$$

其中λ表示平衡这两种损失的超参数。MSE 损失度量估计噪声值和目标噪声值ϵ之间的差异，VLB 损失优化估计分布和后验分布之间的 KL 散度：

$$L_{\text{MSE}} = E_{t, x_0, \epsilon}\left[\|\epsilon - \epsilon_\theta(x_t, t)\|^2\right], \epsilon \sim \mathcal{N}(0, \boldsymbol{I}) \tag{8-13}$$

$$L_{\text{VLB}} = \underbrace{D_{\text{KL}}\left(q(\boldsymbol{x}_T \mid \boldsymbol{x}_0) \parallel p(\boldsymbol{x}_T)\right)}_{L_T} + \sum_{t>1} \underbrace{D_{\text{KL}}\left(q(\boldsymbol{x}_{t-1} \mid \boldsymbol{x}_t, \boldsymbol{x}_0) \parallel p_\theta(\boldsymbol{x}_{t-1} \mid \boldsymbol{x}_t)\right)}_{L_{t-1}} \underbrace{-\log\, p_\theta(\boldsymbol{x}_0 \mid \boldsymbol{x}_1)}_{L_0} \tag{8-14}$$

需要说明的是，当神经网络从L_{VLB}反向传播时，在噪声均值μ_θ上应用了停止梯度（Stop-gradient）。因此，L_{VLB}主要用于指导预测方差Σ_θ，而L_{MSE}主要用于指导预测均值μ_θ。

基于 Latent Diffusion 模型（见图 8-10）的图像生成工作是近期人工智能领域最为火热的研究方向之一，吸引了诸如 OpenAI、百度、谷歌等公司的目光，诞生了 DALL · E2[139]、ImageGen[150]、Stable Diffusion 等模型，它们均表现了十分优异的性能。这些方法在原理上比较类似，均采用基于残差块（Residual Block）和注意力块（Attention Block）的 U-Net 网络[170]作为扩散模型中的去噪神经网络。

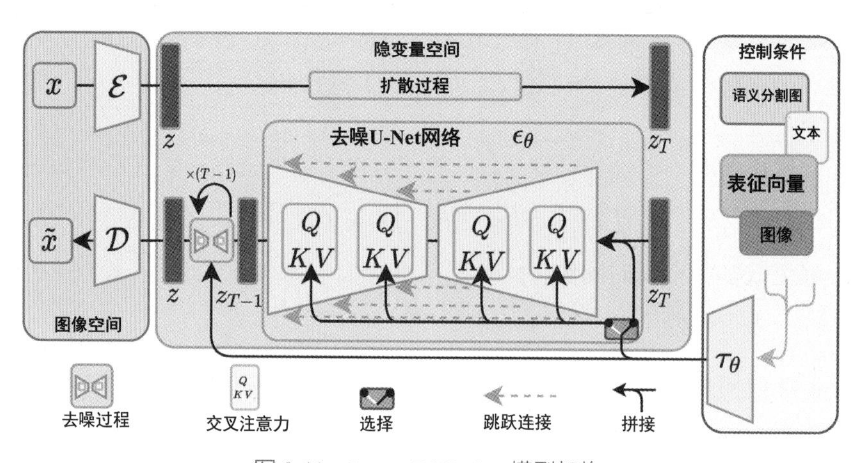

图 8-10　Latent Diffusion 模型架构

训练时，我们会使用一些强大的编码器，例如 CLIP 和 T5 XXL，来对输入进行编码，以构建扩散模型。在这个过程中，我们还会引入交叉注意力机制（Cross-attention），将其融入网络。采样时，通过无分类器引导（Classifier-free Guidance），设置合适的引导系数，在反向过程中逐步生成与输入条件相对应的图像。为了生成较高分辨率图像，这些方法往往会采用不同的方法降低运算量，部分工作采用级联式的生成模型，训练一个基础生成网络和若干超分辨率网络逐渐生成得到较高分辨率的图像，例如 ImageGen，DALL · E2 等；而另一部分工作则首先采用 VAE，用编码器将图片降维至较小的隐空间，在隐空间进行扩散模型的训练和采样，最终生成结果后再用解码器解码恢复得到原始高分辨率图像，代表工作有 Stable Diffusion、DALL · E3 等。

8.1.3 评价指标

图像生成模型评价指标可以帮助我们评估和改进模型。以下是一些常见的图像生成模型评价指标。

1. 定性评价指标

生成模型的性能直接关系到模型的可用性，与用户体验好坏息息相关。对于图像生成模型而言，有诸多因素影响到模型的性能。

- **图像质量**：图像质量是评估图像生成模型的重要因素之一。逼真度、分辨率和细节好坏是评估图像质量的主要方面。逼真度是指生成图像与真实图像的相似程度，分辨率是指生成图像的清晰度，细节好坏是指生成图像的细节丰富程度。图像质量越高，生成的图像越接近真实图像，清晰度越高，细节越丰富。
- **图像多样性**：图像多样性是指生成图像的丰富程度。图像生成模型应该能够生成多种不同的图像，而不是仅仅生成一种或几种图像。图像多样性可以通过生成图像的数量、种类和质量来衡量。
- **语义一致性**：语义一致性是指生成图像与输入条件的匹配程度，用于衡量模型能否根据要求生成指定图像。语义一致性越高，生成的图像越符合输入条件，越能满足用户需求。
- **数据训练效率**：数据训练效率是指模型在训练过程中能否利用好有限的训练数据资源，充分学习到知识。数据训练效率越高，模型在训练过程中需要的训练数据越少，训练时间越短，训练效果越好。

2. 定量评价指标

除生成效果的视觉展示以及一些定性评价模型性能的关键因素外，国内外研究学者常采用一些客观的计算指标定量评价模型的性能，下面介绍一些常用的图像生成定量评价指标。

（1）Fréchet 起始距离（Fréchet Inception Distance，FID）

FID 指标是一种用于评估生成模型的图像质量的指标。与 IS 指标（见下文）

不同，FID 不仅考虑了生成图像的分布，还将生成图像的分布与真实图像的分布进行比较。FID 通过计算两个分布之间的 Fréchet 距离来衡量生成模型和真实数据分布之间的差异。具体而言，FID 使用了真实图像和生成图像在 Inception 网络的中间层的特征向量上的统计特性。FID 的公式如下：

$$\text{FID} = ||\boldsymbol{\mu}_1 - \boldsymbol{\mu}_2||^2 + \text{Tr}\left(\boldsymbol{\Sigma}_1 + \boldsymbol{\Sigma}_2 - 2(\boldsymbol{\Sigma}_1\boldsymbol{\Sigma}_2)^{1/2}\right) \tag{8-15}$$

其中，$\boldsymbol{\mu}_1$和$\boldsymbol{\mu}_2$分别是真实图像和生成图像在 Inception 网络的中间层的特征向量的均值，$\boldsymbol{\Sigma}_1$和$\boldsymbol{\Sigma}_2$分别是真实图像和生成图像在 Inception 网络的中间层的特征向量的协方差矩阵。$||\boldsymbol{\mu}_1 - \boldsymbol{\mu}_2||^2$表示两个分布之间的欧几里得距离，$\text{Tr}\left(\boldsymbol{\Sigma}_1 + \boldsymbol{\Sigma}_2 - 2(\boldsymbol{\Sigma}_1\boldsymbol{\Sigma}_2)^{1/2}\right)$表示两个分布之间的协方差矩阵的差异。FID 的值越小，说明生成图像与真实图像的分布越接近，生成模型的质量越高。

（2）初始分数（Inception Score，IS）

IS 指标是一种用于评估生成模型的图像质量的指标。IS 基于谷歌的预训练网络 Inception Net-V3。Inception Net-V3 是精心设计的卷积网络模型，输入为图片张量，输出为 1000 维向量。输出向量的每个维度的值对应图片属于某类的概率，因此整个向量可以看成一个概率分布。IS 从以下两个方面评估生成器的质量：首先，对于单一的生成图像，Inception 输出的概率分布熵值应该尽量小。越小说明生成图像越有可能属于某个类别，图像质量高。其次，对于生成器生成的一组图像而言，Inception 输出的平均概率分布熵值应该尽量大。也就是说，由于生成器应该确保生成图像的多样性，因此一组图像在 Inception 的输出中应该尽量均匀地“遍历”所有 1000 个维度的标签。

具体而言，IS 的计算方法是先计算每个生成图像的概率分布，然后计算所有生成图像的概率分布的平均值，最后计算这个平均概率分布的熵。IS 的公式如下：

$$\text{IS} = \exp(E_{x\sim p_g} D_{\text{KL}}\left(p(y|x)||p(y)\right)) \tag{8-16}$$

其中，$p(y|x)$表示 Inception 输入生成图像x时的输出分布，$p(y)$表示生成器生成的图片在 Inception 输出类别的平均分布，D_{KL}是 KL 散度（相对熵）。根据定义，

IS 值越大，生成图像的质量越高。

（3）峰值信噪比（Peak Signal-to-Noise Ratio，PSNR）

PSNR 是一种用于评估图像质量的指标。它是衡量图像重建质量的一种方法，通常用于评估受有损压缩影响的图像和视频的重建质量。PSNR 的计算方法是通过计算原始图像和重建图像之间的均方误差（MSE）来衡量它们之间的差异。MSE 是原始图像和重建图像之间的像素差的平方的平均值。PSNR 的公式如下：

$$\mathrm{PSNR} = 10 \cdot \log_{10}\left(\frac{\mathrm{MAX}_I^2}{\mathrm{MSE}}\right) \tag{8-17}$$

其中，MAX_I是像素值的最大可能值。如果每个像素都由 8 位二进制来表示，那么就为 255。通常，如果像素值由 B 位二进制来表示，那么$\mathrm{MAX}_I = 2^B - 1$。PSNR 的单位是分贝（dB），其值越大，图像失真越少。一般来说，PSNR 高于 40 分贝说明图像质量几乎与原图一样好；在 30 分贝~40 分贝之间通常表示图像质量的失真损失在可接受范围内；在 20 分贝~30 分贝之间说明图像质量比较差；PSNR 低于 20 分贝说明图像失真严重。

（4）结构相似性（Structural Similarity，SSIM）

SSIM 是一种用于评估图像质量的指标。它可以衡量两幅图像之间的结构相似性，即它们的结构是否相似。与 PSNR 不同，SSIM 是一种感知模型，它更符合人眼的直观感受。SSIM 的计算方法是通过比较两幅图像的亮度、对比度和结构相似性来衡量它们之间的相似程度。SSIM 的公式如下：

$$\mathrm{SSIM}(x,y) = \frac{(2\mu_x\mu_y + C_1)(2\sigma_{xy} + C_2)}{(\mu_x^2 + \mu_y^2 + C_1)(\sigma_x^2 + \sigma_y^2 + C_2)} \tag{8-18}$$

其中，μ_x和μ_y分别是两幅图像的均值，σ_x^2和σ_y^2分别是两幅图像的标准差，σ_{xy}是两幅图像的协方差，C_1和C_2是常数，用于避免分母为零。SSIM 的取值范围是[-1,1]，值越大表示两幅图像越相似，值越小表示两幅图像差异越大。

8.2 视频生成

视频生成是人工智能领域的前沿技术，将机器智能与多媒体融为一体。和语音、图像类似，视频也是重要的信息传递方式。让机器自动生成视频曾是梦想，如今随着深度学习和计算能力提升，正渐渐成为现实。这一技术为生活和工作带来了便利，并影响了媒体、教育、医疗等领域。视频生成拓展了创作者创作空间，丰富了观众体验，同时在培训和远程沟通方面发挥着重要作用。在数字时代，视频生成不仅代表科技进步，也是社交互动和信息传递的强大工具，将持续塑造我们的社会和文化。随着技术的不断演进，视频生成将为人类提供更多丰富的交流方式。

8.2.1 问题定义

视频生成与图像生成都是生成模型关注的重要方向，与图像生成仅需要生成单张图像不同，视频生成（Video Synthesis 或 Video Generation）是指根据给定的文本、图像、视频等单模态或多模态数据，自动生成一个连续稳定且符合输入条件的高保真视频。因此，视频生成需要生成的内容更为丰富，而且需要进一步考虑各个帧在时间上的连续性。视频生成模型通常采用与图像生成类似的生成式算法框架，对其进行一定程度的改进优化，使其能够更好地契合视频生成任务。

视频生成技术的应用场景非常广泛，包括但不限于电影、电视剧、广告、教育、游戏等领域。例如，视频生成技术可以用于电影和电视剧的后期制作，可以用于广告的制作，可以用于教育视频的制作，可以用于游戏中的动画制作等。随着视频生成技术的不断发展，视频生成模型也开始逐步走向产业化，吸引各大厂商或科研机构推出代表性的产品（见图 8-11）。例如 Runway 的视频生成工具 Gen-2、Stable Video Diffusion 等。尤其是近期 OpenAI 发布了长视频生成模型 Sora[153]，展示了其在长视频生成领域的领先技术，其不仅能根据简短的文本提示创造出连贯、高质量的视频内容，还能在视频的每一帧中保持细节的丰富性和连续性。这种能力不仅为视频内容的创作提供了前所未有的灵活性和创新空间，而且也预示着媒体制作和内容创造领域的一次颠覆性变革。Sora 的出现，标志着生成模型在视频产业的应用迈出了重要一步，为未来的内容创作开辟了新的可能性。

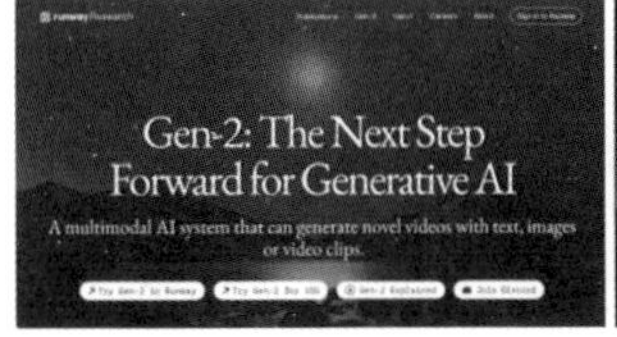

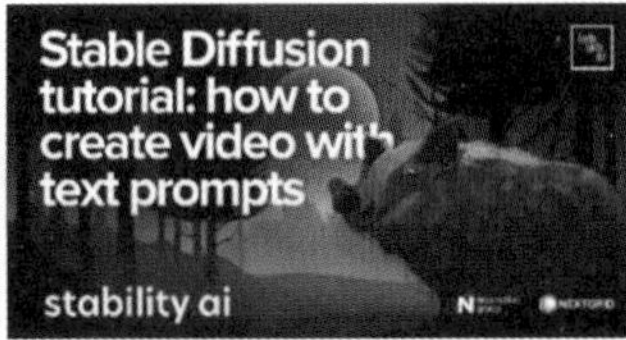

图 8-11　视频生成工具 Gen-2[151]、Stable Video Diffusion[152]、Sora[153]

由于任务的相似性，视频生成模型的发展脉络紧随图像生成。早期的视频生成模型通常采用 GAN 为基础模型，和图像相比，GAN 需要额外考虑时间序列的连续性，例如将 RNN 与 GAN 的生成器相结合，抑或是采用 3D 卷积网络替换 GAN 中的 2D 卷积网络。随后出现了一批基于自回归架构的视频生成模型，类似于图像生成，此类方法将离散化的 Token 转化为一维序列，再采用 Transformer 来逐个生成。近期，随着扩散模型在图像生成领域的出色表现，越来越多的研究人员开始将它应用于视频生成领域，同样取得了先进的生成效果。这类模型通常是对图像扩散模型的扩展，例如在图像的基础上引入 3D U-Net，采用逐级超分级联架构或是采用 VQVAE 降维至隐空间进行训练；还有部分研究人员提出了免训练的视频扩散模型，利用训练好的图像扩散模型作为基础，采用交叉注意力机制生成连续稳定的视频帧。

目前，视频生成模型已经应用于许多领域，模型可以根据需求自动地生成各种类型的视频，如电影、电视节目、广告、教育视频等。如果模型可以生成非常逼真的视频，那么这种技术可以大大降低视频制作的成本和时间，广泛应用于各个领域。目前，已经诞生了许多视频生成的工具，例如 Runway、Stable Video Diffusion 等，它们可以根据文、图像等信息生成较高质量的短视频片段（见图 8-12）。OpenAI 近期发布的 Sora 模型开辟了新的视野，它通过结合先进的扩散模型和 Transformer 技术，显著提升了视频生成的质量和连贯性。Sora 能够根据文本提示生成长达一分钟的高保真视频（见图 8-13），这是之前的技术难以实现的。Sora 不仅能生成细节丰富的视频，还能处理复杂的场景变换和物体遮挡，在电影、电视节目、广告制作等领域有巨大的应用潜力。

图 8-12　视频生成工具根据图片生成视频[151]

输入文本： A stylish woman walks down a Tokyo street filled with warm glowing neon and animated city signage. She wears a black leather jacket, a long red dress, and black boots, and carries a black purse. She wears sunglasses and red lipstick. She walks confidently and casually. The street is damp and reflective, creating a mirror effect of the colorful lights. Many pedestrians walk about.

图 8-13　Sora 根据文本生成长达一分钟的高保真视频[153]

视频生成模型还可以应用于视频编辑，视频编辑是指对已有的视频进行剪辑、合成、特效处理等操作，以达到更好的视觉效果。传统的视频编辑需要利用视频剪辑软件，用手工的方式修改视频内容，比较费时费力。而视频生成模型可以自动地进行视频编辑，减少人工编辑的时间和成本，例如利用文本、图像引导视频内容的编辑（见图 8-14）。

图 8-14　利用形状感知的文本引导模型根据文本编辑视频[154]

与图像风格转换类似，视频风格转换是指将一个视频的风格转换成另一个视频的风格。例如，将黑白电影转换成彩色电影，或将一个视频的风格转换成卡通风格。视频生成模型可以自动地进行视频风格转换，从而提高视频的创意性和艺术性。例如采用视频风格转换模型，可以轻松地将原始视频转换为期望的其他风格，并保持视频帧的连续性和稳定性（见图 8-15）。

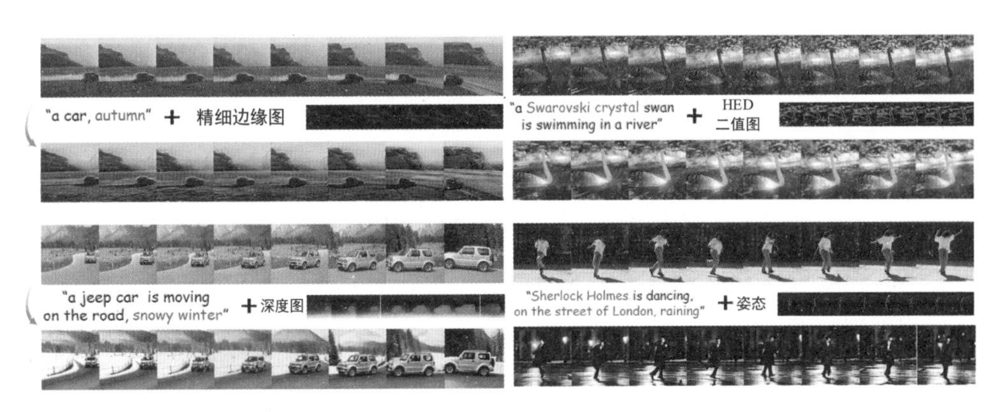

图 8-15　采用 ControlVideo 进行视频风格转换[155]

8.2.2　生成方法

常用的图像生成方法主要分为生成对抗网络、自回归视频生成模型和视频生成扩散模型。接下来我们分别介绍。

1. 生成对抗网络

Video-GAN（VGAN）[156] 是第一个使用 GANs 生成视频的模型，它将视频运动划分为前景运动物体和静态背景。生成器由两个卷积网络组成，如图 8-16 所示。首先是 3D 时空卷积网络，用于捕捉前景中的移动物体，其次是 2D 空间卷积模型，用于静态背景捕捉。最后，将来自两个网络的生成帧合并，然后输入鉴别器以区分真视频和假视频。

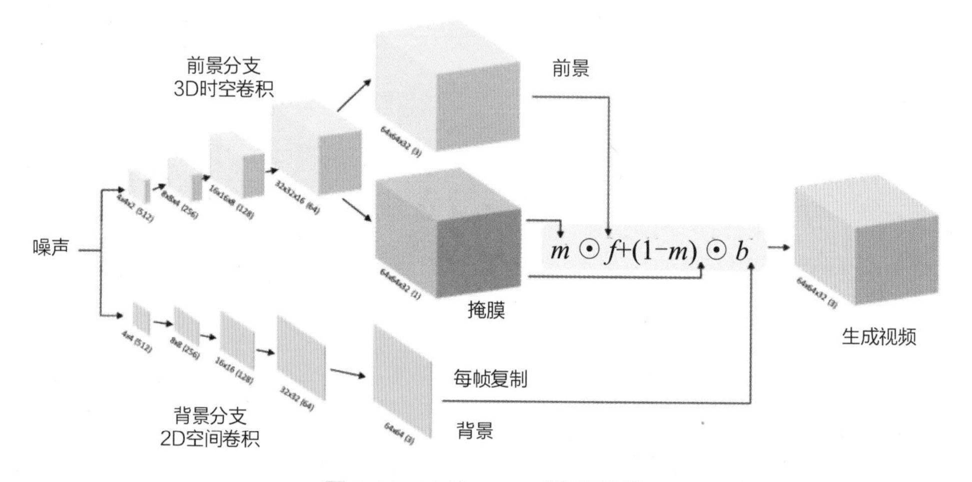

图 8-16　Video-GAN 框架图[156]

和 VGAN 不同，Motion Content GAN[157]（MoCoGAN）将内容与运动分离以实现更好的内容控制。MoCoGAN 将视频映射到潜在向量中的 N 个潜在点，每个点对应一帧，其中每个向量都可以分解为运动向量和内容向量。MoCoGAN 的基本框架如图 8-17 所示，该网络由一个 N 对 N 的循环神经网络组成，接受 N 个随机变量并生成 N 个潜在运动向量。运动向量与所有 N 个运动变量的固定内容向量相结合，并输入生成器以合成 N 张图像，其中每个图像都是生成的视频中的一帧。生成的图像和视频使用两个判别器进行评估：一个用于图像，另一个用于生成的视频。DVD-GAN[158]将 BigGAN[159]扩展到视频生成领域，可以基于复杂数据集生成 256 像素×256 像素分辨率的 48 帧高质量视频，其采用了与 MoCoGAN[165]类似的框架，有两个判别器分别判别视频的时间维度和空间维度的信息。

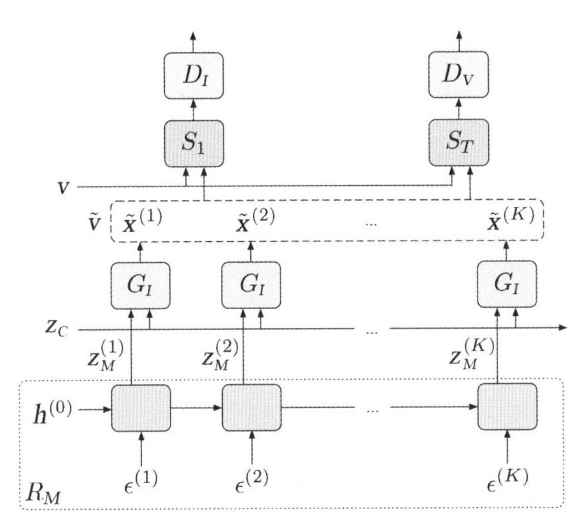

图 8-17 MoCoGAN 的基本框架[157]

2. 自回归视频生成模型

随着自回归图像生成模型的提出，不少工作也开始将其扩展至视频生成领域，取得了超越 GAN 模型的生成效果。VideoGPT[160]是采用该框架的第一个视频生成工作，其框架结构较为简单，如图 8-18 所示。它主要包含两个阶段，第一阶段通过使用 3D 卷积和轴向自注意力来学习一个视频 VQVAE，进而得到原始视频下的离散隐空间表示，第二阶段使用 Transformer 的简单架构来使用时空位置编码自回归地模拟离散隐空间变量。推理时通过采样得到一个视频词元（Token）序列，再使用 VQVAE 的解码器恢复得到最终的生成视频。

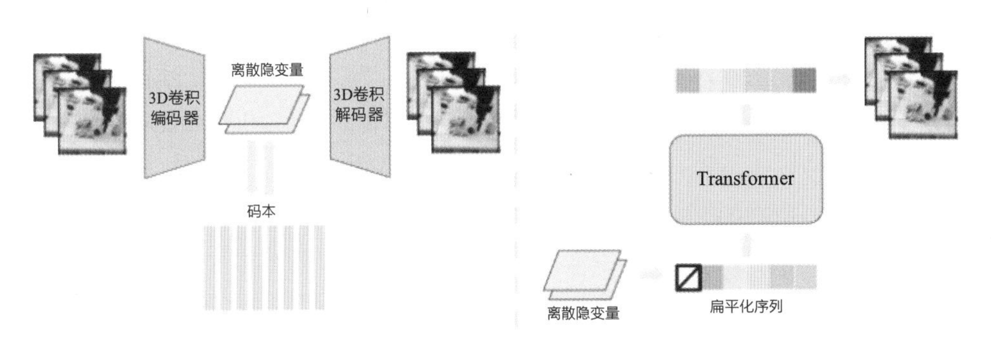

图 8-18 VideoGPT 框架图[160]

此类方法需要逐个采样得到词元序列，生成的视频帧往往会逐渐偏离文本提示，生成效果还不尽如人意。CogVideo[161]从多个角度进一步改善了此架构，提升了视频生成质量。CogVideo 采用文生图模型 CogView 作为预训练模型，并在大规模文本-视频数据集上进行训练。该模型提出了一种多帧率分层训练方法，如图 8-19 所示，框架主要包含一个序列生成模型和一个帧插值模型。前者根据文本生成关键帧，后者通过改变帧率来递归填充中间帧，使视频连贯。

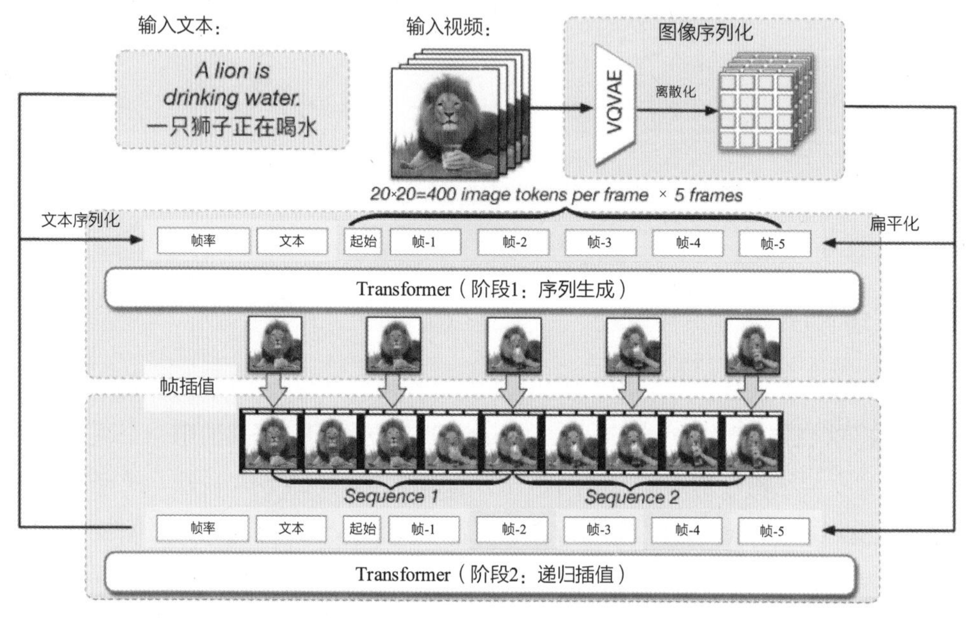

图 8-19　CogVideo 框架[161]

3. 视频生成扩散模型

扩散模型在图像生成领域取得了巨大的成功，由于其卓越的生成能力，也在视频生成领域中逐渐取代基于 GAN 和自回归模型的方法，并且已经取得了十分出色的表现。VDM 是第一个将扩散模型应用至视频生成领域的工作。它将传统的图像扩散 U-Net 架构扩展为 3D U-Net[162]结构（见图 8-20），并使用图像和视频的联合训练，采用了一种条件采样技术使其能够生成质量更高、持续时间更长的视频。Make-A-Video[163]引入了一种新的范例，从网络搜集的成对的图像-文本数据中学习视觉-文本相关性，并从无监督的视频数据中捕获视频运动信息。这种创新的方法减少了对数据收集的依赖，从而能够生成多样化和逼真的视频。为了生成更高清晰度和帧速率的视频，该方法还采用了多个超分辨率模型和差值模型，逐步达到预期的生成效果。类似的方法还有 ImageGen Video[164]，采用了级联视频扩散模型，由七个子模型组成，其中一个用于基础视频生成，三个用于空间超分辨率，三个用于时间超分辨率。

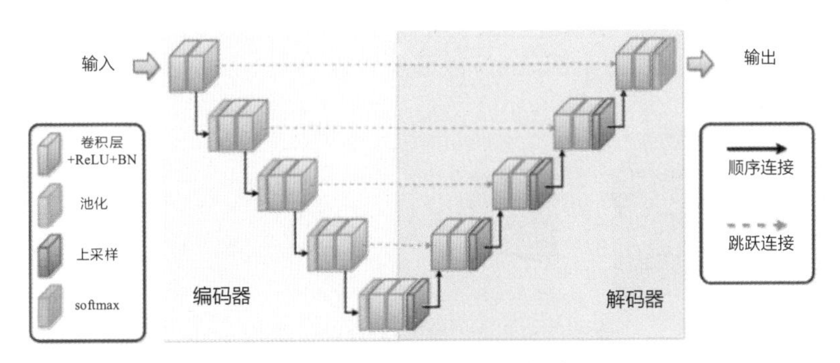

图 8-20　3D U-Net 结构[162]

除了上述直接在像素域空间进行视频生成的模型，还有一类工作尝试扩展 Latent Diffusion，采用 VQVAE 将视频转换至隐空间再进行后续处理，以加快处理速度，降低计算复杂度。LVDM[166]引入逐帧轻量级适配器对齐图像和视频的分布，以便所提出的定向注意力可以更好地建模时间关系，确保视频的一致性。通过采用掩码采样技术，该模型能够生成更长的视频（见图 8-21）。进一步地，Video LDM 训练了一个文本到视频生成网络，包括关键帧生成、视频帧插值和空间超分辨率模块三个训练阶段，结合 VQVAE、超分和插值等关键技术，进一步提升生成视频的分辨率和帧率。

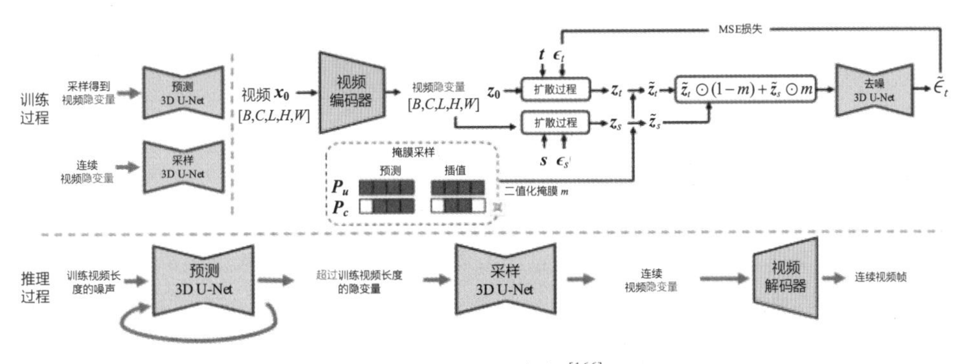

图 8-21　LVDM 框架[166]

Sora[153]（见图 8-22）在视频数据上进行了大规模生成模型的探索，通过整合互联网资源和使用虚幻引擎 5，构建了大规模的视频数据训练集。该模型通过视频 VAE 技术降低视觉数据的维度，实现了时间和空间的压缩，从而获得了隐空间表示。然后，使用 Diffusion Transformer（DiT）代替传统的 U-Net 扩散模型架构进行隐空间表示的生成，最后通过视频 VAE 解码以产生视频。这一系列技术的应用，显著提高了视频生成网络的训练效率及生成视频的质量和连贯性。

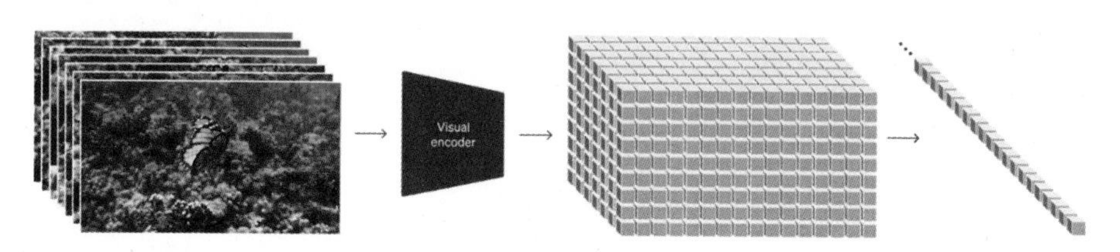

图 8-22　Sora 中的视频压缩技术[153]

8.2.3　评价指标

视频生成模型评价指标可以帮助我们评估和改进模型。以下是一些常见的视频生成模型评价指标。

1. 定性评价指标

类似于图像生成模型，也有诸多关键因素影响着视频生成模型的性能，可以总结为以下几点：

- **视频质量**：即视频生成模型生成的视频是否清晰、流畅、真实、自然、逼真、美观等。视觉质量是评价视频生成模型效果的重要指标之一，它直接影响着用户的观感体验。因此，视频生成模型需要在视觉质量上做出充分的优化，以提高用户的满意度。
- **视频多样性**：视频生成模型生成的视频是否具有多样性，即是否能够生成不同的风格、场景、动作、角色等。多样性是评价视频生成模型效果的另一个重要指标，它可以增加视频的趣味性和可玩性，提高用户的使用体验。
- **语义一致性**：视频生成模型生成的视频是否能够与用户输入的条件语义相匹配。语义一致性是评价视频生成模型效果的重要指标之一，它直接影响着视频生成模型的实用性和应用范围。因此，视频生成模型需要在语义一致性上做出充分的优化，以满足用户的需求。

- **生成实时性：** 由于视频生成往往需要消耗大量的计算资源，因此，视频生成模型生成视频是否快速、高效是评价视频生成模型效果的重要指标之一，它直接影响着视频生成模型的使用体验。视频生成模型需要在生成速度上做出充分的优化，以提高用户的使用效率，改善实际使用体验。

2. 定量评价指标

视频生成任务的评价可以采用 8.1.3 节介绍的方法，对每帧图像进行指标评价，并进行加权平均。尽管这些方法代表生成的视频帧的质量，但它们主要关注单帧图像，而忽略了视频的时间连贯性。因此，有许多视频级别的指标提供更全面的视频生成评估，主要有以下几种。

（1）Fréchet 视频距离（Fréchet Video Distance，FVD）

FVD 是一种基于 Fréchet Inception Distance（FID）的视频质量评价指标，用于评估生成模型生成的视频质量。与图像级别的评价指标不同，FVD 考虑了视频的时间连贯性，因此可以提供更全面的视频生成评估。FVD 使用 Inflated-3D Convnets（I3D）从视频剪辑中提取特征，然后通过均值和协方差矩阵的组合计算 FVD 分数。FVD 的公式如下。

$$\mathrm{FVD}(P,Q) = \| \boldsymbol{\mu}_P - \boldsymbol{\mu}_Q \|_2^2 + \mathrm{Tr}\left(\boldsymbol{\Sigma}_P + \boldsymbol{\Sigma}_Q - 2\left(\boldsymbol{\Sigma}_P\boldsymbol{\Sigma}_Q\right)^{1/2}\right) \tag{8-19}$$

其中，P和Q分别表示真实视频和生成视频的特征分布，$\boldsymbol{\mu}$和$\boldsymbol{\Sigma}$分别表示均值和协方差矩阵。FVD 的值越小，生成视频的质量越高。

（2）核视频距离（Kernel Video Distance，KVD）

KVD 是一种用于评估视频生成质量的指标，与 FVD 不同，它是基于核最大均值差异（Kernel Maximum Mean Discrepancy，KMMD）进行评估的。KMMD 是一种用于衡量两个分布之间距离的方法，它可以用于衡量生成的视频与真实视频之间的差异。KVD 的计算方式是将生成的视频和真实视频转换为特征向量，然后计算这些特征向量之间的 KMMD。KVD 的值越小，说明生成的视频与真实视频之间的差异越小，生成质量越高。

$$\mathrm{KVD}(P,Q)=\sqrt{\frac{1}{n^2}\sum_{i=1}^{n}\sum_{j=1}^{n}k\left(\boldsymbol{x}_i,\boldsymbol{x}_j\right)+\frac{1}{m^2}\sum_{i=1}^{m}\sum_{j=1}^{m}k\left(\boldsymbol{y}_i,\boldsymbol{y}_j\right)-\frac{2}{nm}\sum_{i=1}^{n}\sum_{j=1}^{m}k\left(\boldsymbol{x}_i,\boldsymbol{y}_j\right)} \tag{8-20}$$

其中，P和Q分别表示真实视频和生成视频的特征分布，$\boldsymbol{x}_i$和$\boldsymbol{y}_i$分别表示真实视频和生成视频的第i帧的特征向量，k是核函数。KVD 的值越小，生成视频的质量越高。

（3）视频初始距离（Video Inception Score，Video IS）

Video IS（Inception Score）是一种用于评估生成模型生成的视频质量的客观评价指标。它是 Inception Score 的扩展版本，用于衡量生成的视频的质量和多样性。Video IS 的计算方法与 Inception Score 类似，但是它使用了 3D-Convnets（C3D）而不是 Inception 网络来提取视频的特征。具体来说，Video IS 计算生成视频的 Inception 分数，该分数使用由 C3D 提取的特征。Inception 分数是一个综合指标，它同时考虑了生成视频的质量和多样性。质量是通过计算生成视频的分类概率分布的熵来衡量的，而多样性是通过计算所有生成视频的分类概率分布的边缘分布的熵进行衡量。Video IS 公式如下。

$$\exp\left(E_{x\sim p_g}D_{\mathrm{KL}}\left(p(y|x)\parallel p(y)\right)\right) \tag{8-21}$$

其中，$p(y|x)$表示给定生成视频 x 时，分类器预测的类别分布，$p(y)$表示所有生成视频的类别分布的边缘分布，D_{KL}表示 KL 散度。Video IS 的值越大，生成视频的质量和多样性越好。

（4）基于 CLIP 的帧连续性指标（Frame Consistency CLIP Score）

基于 CLIP 的帧连续性指标是一种用于衡量视频编辑任务中编辑视频的连贯性的指标。它的计算方法是计算所有编辑视频的 CLIP 图像嵌入，并报告所有视频帧对之间的平均余弦相似度。它的计算公式如下。

$$\frac{1}{n(n-1)}\sum_{i=1}^{n}\sum_{j=1,j+i}^{n}\cos\left(v_i,v_j\right) \tag{8-22}$$

其中，n表示视频中的帧数，v_i和v_i分别表示第i帧和第j帧的 CLIP 图像编码。该指标的值越大，编辑视频的连贯性越好。

8.3 语音生成

语音是人类从事各种社会活动最基本、最直接的交流方式，是人类思维和文字的外化表达，在人类生存发展的过程中意义非凡。让机器开口说话，曾是人类几百年来的梦想，随着人类不断地探索与研究，机器生成的语音已经融入了我们生活的方方面面，给我们工作生活带来了极大的便利。

8.3.1 问题定义

语音生成也叫语音合成，文本转语音（Text to Speech，TTS），是一种将文本转化为人类可听的语音的技术。它利用语言学、语音学、数字信号处理、计算机科学等领域的知识，对人的发音生理过程进行模拟和抽象总结，对文本的发音进行多种角度的分析，经过一系列的处理，最终得到具有特定语音特征的人类可听懂的音频信号（见图 8-23）。

图 8-23 语音合成示例[167]

语音合成技术广泛应用于各种领域，如智能助手、语音导航、虚拟人物、客服电话系统、小说朗读、媒体播报、娱乐配音等，为人们提供更加便捷的信息获取方式和更加高效的工作方式。

随着技术的不断发展，语音合成技术的准确性和自然度也在不断提高。现在，高质量的语音合成技术已经能够达到很高的听感质量，甚至可以与人的声音相媲美。这进一步扩大了它的应用领域并加深了它的使用程度（见图 8-24）。因此，语音合成是一种很有前景的人工智能技术。

金融、车载、教育
娱乐、医疗、政务
电信、新闻、直播

图 8-24　语音合成应用领域

要让机器把文本转换为语音，通常需要先对文本进行对应的语言语音学的发音信息分析，得到与发音相关的发音控制符号序列，然后基于发音控制符号预测声学特征参数及生成语音波形。语音合成中的文本分析位于处理过程的前半部分，通常称为 TTS 前端；声学参数预测和语音波形生成位于语音合成过程的后半部分，称为 TTS 后端。

在中文语音合成的过程中，TTS 前端通常包含文本归一化、拼音（多音字）预测、韵律预测等过程。复杂的商用语音合成系统通常还会配备一套用来指定发音细节的标签系统，如语音合成标记语言（Speech Synthesis Mark Language，SSML）标签。TTS 后端包含声学参数预测和声音信号生成两个过程，分别由声学模型和声码器两个部件完成（见图 8-25），也有一些综合性模型会把这两个部件糅合在一起工作。

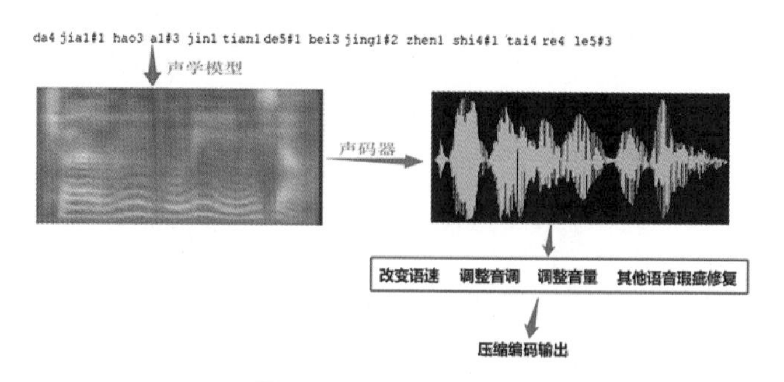

图 8-25　TTS 后端过程

一个典型的语音合成过程如下。

TTS 前端：

```
大家好啊，今天的北京真是太热了
韵律：
大家#1 好啊#3，今天的#1 北京#2 真是#1 太热了#3
注音和韵律：
da4 jia1#1 hao3 a1#3 jin1 tian1 de5#1 bei3 jing1#2 zhen1 shi4#1 tai4 re4
le5#3
```

TTS 后端过程如图 8-25 所示。

神经网络的兴起显著推动了语音合成领域的发展。在通用的中文语音合成场景中，语音合成技术已经达到了和人类发音接近的效果。不过，语音合成及相关技术领域仍然充满着挑战，如在多语种、方言、小语料声音克隆等复杂场景中，提高发音准确性和自然度仍然面临许多挑战。应用场景的开拓同时带来了隐私和安全问题，未来的研究将继续在这些领域进行探索和改进。

总而言之，语音合成技术是一项蓬勃发展的人工智能技术，它能够将文本转化为自然、流畅的人类语音，带来更顺畅的人机交互方式，为人们的生活和工作提供便利与价值。

8.3.2　合成方法

语音合成技术的发展历史可以追溯到 18 世纪后半叶，早期的语音合成技术主要基于机械装置和电子设备，通过模拟人类发音器官（见图 8-26）的振动和共振来生成声音。这些方法生成的语音质量并不理想，听起来非常机械化，缺乏自然度和流畅性。

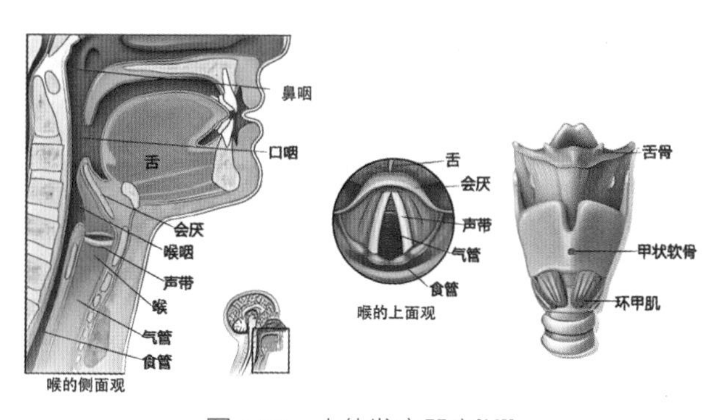

图 8-26　人体发音器官[168]

1791 年欧洲维也纳的皇家木匠 Wolfgang von Kempelen 设计了机械式讲话机（见图 8-27）。Kempelen 的讲话机用风箱、振动簧片、橡胶“嘴鼻”装置模拟人的器官及发声过程，可以产生一些元音和辅音，进而可以组合成单词和短语。

图 8-27 机械式讲话机模型[169]

20 世纪初，无线电技术的进步使得用电子器件合成语音成为可能。Homer Dudley 分别用脉冲发生器和噪声发生器来模拟人的声带振动和湍流噪声，再通过时变多通道滤波器来模拟声道对两类声源的频率响应，这种信号最后通过放大器输出，便得到了可以听见的声音（见图 8-28）。

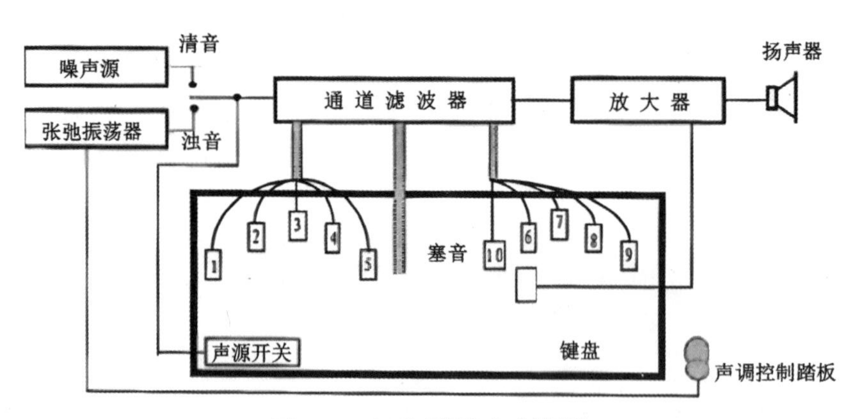

图 8-28 电子式语音合成器[170]

随着计算机科学和人工智能的快速发展，人们开始尝试利用计算机软件来模拟人类语音。电子式的语音合成系统发出的声音只能达到大概听懂的程度，为了提高语音合成的质量，让每个元音、辅音的发音描述更加丰富细致，人们分别使用语音基频（Pitch）表示声带振动频率，使用线性预测编码（Linear Predictive Coding，LPC）系数、倒谱系数（Cepstral Coefficients）等方法模拟声道响应。然后利用隐马尔可夫模型和高斯混合模型对各音素的发音时长及声学参数进行统计建模。音素的上下文建模可使用决策树聚类等方法。通过对发音符号及语音信号进行联合建模，给定特定音素符号及其上下文信息，我们就可以通过统计参数模型得到语音片段的声学参数特征，然后利用这些参数来合成语音（见图 8-29）。

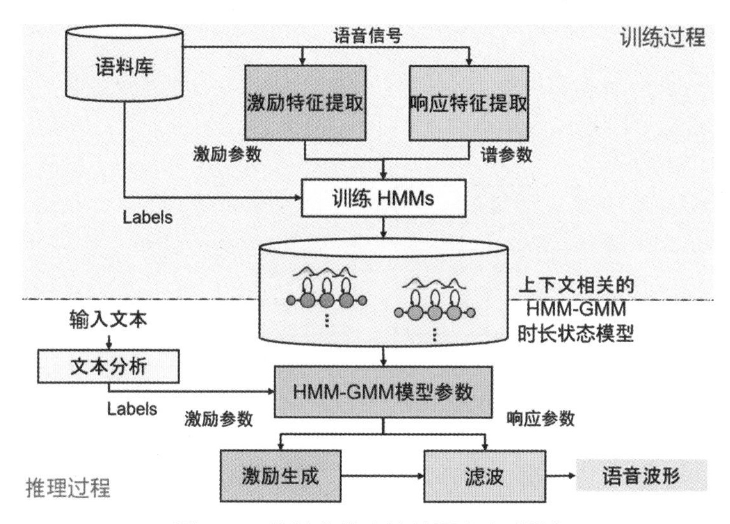

图 8-29　统计参数方法的语音合成[184]

20 世纪 80 年代初，基于波形叠加（也称语音拼接、语音单元挑选）的语音合成方法开始崭露头角。类似于中国的活字印刷，这种技术需要先准备大量精细切分的语音片段（如音素片段），通过将小的语音片段组合起来，形成完整的语音波形，从而实现语音合成。这些波形片段来自完整说话语句的切分，每个发音单元通常都有多个候选片段，在具体合成时，参考候选项语音片段的音素上下文信息来挑选。由于合成的声音来自语料库的录音，语音拼接方法合成的语音发音是准确的，在语音片段内是真实自然的。影响自然度的是在语音片断的衔接处，纵使经过平滑处理也可能会出现一些听觉上的跳跃感。在语料库足够丰富且挑选片段的方法非常好的情况下，利用该技术可以得到非常自然的声音。但是准备语音拼接库是一件费时费力的工作，语音合成质量非常依赖拼接库的规模和制作精细程度（见图 8-30）。

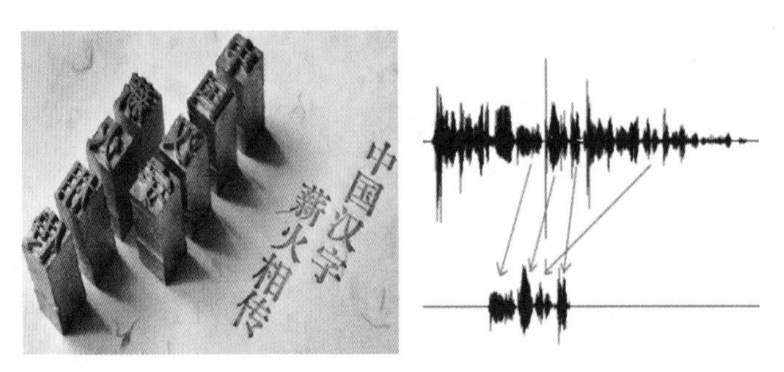

图 8-30　活字印刷与语音拼接技术[171]

统计参数的合成方法也被借鉴到波形拼接中，统计参数方法预测得到的声学特征被当成语音片段挑选的重要依据（图 8-31）。

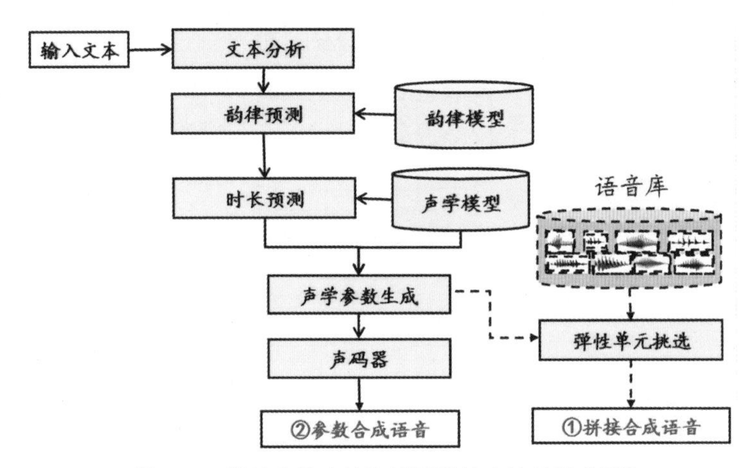

图 8-31　统计参数方法和波形拼接方法的结合[173]

2012 年，深度神经网络在图像识别领域大放异彩，取得惊人成绩，人工智能的各个领域都掀起了深度学习的热潮。深度神经网络、循环神经网络、卷积神经网络在语音领域也开始流行，并替代了传统的信号分析处理模块。这些方法通过训练神经网络模型弥补了传统方法的某些不足，从而生成具有高度自然度和流畅性的语音。神经网络早期的应用便是用上述朴素架构的网络替代基于参数统计的传统方法，如百度 2017 年年初发表的 Deep Voice[176]语言合成系统，就是把 TTS 中传统的功能部件（分词、音素预测、音素时长预测、语音基频预测、声码器等）逐一换成朴素神经网络的结构。

随着对朴素神经网络的不断改进，深度神经网络、循环神经网络、卷积神经网络的基础结构也不断优化。它们像积木一样堆叠勾连，在各种人工智能任务中表现优异，频频刷榜。图像、自然语言处理、语音领域逐渐形成了编码器-解码器的序列到序列 [199]建模的通用结构（见图 8-32）。2017 年谷歌提出 Tacotron 语音合成模型，采用编码器-注意力-解码器（Encoder-Attention- Decoder）结构，舍弃了传统模型繁多的时长、声学参数建模模块，在英文场景中迈出了端到端语音合成的一大步，只要给出“文本-语音”对的训练集，就可以直接训练，没有复杂的各种模块、部件的设计和分步训练。

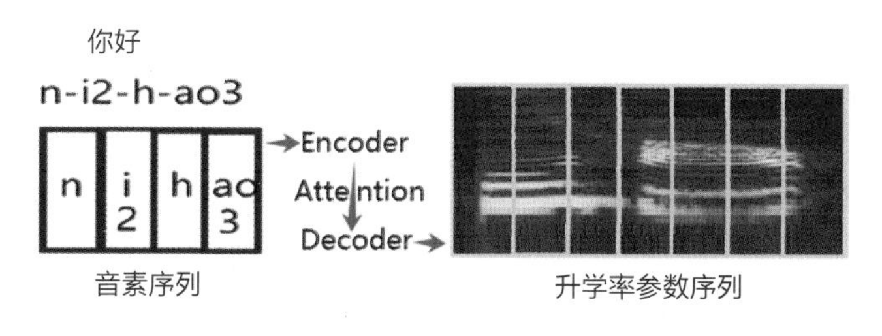

图 8-32　神经网络序列到序列的语音合成技术

随着基于自注意力机制的 Transformer 结构的提出，BERT[9]模型在传统自然语言处理领域的 11 个常用任务上刷新了最优记录，在语音合成方向，研究人员也积极尝试采用 Transformer 结构。2019 年浙江大学和微软联合提出基于 Transformer 结构的 FastSpeech 模型[179]，该模型结合音素时长模型，基本解决了 Tacotron 在发音稳定性和可控性上的问题，而且获得了更快更好的效果。2021 年韩国科学院发表的 VITS 模型[183]，引入变分自编码器和流，VITS 模型在简化模型训练的同时也取得了更好的效果，展现了强大的潜力。

2022 年，随着 ChatGPT 和图文生成模型的爆火，语音领域的研究人员也开始探索使用大量数据进行预训练的大模型之路。

综上所述，语音合成技术的发展经历了机械式、电子式、统计参数模型、拼接、神经网络多个阶段，目前大数据预训练大模型的潮流又开始把语音合成技术推向新的阶段。随着技术的不断进步和应用领域的不断拓展，相信语音合成技术将会在未来发挥更加重要的作用，为人们的生活和工作提供更多的便利和价值。

8.3.3 前端处理

对于一些特别简单粗糙的语音合成场景，可以弱化甚至省略文本分析的前端过程，因为简单的后端模型就可以合成出音频。但是如果要应对各种复杂通用的应用场景，得到发音准确且自然的语音，单纯的后端模型无法办到，就需要借助语言学的专业知识，对复杂文本的发音进行多角度的分析，然后把分析结果输入后端模型。

（1）文本归一化

文本归一化（Text Normalization，TN）主要是处理数字、符号、特殊字母的内容，将它们转换为具有明确读音的中文文本。通常采用正则表达式匹配特定字符串模式再进行替换的方式来完成。

如：

```
2022年南京市长江大桥一下长了2cm
转为
二零二二年南京市长江大桥一下长了两厘米
```

又如：

```
今天上午10:40我们在篮球赛上以10:40输给对手
转为
今天上午十点四十分我们在篮球赛上以十比四十输给对手。
```

（2）分词

把句子按词切开，有时还需要得到对应词的词性。分词和词性标注通常使用基于词典和概率统计的模型来完成，也有双向 RNN 结构的分词模型，Jieba 分词就是一个优秀的中文分词工具。

如：

```
二零二二年南京市长江大桥一下长了两厘米
分词结果：
二零二二年/南京市/长江大桥/一下/长/了/两/厘米
```

（3）注音

注音（Grapheme to Phoneme，G2P）给每个字符标注音素符号，如给汉字预测拼音。汉语可以依据发音词典给汉字注音，对于单独成词的多音字和需要变调的场景，需要设计单独的模块来完成。

发音词典注音：

二零二二年/南京市/长江大桥/一下/长/了/两/厘米

转为

```
er4 ling2 er4 er4 nian2 nan2 jin1 shi4 chang2 jiang1 da4 qiao2 yi1 xia4 chang2 le5 liang2 li2 mi3
```

变调和多音字处理后得到

```
er4 ling2 er4 er4 nian2 nan2 jin1 shi4 chang2 jiang1 da4 qiao2 yi2 xia4 zhang2 le5 liang2 li2 mi3
```

变调主要有“上声”变调和“一”、“不”变调，如：

```
老两口不要一起生活
lao3 liang2 kou3 bu2 yao4 yi4 qi3 sheng1 huo2
```

（4）韵律预测

通常认为中文韵律是指发音的节奏感，一般可分为韵律短语、韵律词、音节三个等级（见图 8-33）。在语料标注方式中，分别用#1、#2、#3 代表三种韵律等级。设计精细的语音合成系统通常会考虑部分或者全部等级的韵律预测。

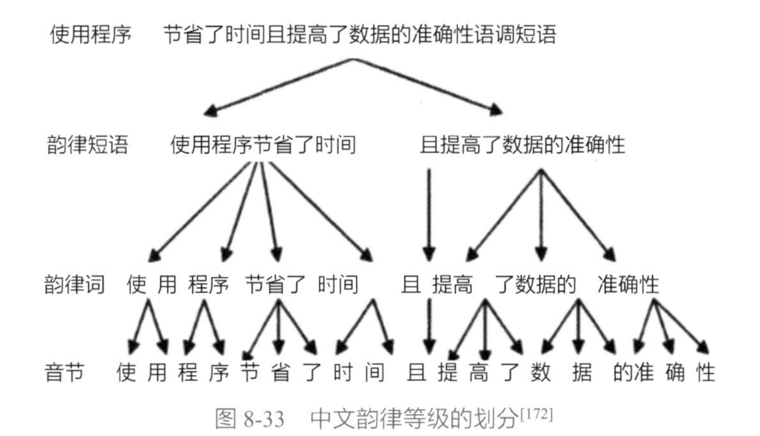

图 8-33　中文韵律等级的划分[172]

如：

二零二二年/南京市/长江大桥/一下/长/了/两/厘米

韵律预测后的结果：

```
二零二二年#1 南京市#1 长江大桥#2 一下#1 长了#1 两厘米#3
```

经过前端的各模块处理后，带有数字字母符号等复杂输入的文本转换成了拼音韵律串。

如：

```
2022 年南京市长江大桥一下长了 2cm
```

前端处理结果：

```
er4 ling2 er4 er4 nian2 #1 nan2 jin1 shi4 #1 chang2 jiang1 da4 qiao2 #2
yi2 xia4 #1 zhang2 le5 #1 liang2 li2 mi3 #3
```

8.3.4 后端模型

语音合成前端将复杂的文本分析提炼成与语音发音关系更直接的拼音韵律信息后，后端模型基于拼音、韵律等信息对声学参数及声音波形建模就变得更为简单了。由于拼音、韵律符号到声学特征的规律比汉字、数字、标点等复杂文本到声学特征的规律更直接，学习这种映射关系的难度也会降低。

后端算法中传统的拼接算法和一些激进的神经网络算法可以通过前端信息直接得到语音波形信号，但是更多的后端算法是声学模型和声码器组合的两段式结构。声学模型负责用前端文本分析的结果预测声学参数，常用的声学特征有线性谱、梅尔谱、线性预测系数、语音基频等，声码器模型负责将声学参数转换为语音波形信号。

当今主流的后端模型是基于神经网络的序列到序列模型，具代表性的有 Tacotron 系列和 FastSpeech 系列、VITS 系列。在 Tacotron 和 FastSpeech 序列模型中，预测声学特征（如梅尔谱、线性谱）的部分称为声学模型。

声码器分为基于信号处理的传统声码器和神经网络声码器。传统声码器主要是基于声学信号处理的知识，对特定声学特征进行声音波形还原，而通过神经元训练学习的方式得到声学参数与语音波形的关系，主要是谷歌在 2016 年提出 WaveNet[175]之后才兴起的。现在主流的神经网络声码器主要是基于生成对抗网络的 Melgan[180]、HiFi-GAN[182]及其改良的变体。

（1）Tacotron

Tacotron[177]是一种端到端深度神经网络模型（见图 8-34）。它将一段语音波形的声学特征看成一张二维向量表，然后在时间维度按照特定数量帧的声学特征进行切割，如将每 3 帧 80 维的梅尔谱认为是一个元素，这样将一段语音的声学特征转为若干3×80维的声学特征元素序列。另一方面，输入文本天然就是序列形式，这样就完成了语音合成声学建模任务中序列到序列[199]任务的转换。

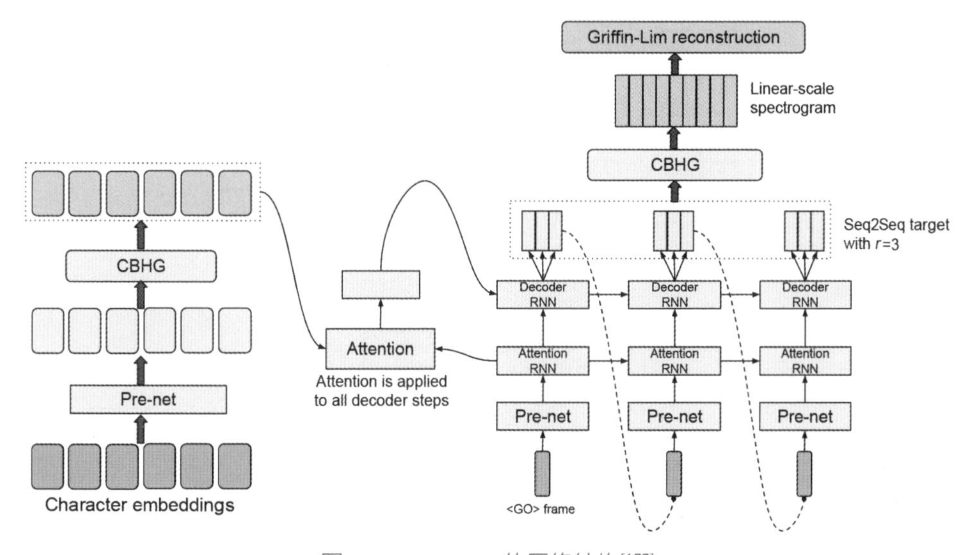

图 8-34　Tacotron 的网络结构[177]

Tacotron 采用基于编码器-注意力-解码器的 Seq2Seq 的结构，这个结构主要用来实现声学参数建模的功能。编码器网络完成对输入元素及其上下文信息的加工编码，注意力机制（Attention Mechanism）用于学习输入元素（音素、拼音、韵律等信息）与声学特征（如梅尔谱）的对应关系，解码器网络将从编码器网络中抽象出来的信息转化并生成声学特征序列，即预测梅尔谱系数序列，梅尔谱输入一个名为 CBHG 结构的网络用于预测线性谱。得到线性谱后，Tacotron 尾部接一个声码器预测线性谱的相位信息，并通过对线性谱的逆傅里叶变换得到语音波形。

和传统的统计参数建模方法相比，Tacotron 没有音素时长预测模块，不做声学特征在音素时长上的插值，设计更为简洁高效。

Tacotron 2[178]是 Tacotron 的延伸改良版本（见图 8-35），沿用了 Tacotron 中

编码-注意力-解码再接声码器的主体结构，对各网络部件进行了升级。编码器用更为简洁的卷积层（CNN）和双向 LSTM 替换了 Tacotron 中的 Pre-net 和 CBHG 的结构，用位置敏感注意力（Location Sensitive Attention）替代了普通注意力，解码器只预测梅尔谱，在解码器之后使用 WaveNet 声码器将梅尔谱转换为语音波形。Tacotron 2 的合成效果比 Tacotron 的有明显提升。

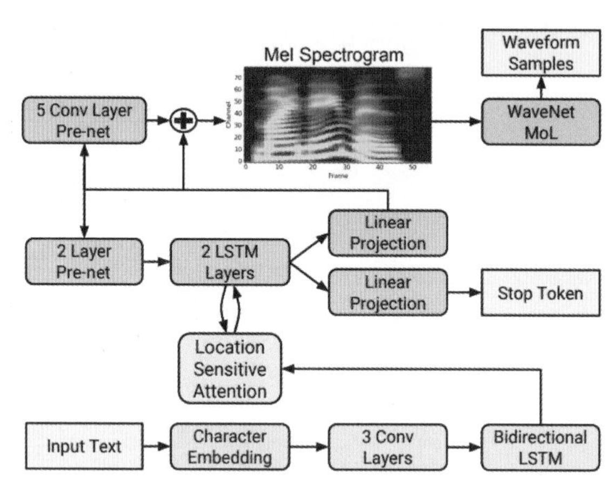

图 8-35　Tacotron 2 的网络结构[178]

（2）Fastspeech

Tacotron 模型砍掉了音素时长预测模块，且注意力对齐学习有可能不准确，这些导致 Tacotron 较易出现局部语音的跳读和重复读的问题，因此，研究人员开始考虑把显式的音素时长模块重新并入后端模型中。此外，研究发现基于自注意力的 Transformer 结构展现出比双向 RNN 更好的上下文学习能力。2019 年浙大和微软提出 FastSpeech[179]模型，它引入了音素时长预测模块，并通过对音素级序列的时长扩增完成音素嵌入表示到梅尔谱的对齐。同时 FastSpeech 在编码和解码过程主要使用 Feed Forward Transformer（FFT，前馈 Transformer）结构（见图 8-36）。

FastSpeech 模型的输入为音素序列，输出为 Mel 图谱，和自回归的声学模型（如 Tacotron）相比有两大优势：一是由于采用了根据音素时长直接扩增序列来进行对齐的方式，大大减少了自回归模型中可能出现的错漏发音和重复发音问题；二是 FastSpeech 并行计算程度高，在生成梅尔谱图时速度提升巨大。另外，由于设计了显式的时长预测模块，通过对预测时长的调节，可以平滑地调整语音速度。

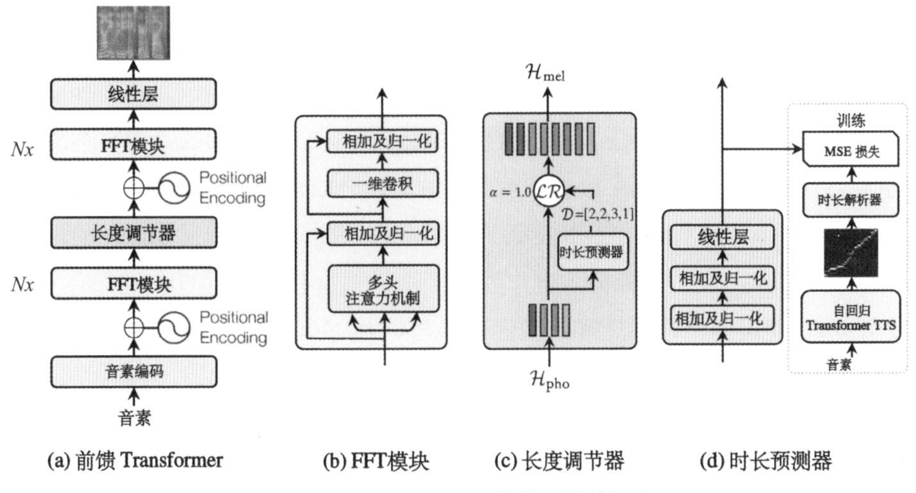

图 8-36　FastSpeech 的模型结构[179]

相同的文本在不同语境下的语气往往是不同的，要使特定文本呈现不同的语气，就需要语音合成系统在文本之外指定一些声学控制信息，如语音基频（Pitch）、能量（Energy）。FastSpeech 2[181]主要基于这个思路对 FastSpeech 进行改良。FastSpeech 2 设计了方差适配器（Variance Adaptor），在音素时长预测模块之后增加了基频、能量预测模块，使最终合成的音频的可控性更好，表现形式更丰富（见图 8-37）。

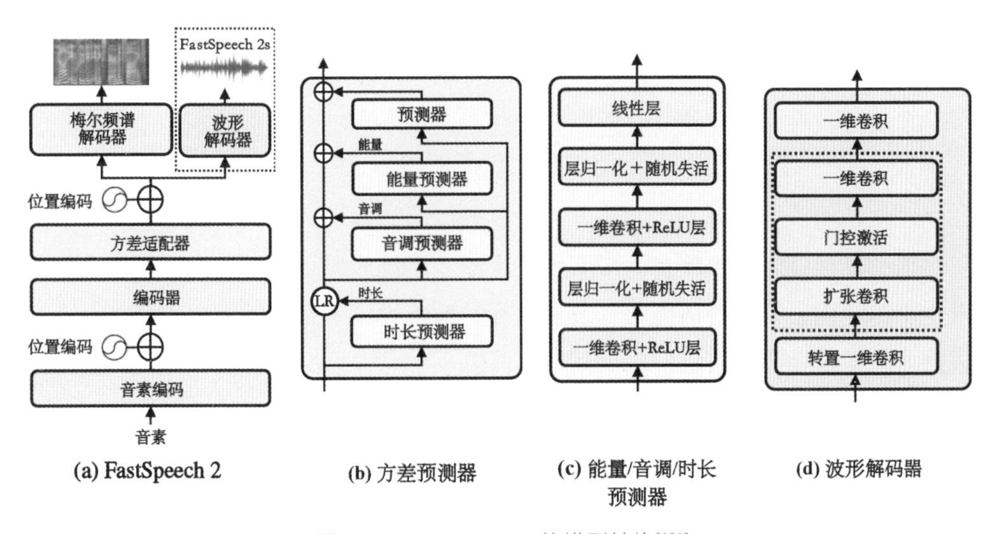

图 8-37　FastSpeech 2 的模型结构[181]

3. VITS

VITS[183]是一种结合变分推理（Variational Inference）、标准化流（Normalizing Flows）和对抗训练的高表现力语音合成后端模型（见图 8-38）。VITS 把变分自编码器（VAE）和流（Flow）应用到端到端的语音合成建模中，提升了语音生成的效果。它的训练非常简单，不需要像 FastSpeech 系列模型那样提取额外的语音基频、能量等特征，也不依赖梅尔谱作为连接声学模型和声码器的中间表示，只需要使用 VAE 学习两个模块之间的隐性表示。VITS 在合成速度、稳定性、多样性上的表现优异。

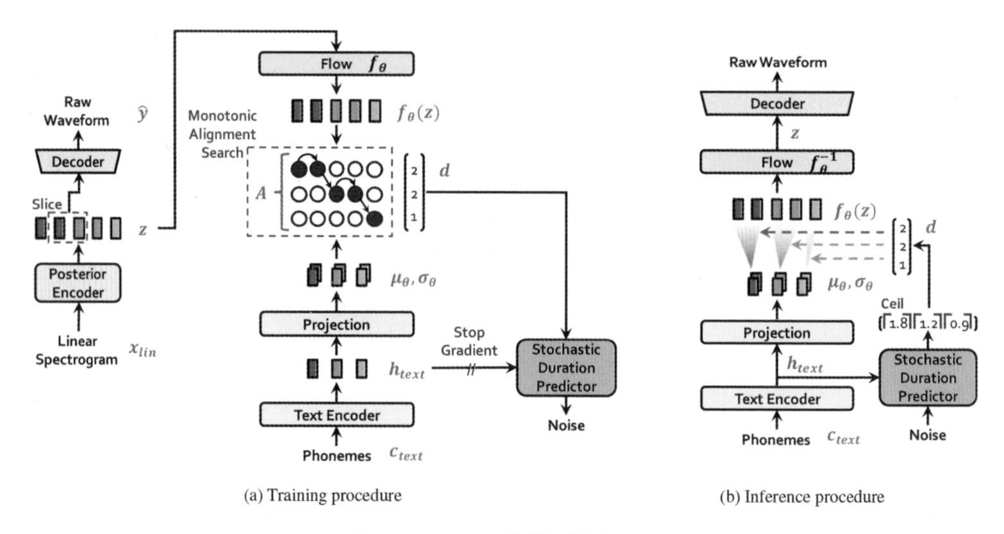

图 8-38 VITS 的模型结构[183]

8.3.5 评价标准

语音合成技术种类繁多，应用场景广泛，不同应用场景对语音合成能力的要求也不尽相同。语音合成能力涉及自然度、准确性、丰富度等多个维度，语音合成技术的评价标准主要包括以下几个方面。

- 自然度：是指语音合成系统生成的语音是否听起来像人说出来的语音。通常使用主观评价法进行评估，如平均意见分数（Mean Opinion Score，MOS），如表 8-1 所示。
- 准确性：指合成语音发音是否准确清晰，可懂度高。可以将语音识别系统识别出的音素结果与正确音素结果对比，计算音素准确率。

- 发音鲁棒性：指语音合成系统能否处理复杂的输入文本，如实际应用场景中汉字、数字、字母、符号的组合场景。
- 音色和情感的丰富性：指语音合成系统生成的语音是否具有多样的音色和情感。人对音色是有偏好的，不同应用场景的不同受众对语音的音色要求不同。
- 多语种能力：指语音合成系统能合成语言和方言的种类，如英语、韩语、日语、西班牙语、粤语、四川话、天津话、东北话等。
- 合成速度：语音合成技术合成音频的快慢程度，与模型的复杂度直接相关。在特定算力条件下，可以用单位时间内能合成的音频时长（实时率）来衡量。

表 8-1　MOS 评测标准

级　别	分　数	描　　述
优	5（满分）	与播音员真人发声非常接近，总体听感很好，流畅。听测人乐于接受
良	4	清晰可懂，听感好，愿意接受，没有明显韵律错误及其他发音错误。达到可推广使用的水平
中	3	能听懂，听测人不太愿意接受。有明显的疲劳感。一般很难坚持连续听十分钟以上
差	2	一些关键词听不清楚，近似单音节生硬拼接或机器味明显。一般听测人排斥听这种声音
劣	1	发音不清晰，听不懂，机器音质。只能表达断续、个别的语音信息。猜测语意都很困难，不能接受

在评估语音合成技术能力时，通常会采用多种评价标准，以便全面评估系统的性能。在实际的生产环境中，各应用场景对语音合成能力的各项指标的要求不同，需根据具体的应用场景需求，选择最适合的方案。

8.4　小结

本章主要探讨了通过多模态算法生成多种形式数据的方法，特别是在图像、视频和音频方面。这些技术随着计算机和多媒体技术的发展而迅速增长，已经在文生-图像生成、文本-视频生成、图像转换、超分辨率、图像编辑等领域得到广泛应用。首先，详细介绍了多模态图像生成，包括图像生成技术和常用模型，如GAN、自回归以及先进的扩散模型。同时，还介绍了图像生成领域的定量和定性评价指标。其次，介绍了多模态视频生成，探讨了视频生成技术发展现状，以及主流视频生成模型，包括基于 GAN、自回归、扩散模型的方法。同时，也介绍了视频生成领域的评价指标。最后，本章讨论了语音生成技术，包括技术发展、语音生成的主要前端处理（例如文本归一化、分词、注音和韵律预测），以及主流后端模型。此外，还列举了语音生成能力的评价标准。本章全面回顾了多模态生成领域的进展，为读者理解和探索图像、视频、音频生成等多模态技术提供了坚实的基础。本章通过深入介绍图像生成的最新技术、视频生成的行业动态和语音生成的前沿方法，为深入理解 AI 生成式模型的更广泛应用奠定了基础。

第 9 章

多模态推理

多模态推理能够处理视觉、自然语言、语音等多种模态的信息，并有效理解这些异构数据，以实现更加全面更加准确的推理和决策，是一种前沿的深度学习方法。在多模态人工智能任务中，模型接收来自多种模态的信息作为输入，并学习多模态语义信息，获得不同模态信息的特征表示。多模态推理则整合分析多模态的特征表示，模拟人类对于多感官输入的整合性认知，充分理解和处理复杂的现实场景，对于构建更智能、全面的人工智能系统具有重要的推动作用。本章将对多模态推理进行探讨，首先介结知识图谱推理；其次介绍常见的多模态推理任务，包括视觉问答、视觉常识推理和视觉语言导航。

9.1 知识图谱推理

知识图谱推理是多模态推理的重要理论基础，其早期理念源于万维网之父 Tim Berners Lee 关于语义网（The Semantic Web）的设想，旨在采用图结构来建模和记录世界万物之间存在的各种实体和概念，以及实体和概念之间的关系。2012 年谷歌正式提出知识图谱的概念，用于改善自身搜索引擎的搜索质量[185]。当前，知识图谱的相关技术已经在搜索引擎、智能问答、语言理解、推荐计算、大数据决策分析等众多领域得到广泛的实际应用。近年来，随着自然语言处理、计算机视觉、深度学习、图数据处理等众多领域的飞速发展，知识图谱在知识推理方向的研究又取得了很多新进展。在基于深度学习的多模态人工智能领域，知识图谱可以从语义层面理解用户意图，改进推理质量。例如，对于一个多模态检索模型，知识图谱可以建立多模态实体之间的关系，从而提供更加准确、更加丰富的多模态检索结果，帮助用户检索到所需信息。知识图谱也可以协助问答系统进行多模态语义理解，对用户的提问进行深入分析，从而抽取出其中的实体、属性、关系等有效信息，使问答系统更好理解用户意图，从而给出更加准确的答案。

知识图谱包含实体、关系以及知识三元组集合，具体表示为

$$\mathrm{KG}=(E,R,T) \tag{9-1}$$

其中，KG 表示知识图谱，E 表示实体集合，R 表示关系集合，T 表示知识三元组集合，知识三元组具体表示为

$$T=\{(h,r,t)\mid h,t\in E,r\in R\} \tag{9-2}$$

其中，h 表示头实体，t 表示尾实体，r 表示头实体和尾实体之间的关系。经过知识图谱推理，则获得新的知识三元组 T'，

$$T'=\{(h,r',t)\mid h,t\in E,r\notin R\} \tag{9-3}$$

目前，知识图谱推理的方法大致可分为四个类别，包括：基于规则学习的方法、基于路径排序的方法、基于表示学习的方法，以及基于神经网络学习的方法。接下来，本节将对这四种知识图谱推理方法及其经典算法进行介绍。

9.1.1 基于规则学习

基于规则学习的知识图谱推理指在一定的限制和必要的约束下进行的知识图谱推理。其中，规则（Rule）的具体形式可以表示为

$$\mathrm{Rule}:\mathrm{head}\leftarrow \mathrm{body} \tag{9-4}$$

其中，head 表示规则头，由一个二元原子组成；body 表示规则体，由一个或多个一元或二元原子构成。例如，对于一个二元原子 Nationality(X, Y)，X 和 Y 表示实

体变量，则该二元原子的含义为“X 的国籍为 Y”；Born_in(X, Z)的含义为“X 的出生地为 Z”；City_of(Z, Y)的含义为“Z 是 Y 的一个城市”。则由这三个二元原子组成的规则可以表示为

$$\text{Nationality}(X,Y) \leftarrow \text{Born\_in}(X,Z) \wedge \text{City\_of}(Z,Y) \tag{9-5}$$

采用知识图谱推理中的知识三元组结构形式，公式 9-5 可以进一步表示为

$$(X,\text{Nationality},Y) \leftarrow (X,\text{Born\_in},Z) \wedge \text{City\_of}(Z,\text{Born\_in},Y) \tag{9-6}$$

其中，$(X,\text{Nationality},Y) \in T'$ 为经过推理获得的知识三元组，$(X,\text{Born\_in},Z) \in T$ 和 $\text{City\_of}(Z,\text{Born\_in},Y) \in T$ 为原知识图谱中的知识三元组。

对于知识图谱推理学习到的新规则，可采用支持度（Support）、置信度（Confidence）和规则头覆盖率（Head Coverage）进行评价。支持度表示满足该规则体和规则头的实力的个数，一般是一个大于 0 的整数，规则的支持度越大，表示符合该规则的实例在知识图谱中存在的越多。基于支持度的评价，置信度的计算公式表示为

$$\text{Confidence(Rule)} = \frac{\text{Support(Rule)}}{\text{NumBody(Rule)}} \tag{9-7}$$

其中，Support(Rule)表示指定规则的支持度，NumBody(Rule)表示指定规则中满足规则体的实例的个数。

规则头覆盖率的计算公式表示为

$$\text{HC(Rule)} = \frac{\text{Support(Rule)}}{\text{NumHead(Rule)}} \tag{9-8}$$

其中，HC(Rule)表示指定规则中满足规则头的实例的个数。

经典的基于规则的推理算法为基于不完备证据的关联规则挖掘（Association Rule Mining under Incomplete Evidence，AMIE）算法[186]。AMIE 算法能够自动化地从大规模知识库（Knowledge Base，KB）中提取规则，并应用于推理任务。AMIE 算法能够在大规模知识图谱中，通过挖掘算子（Mining Operators）迭代地扩展规则，保留支持度高于阈值的规则，从而实现有效的搜索空间探索。该算法将规则

看成原子序列，原子序列的第一个原子称为头原子，其他后续原子称为体原子。在遍历搜索空间的过程中，可以使用以下三种挖掘算子来进行规则的扩展。

- 添加悬空原子（Add Dangling Atom）：向给定规则中添加一个新的原子。所添加的原子具有两个参数，其中一个参数为一个新的变量，另一个参数是给定规则已存在的变量或实体。
- 添加实例化原子（Add Instantiated Atom）：向给定规则中添加一个新的原子。所添加的新的原子具有两个参数，其中一个参数为一个新的实体，另一个参数是给定规则已存在的变量或实体。
- 添加闭合原子（Add Closing Atom）：向给定规则中添加一个新的原子。所添加的新的原子具有两个参数，这两个参数均为给定规则中已存在的变量或实体。

这三种挖掘算子所生成的规则并非无变化的，也就是说，由一个挖掘算子产生的原子可以在下一步迭代中被另一个挖掘算子修改。通过不断重复这三种挖掘算子，便可以逐步生成整个规则空间。

AMIE 规则挖掘算法如算法 1 所示。AMIE 算法通过初始化获得规则队列，该初始化的队列只包含一个空规则。而后，AMIE 算法逐步出队（Dequeue）一个规则，如果所出队的规则为闭合规则，则输出该规则；反之，则不输出该规则，继续出队下一个规则。对于输出的规则，AMIE 算法迭代使用三种挖掘算子，若获得的结果规则不被修剪掉，则将该结果规则入队。重复以上过程，直到队列为空，此时所有的规则均为闭合规则。

算法 1 AMIE 规则挖掘算法[186]

```
1  function AMIE(KB)
2      q =< [] >
3      并行执行：
4      while ¬q.isEmpty() do
5          r = q.dequeue()
6          if r is closed ∧ r is not pruned for output then
7              output r
```

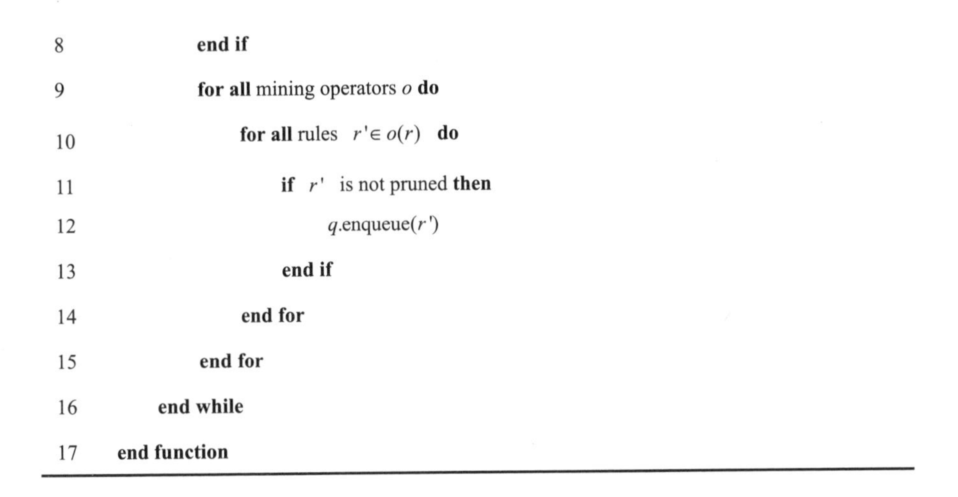

```
8              end if
9              for all mining operators o do
10                 for all rules r' ∈ o(r) do
11                     if r' is not pruned then
12                         q.enqueue(r')
13                     end if
14                 end for
15             end for
16         end while
17     end function
```

9.1.2 基于路径排序

该方法将路径作为特征进行预测，其主要算法为路径排序算法（Path-Ranking Algorithm, PRA）[187]。PRA 算法的具体描述如下。

首先，定义 R 表示二元关系，且 $R(e,e')$ 表示实体 e 和实体 e' 之间的关系为 R，则进一步定义 $R(e) \equiv \{e' : R(e,e')\}$。在 PRA 中，关系路径 P 由一系列关系 $R_1 \cdots R_l$ 组成，且满足

$$\text{range}(R_i) = \text{dom}(R_{i+1}), \forall i : 1 < i < l-1 \tag{9-9}$$

其中，$\text{dom}(R)$ 表示关系 R 的知识领域，$\text{range}(R)$ 表示领域的范围。令

$$\text{dom}(R_1 \cdots R_l) \equiv \text{dom}(R_1) \tag{9-10}$$

以及

$$\text{range}(R_1 \cdots R_l) \equiv \text{range}(R_l) \tag{9-11}$$

则路径 $P = R_1 \cdots R_l$ 可以进一步改写为

$$T_0 \xrightarrow{R_1} \cdots \xrightarrow{R_l} \cdots T_l \tag{9-12}$$

其中，

$$
\begin{aligned}
T_0 &= \text{dom}(R_1) = \text{dom}(P) \\
T_1 &= \text{range}(R_1) = \text{dom}(R_2) \\
T_2 &= \text{range}(R_2) = \text{dom}(R_3) \\
&\cdots
\end{aligned} \tag{9-13}
$$

对于任何一个关系路径 $P = R_1 \cdots R_l$ 以及查询实例集 $E_q \subset \text{dom}(P)$，如果 P 是空路径，则满足如下分布：

$$
h_{E_q,P}(e) = \begin{cases} \dfrac{1}{|E_q|}, & \text{如果} e \in E_q \\ 0, & \text{否则} \end{cases} \tag{9-14}
$$

如果路径 P 存在，则定义 $P' = R_1 \cdots R_{l-1}$，且满足如下分布：

$$
h_{E_q,P}(e) = \sum_{e' \in \text{range}(P')} h_{E_q,P'}(e') \cdot \frac{I(R_l(e',e))}{|R_l(e')|} \tag{9-15}
$$

其中，$I(R_l(e',e))$ 为指示函数，具体表示为

$$
I(R_l(e',e)) = \begin{cases} 1, & \text{如果} R_l(e',e) \text{存在} \\ 0, & \text{否则} \end{cases} \tag{9-16}
$$

由此，给定路径集合 $P_1, \cdots, P_n$，所有路径的权重值和计算为

$$
\theta_1 h_{E_q,P_1}(e) + \theta_2 h_{E_q,P_2}(e) + \cdots + \theta_n h_{E_q,P_n}(e) \tag{9-17}
$$

其中，θ_i 表示路径权重参数，可通过线性网络学习。

基于路径的知识图谱推理方法能够利用实体之间所有路径的加权概率得分对实体之间的关系进行度量，从而获得推理结果。

9.1.3 基于表示学习

基于表示学习的方法将实体以及实体之间的关系映射到向量空间，然后通过在向量空间的操作进行逻辑关系的建模。经典的基于表示学习的方法包括：基于翻译距离（Translation Distance）的方法和基于语义匹配的方法。

（1）基于翻译距离的方法

翻译距离模型将关系看成头实体到尾实体在向量空间的平移。其中，最具有代表性的翻译距离模型为 TransE（Translating Embeddings）模型[188]，该模型能够将知识图谱中的实体和关系表示为同一低维空间的向量，实体间的关系解释为低维空间中嵌入的距离。如图 9-1 所示，以“X 的国籍为 Y”为例，X 为规则头 h，Y 为规则尾 t，国籍为关系 r，则用 $(\boldsymbol{h},\boldsymbol{r},\boldsymbol{t})$ 表示知识三元组 (h,r,t) 的向量形式，实体向量与关系向量之间满足条件

$$\boldsymbol{h}+\boldsymbol{r}\simeq\boldsymbol{t} \tag{9-18}$$

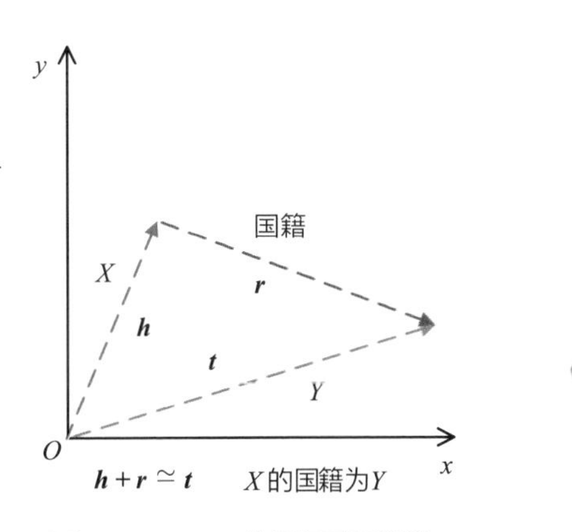

图 9-1　TransE 模型示意图[188]

则 TransE 模型可对知识三元组 (h,r,t) 定义评分函数（Scoring Function）为

$$\phi(h,r,t)=\|\boldsymbol{h}+\boldsymbol{r}-\boldsymbol{t}\| \tag{9-19}$$

利用最大间隔损失函数对 TransE 模型进行优化，损失函数计算如下

$$L=\sum_{(h,r,t)\cup(h',r,t')}\max[\phi(h,r,t)-\phi(h',r,t')+m,0] \tag{9-20}$$

其中，m 为间隔常数，(h,r,t) 表示原知识图谱中的知识三元组，(h',r,t') 表示将原知识图谱中的知识三元组的实体随机替换所生成的新的知识三元组。

（2）基于语义匹配的方法

基于语义匹配的方法学习知识图谱中实体和关系的潜在表示，将知识图谱建

模为张量，并通过设计相似性度量函数来度量知识三元组的准确性。最为经典的基于语义匹配的方法称为 RESCAL 模型[189]。

RESCAL 模型中的相似性评分函数定义如下：

$$\phi(h,r,t)=\boldsymbol{h}^{\mathrm{T}}\boldsymbol{M}_r\boldsymbol{t}=\sum_{i=1}^{d}\sum_{j=1}^{d}[\boldsymbol{M}_r]_{ij}\cdot[\boldsymbol{h}]_i\cdot[\boldsymbol{t}]_j \tag{9-21}$$

其中，$\boldsymbol{h},\boldsymbol{t}\in\mathbb{R}^d$ 分别表示头实体和尾实体的 d 维语义向量，$\boldsymbol{M}_r\in\mathbb{R}^{d\times d}$ 表示 $d\times d$ 维的关系矩阵。

9.1.4 基于神经网络学习

随着深度学习的发展，神经网络以其强大的学习能力，在多模态人工智能领域展现出了优越的性能，越来越多的研究将神经网络应用于知识图谱推理。基于神经网络的知识图谱推理利用卷积神经网络[190]、循环神经网络[194]、图卷积网络（Graph Convolutional Network, GCN）[195]等深度学习模型对知识图谱进行建模，提取实体和关系的潜在向量表示以进行推理。

1. 基于 CNN 的推理模型

ConvE（Convolutional Embeddings）模型[190]首次将卷积神经网络应用于知识图谱推理领域。该模型将头实体向量和关系向量进行拼接，经过特征提取，最后与尾实体向量进行匹配，如图 9-2 所示。

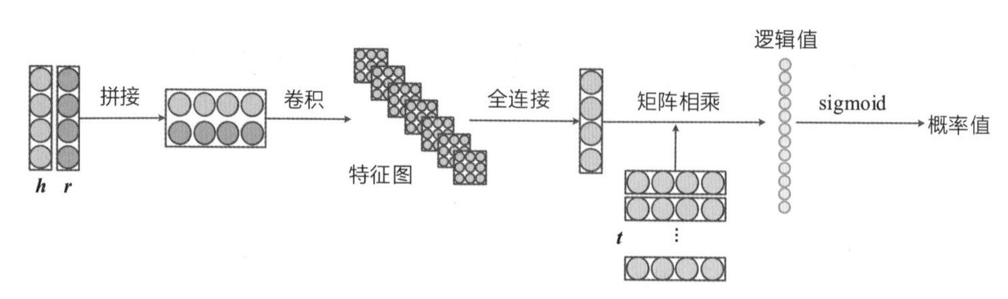

图 9-2　ConvE 模型示意图[190]

ConvE 模型的训练损失函数由二元交叉熵（Binary Cross-Entropy，BCE）损失定义，计算如下：

$$L=-\frac{1}{N}\sum_{i}(y_i\cdot\log(p_i)+(1-y_i)\cdot\log(1-p_i))\tag{9-22}$$

其中，y_i 表示标签向量，p_i 表示后验概率。

ConvE 模型的评分函数定义为

$$\phi(h,r,t)=f(\text{vec}(f([\hat{\boldsymbol{h}};\hat{\boldsymbol{r}}]*\omega))\boldsymbol{W})\boldsymbol{t}\tag{9-23}$$

其中，$\hat{\boldsymbol{h}}$ 和 $\hat{\boldsymbol{r}}$ 分别表示经过二维变换后的头实体向量和关系向量，f 表示非线性函数（Non-Linear Function），vec 表示矩阵向量化函数，$*$ 表示卷积操作，ω 表示卷积核，$\boldsymbol{W}$ 表示参数矩阵。

ConvE 模型开创性地使用卷积神经网络解决知识图谱推理问题，在学习实体和关系的语义特征方面具有显著优势，提升了推理效率和推理性能。后续研究在 ConvE 模型的整体架构基础上进行了优化和改进，如 ConvKB（Convolutional Knowledge Base）模型[191]、ConvR（Convolutional Relation）模型[192]、InteractE（Interaction Embeddings）模型[193]等。

2. 基于 RNN 的推理模型

基于 RNN 的知识图谱推理模型[194]如图 9-3 所示，该模型称为 Path-RNN 模型。Path-RNN 模型将两个实体之间的关系作为输入，并预测这两个实体之间的新关系。

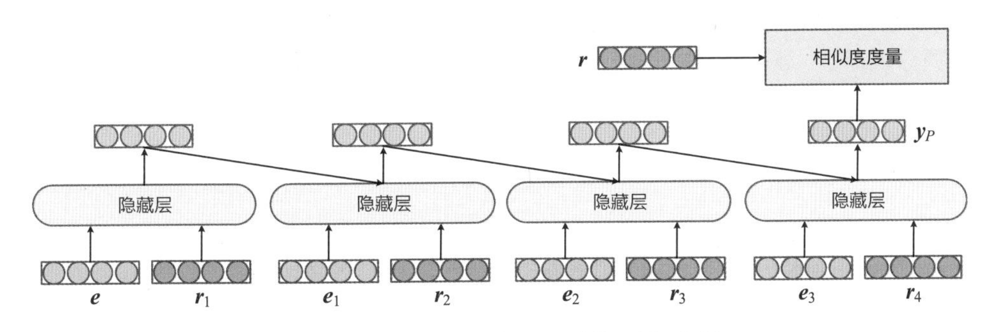

图 9-3　基于 RNN 的知识图谱推理模型[194]

首先，经过随机游动算法，如路径排序算法（Path Ranking Algorithm，PRA）获得实体 e 和实体 e' 之间的路径集合 S。令 $P=\{e,r_1,e_1,r_2,e_2,\cdots,r_n,e'\}\in S$ 表示实体

对 (e,e') 之间的一条路径，其中 n 表示路径的长度。则第 m 步隐藏层的输出向量 hid_m 表示为

$$\text{hid}_m = f(\boldsymbol{W}_{\mathbf{hh}}\text{hid}_{m-1} + \boldsymbol{W}_{\mathbf{ih}}\boldsymbol{r}_m) \tag{9-24}$$

其中，$\boldsymbol{W}_{\mathbf{hh}}$ 和 $\boldsymbol{W}_{\mathbf{ih}}$ 表示 RNN 的网络参数，$\boldsymbol{r}_m$ 表示关系向量，f 表示非线性函数。最后一步（即第 n 步）隐藏层的输出则作为所预测的路径向量 $\boldsymbol{y}_P$。

最终，所预测的路径向量 $\mathbf{y}_P$ 与实体对 (e,e') 之间的真实关系向量 $\boldsymbol{r}$ 的相似度评分表示为

$$\phi(P,r) = \boldsymbol{y}_P \cdot \boldsymbol{r} \tag{9-25}$$

由于在实体对 (e,e') 之间可能存在多条路径，Path-RNN 模型可以选取评分最高的一条路径来计算其与真实关系的相似度概率值 $\mathbb{P}$：

$$\mathbb{P} = \sigma(\max(\phi_1,\phi_2,\cdots,\phi_N)) \tag{9-26}$$

其中，σ 表示 sigmoid 函数，max 表示取最大值函数，$\{\phi_1,\phi_2,\cdots,\phi_N\}$ 分别表示实体对 (e,e') 对于 N 条路径的相似度评分。

除了选取相似度最大的评分来计算相似度概率，也可以为每一条路径的相似度评分赋予权重，并进行加权求和，从而考虑到更多路径所包含的信息。具体方法包括 Top-k、平均和 LogSumExp（LSE），具体如下。

Top-k 方法首先对 N 条路径对应的所有评分从高到低进行排序，获得排序后的评分 $\hat{\phi}_1,\hat{\phi}_2,\cdots,\hat{\phi}_N$，选取相似度最高的前 k 个评分求平均值，从而计算相似度概率：

$$\mathbb{P} = \sigma(\frac{1}{k}\sum_{i=1}^{k}\hat{\phi}_i) \tag{9-27}$$

平均方法对 N 条路径对应的所有评分求平均值，再进一步计算相似度概率：

$$\mathbb{P} = \sigma(\frac{1}{N}\sum_{i=1}^{N}\phi_i) \tag{9-28}$$

LogSumExp 方法采用对公式 9-26 中的 max 函数进行平滑近似，如公式 9-29 所示，

$$\mathrm{LSE}(\phi_1,\phi_2,\cdots,\phi_N)=\log(\sum_{i=1}^{N}\exp(\phi_i)) \tag{9-29}$$

再进一步计算相似度概率为

$$\mathbb{P}=\sigma(\mathrm{LSE}(\phi_1,\phi_2,\cdots,\phi_N)) \tag{9-30}$$

3. 基于 GCN 的推理模型

近年来，GCN 以其强大的特征学习能力被广泛地应用于知识图谱中，其代表性的方法为 R-GCN（Relational Graph Convolutional Network）模型[195]，具体如下。

首先，重构公式 9-1 中知识图谱的基本表达方式，将其定义为带标签的有向图为 $\mathrm{KG}=(E,R,T)$，其中 $e_i\in E$ 表示实体，$(e_i,r,e_j)\in T$ 表示带标签的边，$r\in R$ 表示关系。在大规模的关系数据的应用中，R-GCN 模型将其建模为一个信息传递（Message-Passing）框架，具体表示为

$$\mathrm{hid}_i^{(l+1)}=\sigma(\sum_{r\in R}\sum_{j\in N_i^r}\frac{1}{c_{i,r}}\boldsymbol{W}_r^{(l)}\mathbf{hid}_j^{(l)}+\boldsymbol{W}_0^{(l)}\mathbf{hid}_i^{(l)}) \tag{9-31}$$

其中，$\mathrm{hid}_i^{(l+1)}$ 表示第 l+1 个隐藏层对节点 e_i 的输出向量，$\boldsymbol{W}$ 表示学习到的参数矩阵，σ 表示非线性函数，N_i^r 表示节点 e_i 具有 r 关系的邻节点集合，$c_{i,r}$ 为预先设定的标准化常数。由公式 9-31 可见，R-GCN 对所有节点进行并行计算，从而实现神经网络的更新。其中一个节点的更新过程如图 9-4 所示，从邻近节点获得的节点向量被收集起来，分别依据不同的关系类型（即不同关系 r 对应的输入边和输出边）进行学习，获得每个关系类型的统一的特征表示，将这些特征表示相加，并通过非线性函数传递，实现节点的更新。

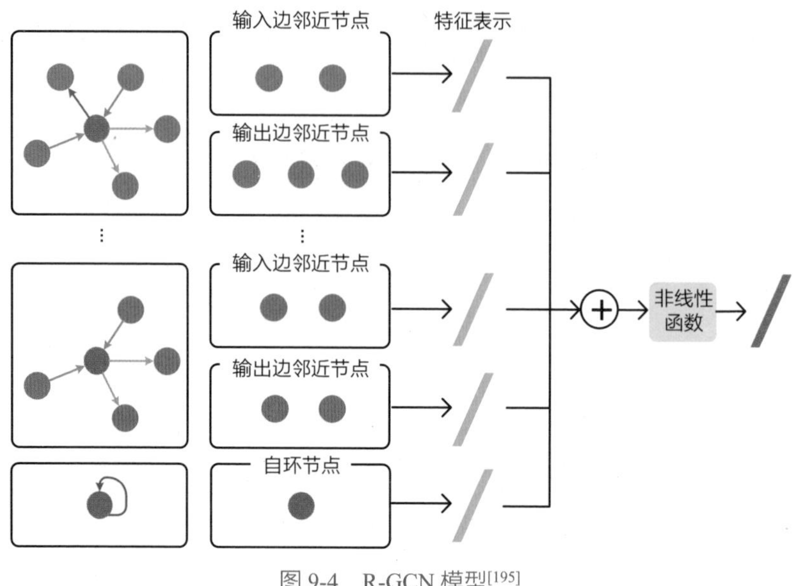

图 9-4 R-GCN 模型[195]

9.2 多模态推理

多模态推理对于构建能够理解自然语言、感知环境并执行现实世界任务的智能体具有重要意义。本节将从以下方面展开介绍。

9.2.1 视觉问答

视觉问答（Visual Question Answering, VQA）任务根据图像或视频的视觉内容以及自然语言问题，来推理出正确的答案。如图 9-5 所示，将图片和问题文本输入视觉问答模型中，模型通过多模态的语义理解来推理出问题的正确答案，并输出正确答案的文本信息。视觉问答任务也被认为是一种“视觉图灵测试”，用以评估当前的深度学习模型在多大程度上实现了最终的通用人工智能，是一个重要的科学研究领域。

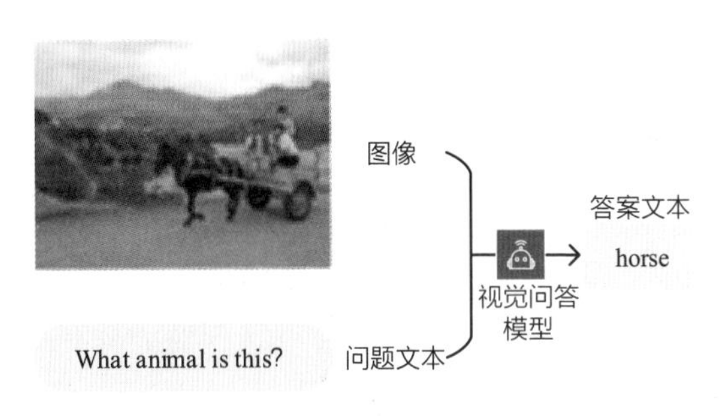

图 9-5　视觉问答任务示意图

最基本的视觉问答模型采用联合嵌入的方法，利用卷积神经网络提取图片的全局特征，利用循环神经网络表征问题文本的语义特征[196]。经过特征融合，获得图文的联合特征信息，最后使用联合特征对答案进行推理。整体流程框架如图 9-6 所示。

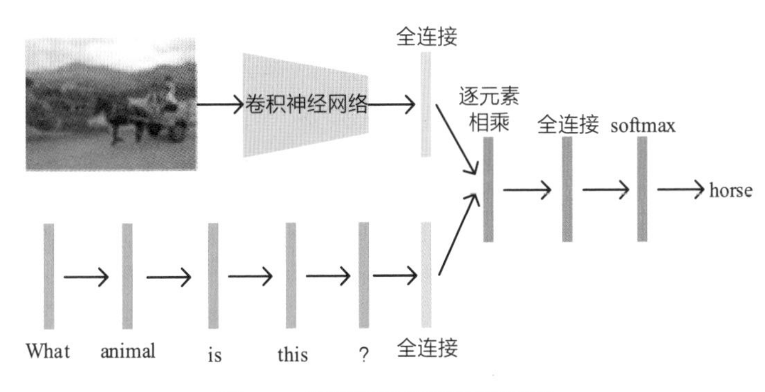

图 9-6　视觉问答模型流程框架

近年来，随着人工智能理论技术，尤其是多模态大模型技术的快速发展，视觉问答任务可依托于预训练的多模态大模型的强大的语义信息学习能力，获得编码的图像特征和问题文本特征，从而推理获得答案。

9.2.2　视觉常识推理

视觉常识推理（Visual Commonsense Reasoning, VCR）通过给定一张图像和一个问题及其选项，要求模型不仅要选择出正确答案，还要其给出理由来验证其选择的合理性，如图 9-7 所示。因此，视觉常识推理包括两个重要阶段：其一为问答阶段（$Q \to A$），即回答问题给出正确选项；其二为解释阶段（$QA \to R$），即对给出该答案的原因进行合理解释。与视觉问答任务相比，视觉常识推理任务因解释阶段而更具有挑战性，也对模型的语义理解能力提出了更高的要求。

问题：How did [person2] get the money that is in front of her?

(a) [person2] is selling things on the street.
(b) [person2] earned this money playing music. √
(c) She may work jobs for the mafia.
(d) She won money playing poker.

理由：(b) is right because ...

(a) She is playing guitar for money.
(b) [person2] is a professional musician in an orchestra.
(c) [person2] and [person1] are both holding instruments, and were probably busking for that money. √
(d) [person1] is putting money in [person2]' s tip jar, while she play music.

图 9-7 视觉常识推理任务示例

在多模态人工智能领域，预训练模型能够以自监督的方式对数据集中不同模态的信息进行提取、融合、对齐等，从而学习通用的特征表示，然后通过微调将它们应用于视觉常识推理任务中。VL-BERT（Visual and Linguistic Bidirectional Encoder Representations from Transformers）模型[197]是一种经典的预训练多模态模型，其通过大规模视觉和文本数据的预训练，能够同时处理自然语言文本和视觉信息。在视觉常识推理任务中，通过微调预训练的 VL-BERT 模型，将图像中的感兴趣区域（Region of Interests, RoIs）以及问题和答案作为输入，利用预训练的语义信息，对视觉元素和自然语言描述进行特征提取和跨模态对齐。最后，通过训练好的分类器对匹配结果进行分类，VL-BERT 模型的微调过程如图 9-8 所示。

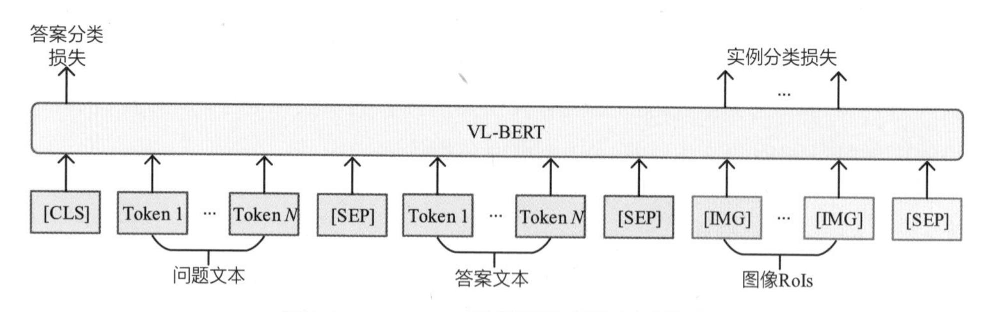

图 9-8 VL-BERT 模型微调过程示意图[197]

在对预训练 VL-BERT 模型的微调过程中，在问答阶段，将问题文本和答案文本分别输入到图 9-9 中问题和答案的对应位置；在解释阶段，将问题文本和答案文本拼接在一起，同时输入到图 9-9 所示问题的对应位置，而将原因文本输入到图 9-9 所示答案的对应位置。在微调过程中，使用两种分类损失，分别对答案的正确性和 RoIs 进行分类，以优化 VL-BERT 模型实现视觉常识推理任务。

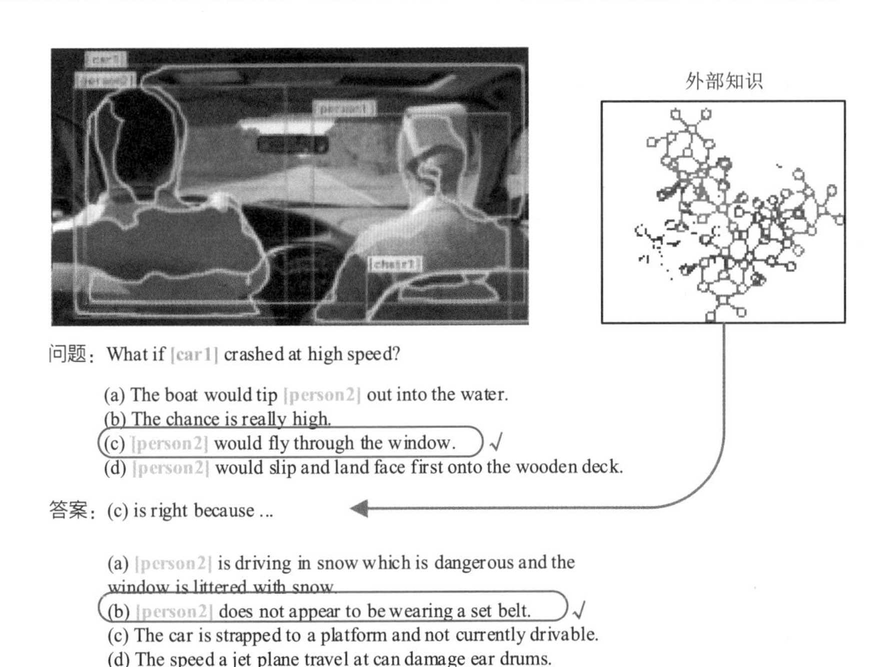

图 9-9　引入外部信息的视觉推理任务示意

在视觉常识推理模型的训练过程中，训练数据集中视觉信息与语言信息的潜在关系仍然是有限的，模型难以从有限的信息中获得强大的认知能力。为了提高视觉常识推理模型的认知能力，KVL-BERT（Knowledge Enhanced Visual and Linguistic Bidirectional Encoder Representations from Transformers）模型[198]提出引入更为丰富的外部信息作为辅助，如图 9-10 所示。具体而言，KVL-BERT 模型在 VL-BERT 模型的基础上设计了一个常识知识整合（Commonsense Knowledge Integration）模块，用于将外部常识知识注入原文本中。

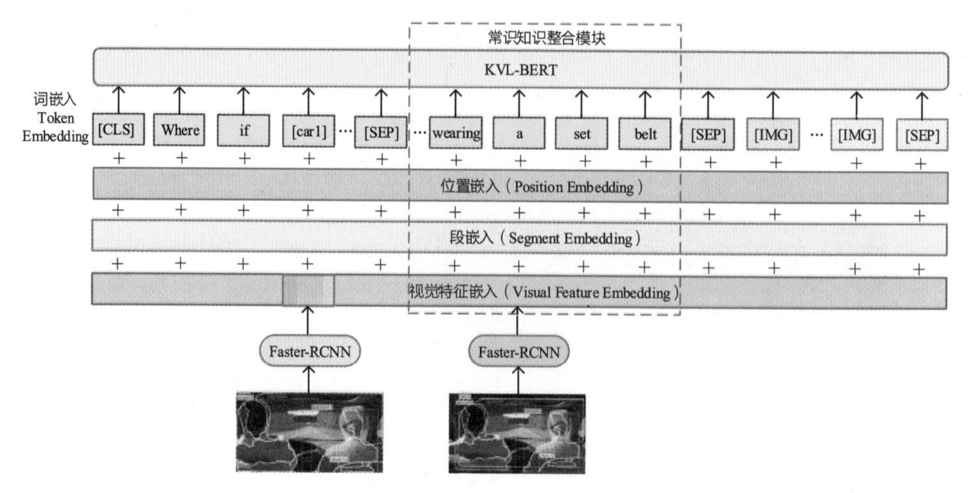

图 9-10　KVL-BERT 模型示意图[198]

9.2.3　视觉语言导航

视觉语言导航（Vision-and-Language Navigation, VLN）能够根据自然语言指令，使智能体（如无人机、自动驾驶汽车、智能机器人等）理解并遵循该语言指令，并接收场景图像信息，按照指定的路线完成导航，到达规定的目的地。为实现这一目的，不仅要求智能体能够理解自然语言指令和视觉图像信息，还要求智能体能够挖掘多模态信息之间的潜在关联，并通过与真实环境的主动交互来完成任务。由于导航指令通常来自用户的自然语言描述，其表达结构多样，再加上真实场景下的导航环境复杂，因此，智能体难以在每一时刻下获得全面的环境信息，往往需要根据已有的环境信息推理出当前定位，并作出合理的决策。针对这些困难，视觉语言导航任务对多模态推理能力有具有极高的要求。

最初的视觉语言导航任务于 2018 年提出，研究学者提出了一个基于真实场景图的大规模强化学习环境，利用真实图像具有更加丰富多样的语义信息的优势，增强智能体迁移到真实场景中应用的能力。基于此，视觉语言导航的研究初期，研究学者利用 LSTM 网络的记忆导航中的历史轨迹信息，使用一种 Seq2Seq 模型来处理视觉语言导航任务[199]，如图 9-11 所示。Seq2Seq 模型将自然语言指令编码 $[x_1, x_2, \cdots, x_l]$ 和图像映射到一个上下文序列中，建立多模态间的信息关联，再利用 LSTM 推理预测每一步的动作 $[a_0, a_1, \cdots, a_T]$。

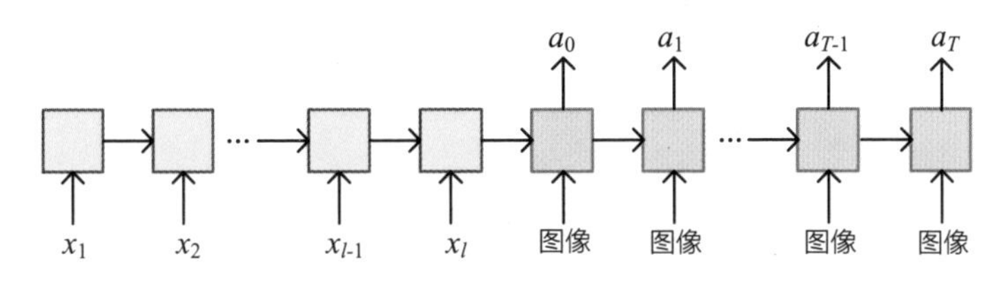

图 9-11　Seq2Seq 模型示意图[199]

9.3　小结

本章主要探讨了多模态推理的相关技术和理论。首先，本章对经典的知识推理方法——知识图谱推理方法进行了详细阐述，其中主要包括基于规则学习的知识图谱推理、基于路径排序的知识图谱推理、基于表示学习的知识图谱推理以及基于神经网络学习的知识图谱推理。丰富的知识图谱推理算法理论的研究为多模态推理研究奠定了坚实的基础。其次，本章探讨了当前热门的多模态推理任务，包括视觉问答、视觉常识推理以及视觉语言导航。多模态推理任务能够从图像、语言等不同类型的数据中推理获得关联，从而学习更符合客观世界的模型，这对多模态人工智能理论的实践应用具有重要作用。

第 10 章

多模态交互

计算机科学技术的发展丰富了人机交互的多样性，从最初的键盘鼠标输入，到如今智能设备的触摸感知、智能手环的心率检测、以及虚拟现实带来的真实感觉，人类与机器交互的形式越来越智能和多样化。多模态人机交互，即是利用语音、图像、文本、眼动、触觉等多模态信息进行人与计算机之间的信息交换。其中包括人到计算机的多模态信息输入与计算机到人的多模态信息呈现，是与认知心理学、人机工程学、多媒体技术和虚拟现实技术等密切相关的综合学科。

本章介绍了几种主要的多模态交互方式，包括可穿戴交互、人机对话交互，声场感知交互和混合现实实物交互，以及这几种交互方式所涉及的前沿技术。

10.1 可穿戴交互

可穿戴交互是多模态交互中形式最丰富的交互方式。通过可穿戴的便携式计算设备，主体可以与机器直接连接，得到不同模态的主体数据，从而有效地帮助人类提升效率，预知危险。根据其适用主体的不同，穿戴身体部位的不同，可穿戴交互方式也有所不同，大体可以分为以下几个类别。

触觉交互：为主体提供虚拟物体的触觉体验，如力度、温度、柔软度、重量、纹理、振感等。

体感交互：利用计算机图形学、计算机视觉以及深度学习等技术识别主体的肢体语言，如手部姿势、头部姿势、身体姿势等等，并转化为计算机可理解的操作指令来操作计算设备。

眼动交互：捕捉主体眼球转动的方向角度来对计算设备发出不同的操作指令。

脑机交互：监测主体脑电波数据的变化，达到人机一体的交互方式。

嗅觉交互：由智能设备发出不同的气味来达到与主体交互的目的。

脉动交互：感知主体的脉搏跳动，收集数据并检测。

不同的交互方式对应着不同的数据形式，技术研究不仅需要考虑数据如何从主体输入计算设备当中，还需要考虑如何将处理后的数据展示给主体。其中，较为成熟的交互方式有脉动交互，体感交互，研究者通过不同的光学传感器以及动作识别技术即可收集脉搏跳动以及主体肢体动作。而触觉交互，眼动交互，脑机交互和嗅觉交互，收集数据较为困难或者得到的数据准确度有所欠缺。针对已有的成熟的传感器和信号源，研究者能够通过设计不同的算法解析优化收集的主体数据，从而推理出主体的意愿交互行为。针对更具挑战性的其他交互技术，研究者们提出了有前瞻性的设计概念并通过原型加以验证，来促进可穿戴交互新形式的研究，对未来交互技术的发展有较大的引领作用。

前沿技术研究的不断突破，催生了智能可穿戴交互设备的商用模式。智能手环，智能手表在人们的生活中已经随处可见，运动步数、心率检测、睡眠时间、久坐提醒成为每个智能手环手表的基础功能。不仅如此，在健康管理、医疗领域、智能家居、智能出行、虚拟现实、智能农业等方向，可穿戴智能交互设备也都发挥着重要作用。未来，可穿戴交互将会使得人类逐步摆脱视觉交互这一单调的交互形式，向多模态智能交互更近一步。

10.1.1 交互方式

触觉交互：触觉作为视觉之外的一种重要的人体与环境感知的交互方式，在各种现实情况中都有着不可或缺的作用。触觉交互技术可以使体验者感知由计算机渲染出来的触觉力度，为其带来身临其境的真实感受，近年来，该交互技术已经广泛应用于娱乐、军事、医疗等等领域。

使用触觉交互的设备大多将触觉感知器集中于手部，将力度反馈到指端、手掌、手背、手腕等位置，其物理呈现方式一般为手套。除此之外，触觉交互也可以借助其他载体，如触控笔，通过屏幕与笔尖的摩擦力来达到触控反馈的目的，使使用者可以清楚感知到不同握笔角度，姿势，以及切换纸张带来的不同触控体验。

体感交互：体感交互形式多样，可以对手势动作进行捕捉，也可以对整体的人体姿态进行扫描分析。体感交互使得用户可以直接通过肢体动作与周围环境或者计算设备进行互动交流，通常需要一系列技术的支持，如利用深度学习技术进行运动跟踪，手势识别，面部表情识别等。

体感交互在医学、电商、娱乐、教育等多个领域都发挥着极大的作用，让用户能够从多维度，多层次去体验或使用电子设备，为生活带来便利。常见的体感交互设备往往与虚拟现实技术相结合，使用者往往需要全副武装，投入虚拟现实的画面中。简单的体感交互设备可仅仅穿戴部分身体位置，来检测身体动作并给予反馈。

眼动交互：基于眼动追踪[205]的交互方式（Gaze-based Interaction），可以提供沉浸、自然、舒适、流畅的用户体验，对用户来说，眼动比脑机交互更便于控制，比体感交互动作幅度更小，是人机交互必不可少的一种交互方式。眼动追踪技术不仅要保证准确性，还要保证实时性。实现眼动追踪的技术包括以下几种：眼电图、巩膜电磁追踪线圈、基于视频瞳孔监控、红外角膜反射。

其中，红外角膜反射技术最常用于近眼显示设备当中，其原理是利用角膜与虹膜对近红外光线反射的差异，通过近红外补光灯与红外摄像头捕捉并计算眼动方向。

图 10-1 为眼动交互[205]方式分类，可分为主动型交互、被动型交互、表达型交互和诊断型交互四种。其中，主动型交互将眼动作为一种输入方式，用户可与界面进行交互，包括选中、确认等操作。被动型交互指计算机根据用户的眼睛注视位置来实时优化画面，调整分辨率。例如显示设备在人眼最敏锐的中央区域呈现最高的分辨率，在其他视敏度较低的位置调低分辨率，可大大降低设备的画面渲染负担。而注视点变焦，可以根据用户视线关注的内容，动态调整光学焦距，提供给用户更加舒适自然的视觉体验。表达型交互即追踪用户的真实眼动行为，并将其眼动行为映射到虚拟形象或者外部设备上，从而提高虚拟数字人的生动效果，常用于虚拟数字人直播场景。诊断型交互常用于医学领域，帮助患者进行行为分析，学习训练。

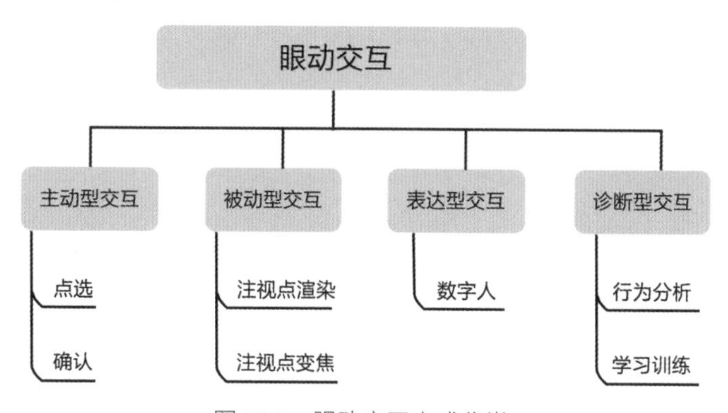

图 10-1　眼动交互方式分类

脑机交互：脑机交互是指大脑与计算机系统间建立的单向或双向通道，根据信息是否输出到大脑可分为两种，一是仅存在大脑的脑波输出，在这种情况下，计算机系统可以捕获到脑波信息的输出；二是系统释放信号到大脑中，该情况常见于医学研究，例如对大脑功能的干预、修复和调制。由于大脑复杂的神经反馈机制，导致利用脑电波来交互的技术尚不成熟，其应用范围也较受限制，目前的脑机交互技术，常应用于残障人士控制计算机的场景，以及心理学对脑电波数据的监控。除此之外，脑机交互技术在教育交通等领域也有所应用。学生在课堂上戴上脑机交互头环，老师可以通过脑电波检测系统实时监控学生注意力情况；在交通方面，通过让司机佩戴特制的安全帽，可以实时采集处理并检测司机的脑电波信息，从而达到识别四级疲劳状态，预警风险的目的。

嗅觉交互：嗅觉作为五种感官之一，在人类的生产生活当中发挥着重要的作用。嗅觉可以帮助人类挑选喜欢的食物，提前预警危险，因此，嗅觉交互在多模态交互当中也占有重要的一席之地。与其他交互方式不同，嗅觉交互很少存在主体到计算机设备的输入，更常用于外部气味传感器发出气味，人体接受气味的场景。研究人员设计的可穿戴嗅觉交互器件，可以直接贴附在用户嘴唇上方皮肤表面，从而建立嗅觉交互桥梁。该嗅觉交互方式适用于从沉浸式虚拟现实场景，到向残疾用户传递信息场景以及情绪控制，医疗等不同的场景和领域。

脉动交互：脉搏跳动是人类生存的必要迹象，可以反映其心理的情绪状态，身体的健康状态。与嗅觉交互相反，脉动交互完全由人类发出信息，再由计算机设备接收信息来完成整个交互过程。脉动交互技术成熟，可穿戴式的智能手环智能手表已广泛商用。这些设备通过分析脉动信息，实时检测，预警身体的危险指标。

10.1.2 相关技术

可穿戴交互领域的发展，离不开最前沿的科学技术研究，每一项技术研究的突破都会给穿戴设备和交互方式带来巨大的变革，以下几项前沿技术都与可穿戴交互有着密不可分的联系，推动可穿戴交互领域的长远发展。

虚拟现实交互技术：虚拟现实（Virtual Reality, VR）技术是一项结合了不同学科，多个领域分支的综合性信息技术。该技术能够渲染出与真实环境类似的模拟环境，使人类在各种感知方面获得与在真实环境中相近的体验。这种技术改变了人与计算机之间简单的通过鼠标键盘交互的方式，使用户能够借助协同装备与模拟环境交互，获得身临其境的体验感。VR 技术的发展不仅带来了更多的交互形式，还极大促进了相关领域技术的发展，为计算机图形学、计算机仿真技术、传感器技术等领域带来了更多值得关注的研究热点。

虚拟现实技术研究进展报告[201]指出，虚拟现实的技术研究大致可分为以下三类：硬件、内容和交互。

在硬件研究方向上，VR 硬件包括显示设备、力触觉交互设备、专用芯片等等。其中，显示设备以头盔显示器，立体眼镜最为普遍。例如，谷歌于 2014 年 6

月推出的纸壳式眼镜 Cardboard，三星和 Oculus VR 于 2014 年 9 月设计的 Gear VR，苹果于 2023 年 6 月发布的 Apple Vision Pro，均为虚拟现实硬件显示设备。随着硬件设备的发展，其使用方式也从将手机放置于眼镜当中，逐步进化为一体式头盔机。最新的一体式头盔机往往集成了显示、计算、存储和交互等诸多模块，性能高且沉浸感强。力触觉交互设备能够使参与者在虚拟环境中实现触觉和力感等视听之外的感觉。在国外，NOKIA 实验室与剑桥大学等高校合作，利用静电力反馈研制出了 E-Sense、Tesla Touch、ET 等诸多表面触觉反馈系统，能在触摸显示屏幕表面实现触觉纹理的再现。此外，VR 专用芯片的研究也是国内外芯片研究的重点方向。高通发布的首款 64 位四核 CPU Snapdragon 820，其内部集成了新一代 GPU Adreno 530，能够实时呈现立体摄像机拍摄的高清视频，可以进一步提升头盔显示器等 VR 设备的沉浸感体验。

在内容研究方向上，虚拟现实需要处理的数字化内容类型众多，根据不同的处理阶段可以划分为获取、理解、建模和呈现四个方面。在获取阶段，VR 内容的几何属性获取主要通过光学 ToF（Time-of-flight）方法，其原理是依靠主动光照射在采集对象上，按照返回光线的先后顺序来测量对象的深度信息。在理解阶段，随着深度学习的快速发展，基于深度学习的三维模型语义分割技术，实例分割技术能达到很高的精度。基于这些技术的发展，文本、图像、视频、音频等素材的分析与理解取得了巨大的进步。在建模阶段，利用计算机图形学相关的知识，数据驱动的三维形状构建技术已经愈发成熟，不仅能完成实时构建的任务，还能构建动态的角色肢体动作。在呈现阶段，主要依赖于 GPU 的计算能力，在普适的硬件平台展示超大规模复杂场景仍然是当前研究的难点。英国牛津大学采用同步定位与地图构建技术，结合并行运算，实现了小范围未知场景下的实时跟踪定位；剑桥大学利用惯性传感器与视觉测量相融合的技术实现了户外场景的实时无标识跟踪定位。这些技术的突破都为虚拟现实的呈现带来了更为通用的解决方案。

在交互研究方向上，区别于传统的仅依靠鼠标键盘进行人机交互的方式，虚拟现实交互采用了视觉语音、姿势、表情等多维度不同模态的交互方式，大幅提升了使用者的体验。

智能语音交互技术：智能语音交互技术包括语音识别、语音合成和语义理解。

该技术发展比较成熟，语音识别技术能够有效将用户输入的语音转化为相应的文本或指令，语音合成技术能够将文本转化成机器合成的语音，语义理解技术能够识别输出的文本，并分析其中的语义信息从而理解用户的真实意图。

体感交互技术：体感交互技术利用带有传感器的深度相机对用户的身体部位进行跟踪，并将跟踪得到的信息转为计算机识别的信号输入设备中加以处理。利用体感交互技术，人们可以很直接地使用肢体动作与周边装置和环境进行互动。在当前深度学习大力发展的背景下，人体姿态捕捉技术已经能够非常精准地捕捉到用户的每一个动作，并将其数字化，传输到系统中方便分析用户意图。

眼动追踪交互技术：《眼动追踪交互：30 年回顾与展望》[205]一文指出，眼动追踪交互技术主要测量用户注视点或视线方向，可以作为一种替代鼠标和键盘的新型交互方式。主要有三种追踪方式：一是根据眼球和眼球周边的特征变化进行跟踪，二是根据虹膜角度变化进行追踪，三是主动投射红外线等光束到虹膜来提取特征。其主要技术原理是，当人的眼睛看向不同方向时，眼部会有细微的变化，这些变化会产生可以提取的特征，计算机可以通过图像捕捉或扫描来提取这些特征，从而实时追踪眼睛的变化，预测用户的状态和需求，达到用眼睛控制设备的目的。

10.1.3　智能穿戴设备

智能穿戴设备[200]正逐步成为普适计算的载体和方式之一，朝着微型化、集成化方向发展。它们依赖无所不在的实时网络和传感器获取数据、通过大量数据的实时采集和计算分析、通过增强的视觉和触觉感官及认知体验，实现设备与用户、设备与环境、以及用户与环境之间的自然交互。面对智能穿戴技术的迅猛发展和用户需求的增加，必须提升已有的智能穿戴人机交互技术，拓展新的交互通道和交互方式，拓宽人机数据沟通渠道，增强设备采集和处理生物信号能力，探索高效自然的关键交互原则和交互技术。

10.2　人机对话交互

人机对话交互是多模态交互的一种重要方式，其中涉及的模态信息主要包括语音信息。通过对话的形式来控制计算机设备，使之能够充分理解人类表达的意图并与人类进行无缝交流，是人机对话交互的最终目的。人机对话交互包括的前沿技术有：语音识别、情感识别、语音合成、对话系统。其中，语音识别负责将人类语音转化为系统可识别的数据信息，情感识别是负责接收说话者的语音信息并分析其情感，语音合成负责将计算机输出的信息以语音的形式反馈给发声主体，对话系统则致力于打造不同种类的智能对话系统，完成不同的功能需求。

10.2.1　语音识别

语音识别是指将用户输入的语音转化为相应的文本或者指令。语音识别技术是语音分析的首要任务，是语音与文本两模态之间的桥梁。目前的语音识别技术大致可以分为两个方向：低延迟语音识别与低资源语音识别。

低延迟语音识别：针对低延迟语音识别，国内研究方向大致分化为三种：首先是字节跳动、腾讯和中国科学院自动化研究所对 Transducer[202]模型进行的实用化改进，提升其识别速度和准确率；其次是百度公司使用 CTC（Connectionist Temporal Classification）[203]模型对连续编码状态进行切分，然后使用自注意力模型进行解码提出的 SMLTA（Streaming Multi-Layer Trauncated Attention model）和 SMLTA-2[204]两种模型；最后是中国科学院自动化研究所、出门问问公司和阿里巴巴公司实现的将流式模型和非流式模型统一的框架。

低资源语音识别：低资源语音识别比低延迟语音识别的难度更高，其主要难点在于数据量的锐减使得模型无法从有限的数据资源中挖掘到有效的特征，不能得到充分的训练，其性能自然就受影响。针对该问题，研究者陆续提出了强化模型特征提取模块的方法，如通过提取辅助语料 Tandem 特征进行低资源跨语言的声学建模方法，使用多层感知机对具有相同音素集的多语言提取特征的方法等。

10.2.2 情感识别

语音情感识别[206]作为语音识别领域中的一个重要方向，在各种应用场景下都有着广泛的应用。例如，在商务谈判过程中，电子设备可以实时提取谈判语音，上传到云服务器端进行情感计算并实时反馈给用户，这种实时获取情感信息的方式，有助于辅助使用者做出正确决策；在线上教育的场景下，教师可以对学生的发言语音进行实时分析，服务器端能够及时反馈该学生的学习状态，以此达到个性化培养的目的。

目前，在安静环境下的识别任务上，语音情感识别基本已经实现了可商用的技术水平，但在嘈杂环境下，语音情感识别技术难以处理环境带来的大量噪声，需要语音去噪及识别技术的帮助才能在该任务下表现良好；此外，现有情感语音数据库总体语料不足，有标注的离散情感和维度情感的数据量较少，标注标准和方法较少，典型特征没有重大突破。因此，语音情感识别理论需要进一步完善。尚待解决的问题包括：数据库不足且缺少广泛认可的数据库、标注方法和专业辅助工具较少、典型特征较少。

10.2.3 语音合成

语音合成[207]作为语音技术的另一重要分支，负责将文本信息转换为人类可接受的语音信号。与语音识别技术相比，合成语音技术难度更高，主要体现在对语音库的要求更加苛刻。合成语音技术的发展需要对语料库进行系统、一致性的标注。这些标注往往需要从业人员拥有语言和语音的基础知识，才能对语料库进行大量的标注工作。这些限制导致语音合成技术的发展滞后于语音识别技术。

语音合成的发展经历了机械式语音合成、电子式语音合成和基于计算机的语音合成发展阶段。基于计算机的合成方法由于侧重点不同，分类也有所差异。目前主流的分类方法是将语音合成方法按照设计的主要思想分为规则驱动方法和数据驱动方法。规则驱动方法的主要思想是根据人类发音的物理过程，制定一系列规则来模拟这一过程，数据驱动方法则是利用统计方法通过语音库中的数据来建模实现合成方法。因此，数据驱动的方法更多依赖语音语料库的指令、规模和最小单元等。各种语音合成技术的具体分类如图 10-2 所示。

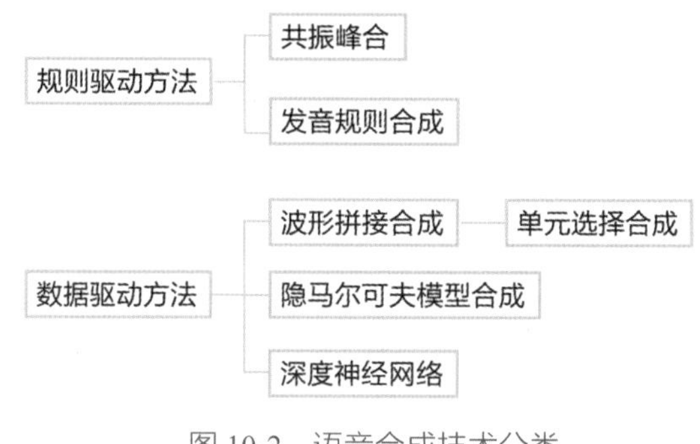

图 10-2 语音合成技术分类

10.2.4 对话系统

对话系统是一种利用计算机对语义的理解能力来模拟人类与人类连贯通顺对话的计算机系统。在实际的人类生产生活当中，有众多的实用场景，如智能助手、店铺客服、聊天机器人等。根据对话系统功能的不同，一般将对话系统分为以下三个类别：任务型对话系统、问答型对话系统、开放域对话系统。

任务型对话系统有十分明确的任务目标，能够精确地定义用户的意图和动作，其应用实例有智能订票助手，智能导航助手；问答型对话系统需要准确地回答用户的问题，满足用户的需求，其应用实例有银行、电信运营商、电商店铺的客服系统；开放域对话系统功能最为复杂，因为它们不限定领域和话题，应用实例包括聊天机器人。

随着语言预训练大模型的发展，BERT[9]、ChatGPT[43]和 GPT-4[44]等模型的提出，前沿的对话系统变得越来越智能，结合大模型学习到的丰富知识和指令微调技术的筛选，以大模型为基础主导的对话系统流利度堪比常人。不仅如此，大模型对话系统还可以提供丰富的接口，使开发者在此基础上开展二次训练，创作适合自己应用场景的对话系统，更好地完成特定任务。

10.3 声场感知交互

声场感知交互[200]是指可以通过发声体发出的音波来进行识别或定位的交互技术。基于声场感知的交互根据其工作原理可分为以下三种：测试并识别特定空间和通路的声音频响特性或动作导致的声音频响特性变化；使用麦克风阵列的声波测距实现声源的定位，并通过发声体发出特定载波音频提升定位精度与鲁棒性；用机器学习算法识别特定场景、环境或人体发出的声音。技术方案包括单一基于声场感知的方法和与传感器融合的方案。

10.3.1 动作识别

基于声场感知[200]可实现不同手势与动作的识别，例如，在实际应用场景下，使用耳机上的麦克风来识别使用者摘戴耳机是最直观的手势识别，设备可以通过识别后的结果来进行降噪或者通透模式的转换。

对于双手手势的识别，很多研究会增加扬声器来构建设备周围的声场，通过分析麦克风接受到的信号变化来识别相应的手势。对于笔记本电脑、屏幕等固定设备，研究人员使用声场识别手在空中的挥动、停留等手势。它在手表和腕带等可穿戴设备上的应用更加广泛，研究者通过手表上特殊排布的麦克风阵列识别手腕的转动、拍手臂、不同位置打响指等手势。除此之外，将声音信号与陀螺仪的运动信号相结合也可以实现更加精细的动作识别。该动作识别技术不仅可以识别手势动作本身，还可以识别用户在与其他物品交互时的行为和手势，例如使用腕带上贴近卓米娜的麦克风识别出用户在桌面上点击的二维位置用于交互输入，利用笔上的麦克风能准确地还原用户书写的笔迹。

10.3.2 声源定位

声源定位[200]通常依赖于精确的距离测量。通过不同的声学测距方法，可以得到声源与麦克风的距离；再通过三角定位法，即可得到声源的位置。声学测距的常用方法包括基于多普勒效应、基于超声波测距和基于相位的测距方法，此外在雷达系统中广泛应用的调频连续波近些年也应用于声学测距。

10.3.3 副语音信息交互增强

副语音信息[200]主要是指在语音交互中言语间的非语言信息，例如说话者在不同单词处的停顿，音调的有意提高或降低，均属于副语音信息。研究者们通过副语音信息的特征提取，可以加强语音互动。有国外研究者提出，可以利用语音过程中的用户在元音处的短暂停顿来自动显示候选短语辅助用户记忆，并提出了利用用户有意控制的音高移位切换语音输入模式，以及利用语音中的停顿和音高区分连续对话中的人人对话和人机对话。此外，还有研究者利用自然语音交互中的口语现象和停顿进行噪声鲁棒的端点检测和免唤醒。

副语音信息作为语音模态信息特有的产物，是直白的文本模态的自然语言所没有的特有信息，副语音信息与不同说话者的习惯，不同的语言有着密切联系，充分利用副语音信息，能够增强语音交互，使得机器合成的语音更加逼真，所理解的人类语音输入更加准确。

10.3.4　音频感知与识别

由于普适音频设备能够实时采集音频数据，使得这类设备在声音实时分类事件上具有优势。因此，音频感知与识别[200] 的应用主要集中在普适设备上。

当前的研究者主要利用智能手机，可穿戴智能音频设备等来识别音频感知。例如，利用智能手机麦克风，识别实时环境声音或者人类当前活动，利用腕部可穿戴音频设备捕获环境声音识别用户饮食活动，帮助用户检测饮食规律。由于音频感知识别技术在普适设备的广泛应用，相关商业产品也快速发展，当前智能手机、智能手表等设备均或多或少利用了这项技术，其中最具有代表性的是 Apple Watch 上的环境音感知功能。

10.4　混合现实实物交互

混合现实实物交互[200]是通过真实物体与虚拟对象进行交互的方法。在实物交互系统中，用户通过在真实环境中存在的实物对象与虚拟环境进行交互。由于用户非常熟悉实物本身的各种特性（如形状、重量），因此可以使交互过程更为精准和高效。近年来，将实物交互界面技术融入虚拟现实和增强现实已成为该领域的一个主流方向，并逐渐形成了“实物混合现实”的概念。

混合现实实物交互可以分为以下三种方式：静态被动力触觉、相遇型被动力触觉、主动力触觉。由于主动力触觉装置昂贵，研究较少，下面主要介绍静态被动力触觉和相遇型被动力触觉。

10.4.1 静态被动力触觉

静态被动力触觉[200]有两种代表性研究：利用道具来进行触觉反馈和可变换的被动力触觉。通过 1:1 制作的物理实物道具和逼真的动觉和触觉反馈，提高用户触摸感受以及操作能力，并且可以通过对实物的触摸来操作虚拟对象。静态被动力触觉是在混合现实环境中实现触觉交互的一种早期探索，但这些刚性道具在形状上往往和虚拟道具不匹配或者道具数量有限，不能满足交互的需求。

因此，可变换的被动力触觉应运而生，这种方式可以动态地改变交互对象的纹理特征和材质信息，在虚拟环境中渲染不同的对象时仍然能够保持触觉和视觉的一致性。从长远的发展来看，可变换的被动力触觉更具有发展前景。

10.4.2 相遇型被动力触觉

相遇型被动力触觉方式[200]从交互道具角度可以分为可穿戴式、手持式和机器人式三大类。基于被动力触觉的混合现实交互方式可以让用户在混合现实场景中更加真实地操作物体并提供力反馈。下面介绍这三种触觉反馈设备的详细情况。

可穿戴式触觉反馈设备

可穿戴式触觉反馈设备通过触觉手套、触觉服饰等方式，直接将机械系统产生的力反馈或者电反馈施加在用户的手部或者身上，直观地进行被动力反馈触觉。2016 年美国斯坦福大学提出的 Wolverine 是一个典型的例子。Wolverine 通过低成本和轻量级的设备，可以直接在拇指和三根手指之间产生力，以模拟垫式握持式物体，比如抓握茶杯和球。在低功耗的情况下能反馈超过 100N 的反馈力。这些可穿戴设备的缺点是，用户在混合现实环境中必须时刻穿戴反馈装置，会有一定不适感，并且难以实现裸手交互。

手持式触觉设备

手持式触觉设备是使用者用单手或者双手抓握指定的物体，设备对用户实现力反馈。2019 年日本东京大学提出的 Transcalibur 是一个可以手持的二维移动 VR

控制器，可以在二维平面空间改变其质量特性、并应用数据驱动的方法获取其质量特性的硬件原型，它还能应用数据驱动方法获取质量特征与感知形状之间的映射关系，一定程序上可以降低用户的眩晕感。但手持式触觉设备往往需要额外的定位装置，否则用户一旦在虚拟环境中放下手持式装置，就难以再次抓起。

机器人式触觉反馈设备

机器人式触觉反馈设备以可移动或者可变形的机器人作为触觉代理装置，实现可移动和可变换的触觉方式。例如，借助工作人员将一系列通用模块搬运和组装为用户即将触碰到的被动实物，用户不仅能够看到、听到还能触摸到整个虚拟环境。但人工搬运在实际情况中耗费人力物力，因此有研究者在此基础上提出通过实时控制混合现实交互空间中的小车来移动环境中的实物，提供多种交互方式。更有甚者，使用可飞行的无人机作为触觉代理，提供动态的被动力触觉。

10.5　小结

多模态人机交互，涵盖了各个学科的应用场景，属于新兴的交叉应用学科，在计算机图形学、计算机视觉和认知心理学等领域都有实践的空间。只有这些领域的技术不断突破，才能带来更加丰富多样的多模态交互方式，提升使用者对不同交互方式的体验。本章梳理了可穿戴交互、人机对话交互、声场感知交互和混合现实实物交互这四种多模态交互方式，并对其内容和前沿技术研究进行了介绍。

第 11 章

多模态模型安全与可信

在本章中，我们将深入研究多模态人工智能模型的安全性与可信度。首先，本章将关注模型的可解释性，包括基于迁移学习、反向传播和显著性图、特征反演、敏感性分析、注意力机制以及沙普利叠加解释等解释方法，从模型的可解释性原理出发增强模型设计的安全性，进而提高其在实际应用中的可靠性。之后，本章还将深入探讨多模态人工智能模型在伦理方面的规范，讨论标准认定、科技伦理治理以及行业自律等方面的内容，以确保多模态人工智能在发展过程中能够符合伦理标准，服务社会，不损害人类利益。

11.1 模型的可解释性

随着机器学习模型在人们日常生活的许多场景中扮演越来越重要的角色，模型的可解释性成为用户决定是否能信任这些模型的关键因素。本节将从以下几个方面展开介绍模型的可解释性。

11.1.1 迁移学习

当模型的结构变得复杂时，从整体角度理解模型将变得非常困难，因此需要简化模型。为了降低模型的复杂度，我们可以将其简化为更易理解的形式。随着迁移学习技术的发展，我们不仅可以迁移模型结构，还可以迁移模型的可解释性。利用具有可解释性的模型（如线性模型和决策树模型），可以将难以理解的复杂深度学习模型迁移到这些可解释的模型中，从而解释这些难以理解的模型。此外，我们还可以采用代理模型和模型蒸馏等方法来降低模型的复杂度。

局部代理模型是一种适用于所有模型的事后分析方法[228]，其基本思想是用一些可解释的模型去局部拟合不可解释的黑盒模型，使得模型结果具有一定的可解释性。Ribeiro 等人[208]提出的局部可解释技术是一种代理模型方法。该方法首先通过向输入样本中添加扰动，获取模型的响应反馈数据，然后利用这些数据构建局部线性模型，并将该模型作为复杂输入值深度模型的简化代理。Ribeiro 表示这种方法可以识别对各种类型模型和问题域的决策影响最大的输入区域。然而，局部可解释技术无法准确解释包含序列数据依赖关系（如循环神经网络）的神经网络，因此 Guo 等人[209]提出了一个适用于网络安全领域的非线性近似局部解释方法。该方法假设待解释模型的局部边界是非线性的，通过训练混合回归模型来近似循环神经网络针对每个输入实例的局部决策边界，然后引入融合拉索正则化以处理循环神经网络模型中特征间的依赖问题，从而有效弥补局部可解释方法的不足，提高解释的保真度。Setzu 等人[210]提出的方法可以作为规则提取的替代方法，它将逻辑规则应用于黑盒模型。其分层次地聚合从局部决策规则中提取的局部解释，以此来创建全局解释。实验结果表明，该方法在性能方面优于原始模型。

模型蒸馏是一种利用相对简单的学生模型来模拟复杂教师模型的方法，从而实现从教师模型到学生模型的知识迁移过程。Hinton 等人[211]通过训练单一较小的网络来模拟原始复杂网络或集成网络模型的预测概率，以提炼复杂网络的知识，并证明单个网络可以达到与复杂网络几乎相同的性能。Zhao 等人[212]提出的跨模态知识泛化方法，用于在教师模型不可用的目标数据集中训练学生模型。通过将知识建模作为学生参数的先验，使用教师表示作为监督信号来训练学生学习目标任务，将从源数据集中学到并提炼的跨模态知识推广到不同领域的目标数据集。实验结果显示，在标准基准数据集上进行 3D 手部姿态估计识别时，该方法具有很强的竞争力。模型蒸馏只是学生模型对原始模型的一种近似模拟，它将部分有效知识迁移到学生模型中，因此不能完全解释原始模型的决策行为。

11.1.2 反向传播和显著性图

反向传播解释方法的核心理念是利用深度神经网络的反向传播机制将模型中影响决策的重要信号从输出层传播到输入层，从而推导输入样本中不同特征的重要性[228]。这些重要性值可以通过超像素（如热图）的形式来表示。

（1）基于梯度的显著性图：Springenberg 等人[213]提出的梯度指导方法通过在反向传播过程中保留梯度和激活值均为正的部分来解决梯度无法反映有效信息的问题。Sundararajan 等人[214]提出的整合梯度方法有效解决了深度神经网络中神经元饱和导致无法利用梯度信息反映特征重要性的问题。然而，这些方法得到的显著性图仍存在视觉可见的噪声。为解决这一问题，Smilkon 等人[215]提出了平滑梯度方法，通过向待解释样本中添加噪声并对类似样本进行采样，然后利用反向传播方法求解每个采样样本的决策显著性图，最后将所有求解得到的显著性图进行平均，作为对模型针对该样本的决策结果的解释。

类激活图方法[216]具有高度的类区分性，但无法应用于预先训练的网络和特定类型的神经网络架构，且在全连接层会丢失空间信息。为解决这些问题，Selvaraju 等人[217]设计了梯度类激活图方法，该方法具有高分辨率，同时适用于任意神经网络架构，并能生成粗粒度的可视化。然而，梯度类激活图仅生成粗粒度可视化，无法解释图像中同一对象的多个实例。此外，梯度类激活图生成热图的定位相对于覆盖图像中的类区域而言不是很准确。为弥补这些缺点，ChatoGpadhay 等人[218]提出了梯度类激活图的改进方法，该方法考虑了梯度的加权平均值，能在一个类的所有位置生成热图，并在图像中以分散或附着的方式定位特定类。

（2）基于激活值的显著性图：LRP[219]和 DeepLIFT[220]方法基于激活值的逆向传播来提高显著性图的视觉质量。LRP 递归计算层中每个神经元的相关性分数，让它等于神经元本身的输出（即神经元的激活值），以了解图像中单个像素在图像分类任务中做出的贡献。DeepLIFT 方法强调在目标输入之外引入一个参考输入进行解释的重要性，并将每个神经元的激活与其参考激活进行比较，根据实际输出和参考输出之间的差异为每个输入分配一个重要性评分，解决了分段关联函数饱和时梯度总为零的问题。其中，在输出层，每个单元的相关性是指在初始网络输入处激活的单元与在参考输入处激活的单元的相对影响。

针对这两种方法，我们可以进一步分析它们的优缺点以及可能的改进方向。例如，针对基于梯度的显著性图方法，可以研究如何更好地处理梯度中的噪声，以提高解释的准确性。对于基于激活值的显著性图方法，可以探索如何更好地关联解释结果与实际网络行为，以便为模型提供更精确的指导。此外，还可以尝试结合这两种方法，以实现更全面、更有效的解释。总之，在深度学习领域，解释方法的研究仍具有较高的理论价值和实际意义，值得进一步深入探讨。

11.1.3　特征反演

基于反向传播的解释方法在分析深度神经网络时，主要关注模型的输入层和输出层，忽略了含有大量信息的隐藏层。实际上，隐藏层包含了丰富的特征信息，对模型的决策过程具有重要影响。因此，如何充分利用隐藏层信息进行解释变得尤为重要。

特征反演作为一种可视化和理解深度神经网络中间特征表征的技术，能够有效挖掘模型的隐藏层信息，为模型整体行为及决策结果提供更为全面的解释[228]。Du 等人[221]在 2018 年提出一个具有代表性的特征反演解释框架，通过在执行导向特征反演过程中加入类别依赖约束，不仅可以准确地定位待输入实例中用于模型决策的重要特征，还可以深入理解深度神经网络模型决策过程。

除了特征反演方法，还有其他一些技术可以挖掘深度神经网络中间层信息，以提供更为详细的解释。例如，神经网络解释方法，如梯度归因和集成梯度，能够通过计算梯度信息来分析模型的决策过程，帮助人们更好地理解模型行为。

总之，在深度学习领域，如何更好地挖掘和解释模型中间层信息以提高模型的可解释性是一个值得关注的问题。未来研究可以进一步探讨如何将这些解释方法相结合，以实现更全面、更有效的解释。

11.1.4　敏感性分析

敏感性分析方法是一种通过逐一改变自变量的值来解释因变量受自变量变化影响大小的技术。根据是否需要利用模型的梯度信息，敏感性分析方法可分为模型相关方法和模型无关方法[228]。

模型相关方法利用模型的局部梯度信息评估特征与决策结果的相关性。常见的相关性定义为

$$R_{\mathrm{i}}(x)=(\frac{\partial f}{\partial x_i})^2 \tag{11-1}$$

其中，$f(x)$为模型的决策函数，x_i为待解释样本x的第i维特征。相关性分数$R_i(x)$可通过梯度反向传播来求解，最后以热力图的形式可视化相关性分数，可以直观地理解输入的每一维特征对决策结果的影响程度。

模型无关方法无须利用局部梯度信息，只关注待解释样本特征值变化对模型最终决策结果的影响。局部可解释技术[208]是一种与模型无关的局部近似方法，首先在关注的样本点附近进行轻微扰动，然后探测模型输出发生的变化，根据这种变化在兴趣点附近拟合出一个可解释的简单模型（如线性模型）。

然而，局部可解释技术的主要限制之一是它提供的解释很大程度上取决于分配给扰动样本的权重。为此，迭代的局部可解释技术 [222]通过分析扰动实例的影响以及与待解释实例的距离来加权扰动实例，从而解决了这个问题。

敏感性分析方法只能捕获到单个特征或局部变化对最终结果的影响程度，不一定关注实际的结果相关特征，因此敏感性分析方法提供的解释结果通常相对粗糙且难以理解。此外，敏感性分析方法无法解释特征之间的相关关系对最终结果的影响。为了克服这些限制，未来研究可以探索与其他解释方法的结合，以实现更全面、更有效的解释。此外，还可以研究新的解释方法或改进现有的解释方法，提高其解释能力和可理解性。

11.1.5 注意力机制

深度学习神经网络模型由于结构复杂且可解释性较差，引入外部解释模块对其进行解释变得尤为重要。一种有效的方法便是引入注意力机制，这一机制源自对人类认知神经学的研究[228]。注意力机制表明，人类并非一次性处理事件的全部信息，而是选择性地专注于部分有用信息，同时忽略其他可感知信息。这种机制可以作为资源分配方案，解决信息过载问题。此外，注意力机制具有较好的可解

释性，注意力权重热图直接反映了模型在决策过程中的关注区域。近年来，基于注意力机制的可解释性方法在自然语言处理和计算机视觉等领域已成为一大研究热点。

在自然语言处理领域，Lin 等人[223]引入注意力机制并提出了一种获取可解释的句子嵌入模型。为了将可变长度的句子编码为固定大小的嵌入，他们使用二维嵌入矩阵而非向量代表句子嵌入，通过修剪权重连接来表示句子的不同部分。由于引入了注意力机制，嵌入矩阵的每行都有其对应的标记权重向量，因此可以直接可视化句子中每个元素的贡献程度。此外，受 Transformer 模型[224]的启发，研究人员提出了双向编码器。Transformer 是一种基于自注意力机制的序列模型，通过多个注意力矩阵来表示不同位置的注意力强度。双向编码器是一个双向语言模型，它随机屏蔽部分输入标记，然后预测被屏蔽的标记，并使用线性二分类器来辨别两个句子是否连接。注意力头是双向编码器的基本组成模块，通过可视化注意力头的权重分布可以清楚地知道模型权重更偏向哪种词性。实验证明，双向编码器在屏蔽语言模型和下一句预测任务中的精度得到了显著提高。

在计算机视觉领域，Hu 等人[225]提出的挤压和激励网络开创了通道注意力的先河。挤压模块通过全局平均池化层压缩通道特征图中的全局空间信息。激励模块通过全连接层以及非线性层，利用全局信息学习特征通道之间的相关性，筛选出针对特征通道的注意力权重，选择性地增强有益的特征通道并抑制无用的特征通道，从而实现特征通道的自适应校准。此外，尽管 Transformer 架构已是自然语言处理领域的首选模型，但在视觉领域的应用仍然有限。Dosovitskiy 等人将 Transformer 成功应用于图像处理任务。他们首先将图片划分为若干块，每个块相当于一个单词，从而可以使用与词向量相同的编码模型。然后对块添加位置编码，使得注意力权重更容易观察到图像中的物体，帮助模型正确评估注意力权重。再使用全连接网络对块进行线性变换得到线性变换序列并输入 Transformer，获得了与卷积神经网络相媲美甚至更出色的结果，成功解决了计算机视觉领域过度依赖卷积神经网络的问题。

11.1.6　沙普利叠加解释

沙普利叠加解释[226]是一种独特的解释方法，其灵感来源于博弈论[228]。它通过采用加性特征归因方法来评估每个特征在模型中的重要性，并据此确定特征对模型影响的程度。与传统的解释模型相比，沙普利叠加解释的独特之处在于它能够识别出每个输入特征的重要性值是正数还是负数，并为特征的每个观测值计算出相应的沙普利值。因此，沙普利叠加解释既适用于局部解释，也适用于全局解释。沙普利叠加解释的另一个显著优点是，它能够对任意形状和任意类型的数据进行解释，这使得其在实际应用中具有极高的灵活性。在众多沙普利解释方法中，核沙普利叠加解释[226]和树型沙普利叠加解释[227]是最常见的。核沙普利叠加解释受到局部可解释技术的启发，采用加权线性回归近似精确沙普利值，为黑盒模型提供局部解释。树型沙普利叠加解释则利用决策树结构分解决策树或决策树集成模型中每个输入的贡献，从而为基于树的模型提供解释。然而，核沙普利叠加解释和大多数基于排列的方法一样，在计算过程中并未充分考虑特征之间的相关性，这可能导致过度加权不太可能的数据点。为了解决这个问题，树型沙普利叠加解释通过显式建模调整期望预测，从而更准确地评估特征的重要性。在黑盒模型解释领域，沙普利叠加解释是目前最全面且占据主导地位的方法之一。它能够有效地可视化特征交互和特征重要性，为研究人员和开发者提供了一种有力的工具，有助于深入了解模型的内在机制和局限性。通过沙普利叠加解释，我们可以更好地评估模型在特定场景下的性能，并针对性地优化模型以提高其泛化能力和准确性。总之，沙普利叠加解释作为一种基于博弈论的解释方法，在解释模型行为和提高模型可解释性方面具有重要价值。

11.2 人工智能伦理规范

11.2.1 标准认定

《国家标准化发展纲要》着重指出，标准化在国家治理体系和治理能力现代化过程中具有基础性和引领性作用[229]。对于人工智能领域而言，人工智能标准不仅是推动人工智能发展进步和广泛应用的关键工具（如技术标准），更是实现人工智能治理的有效途径（如治理标准和伦理标准）。人工智能治理标准能够“承接立法和监管、对接技术实践”，在敏捷性、灵活性和适应性方面比立法和监管更具优势。

此外，人工智能标准的优势在于可以通过市场化手段实现落地，即人工智能治理社会化服务（也称为人工智能伦理服务），涵盖认证、检测、评估、审计等。英国是市场化推进人工智能治理的典型代表，其发布的《建立有效人工智能认证生态系统的路线图》旨在培育一个世界领先的人工智能认证行业，通过中立第三方的人工智能认证服务（包括影响评估、偏见审计和合规审计、认证、合规性评估、性能测试等）来评估和交流人工智能系统的可信性和合规性。英国计划在五年内培育出一个世界领先、规模达数十亿英镑的人工智能认证行业。

面对人工智能大模型的风险，美国政府计划推出一个评估平台，让社会公众对领先人工智能公司的人工智能模型进行评估，这将允许技术社区和人工智能专家评估模型如何遵循人工智能相关的原则和实践。对人工智能模型进行独立测试是人工智能模型有效评估机制的一个重要组成部分。

为了应对人工智能领域的挑战，我国需加快建立健全人工智能治理社会化服务体系，通过下游的人工智能治理标准认证和人工智能伦理服务，更好地承接和落实上游的立法和监管要求。同时，加大政策扶持力度，鼓励企业、科研院所等多方参与，共同推进人工智能治理体系的建设和完善。此外，还要加强国际间的合作与交流，借鉴国外先进的人工智能治理经验和模式，推动我国人工智能治理水平不断提高。

总之，人工智能标准的制定与实施将有助于推动我国人工智能领域的健康发展，实现科技与社会的和谐共生。通过建立健全人工智能治理体系，我们可以更好地应对人工智能大模型带来的挑战，确保人工智能技术为人类带来福祉而非灾难。因此，我们应该重视人工智能标准的制定与推广，努力打造一个安全、可靠、可持续发展的人工智能生态。

11.2.2　科技伦理治理

《关于加强科技伦理治理的意见》强调了创新主体的科技伦理管理主体责任，涵盖科技伦理风险监测预警、评估、审查等方面，加强科技伦理培训，以及坚守科技伦理底线等。在生成式人工智能领域，创新主体不能寄希望于事后补救来应对人工智能伦理问题，而应在人工智能生命周期（从设计到开发再到部署）中，积极主动履行科技伦理管理主体责任（例如建立科技伦理委员会），以创新方式推进科技伦理自律，包括人工智能风险管理机制、伦理审查评估、伦理嵌入设计、透明度机制（如模型卡片、系统卡片）、人工智能伦理培训等[229]。

在这方面，国外主流科技公司如微软、谷歌、IBM 等已探索出较成熟经验。例如，在美国国会的人工智能监管听证会上，IBM 首席隐私和信任官 Christina Montgomery 指出，研发、使用人工智能的企业需建立内部治理程序：1）委任人工智能伦理主管，负责整个组织的负责任、可信人工智能战略；2）建立人工智能伦理委员会或类似职能，作为协调机构落实战略。IBM 认为，若科技企业不愿发布自身原则并建立团队和程序来落实，将在市场上失去立足之地。因此，科技企业的人工智能伦理治理是实现伦理要求嵌入技术实践的关键，监管部门需为科技企业落实人工智能伦理治理提供必要引导和支持。

为推进人工智能伦理治理，企业需从以下几个方面着手。

建立完善的人工智能伦理治理架构：企业应设立专门负责人工智能伦理治理的部门或岗位，明确各部门在人工智能伦理治理中的职责，并建立健全相应的制度、流程和标准。制定人工智能伦理规范和标准：企业应结合自身业务特点，制定人工智能伦理规范和标准，确保人工智能技术在研发、应用和运营过程中的伦理合规性。开展人工智能伦理培训和宣传：企业应对员工进行人工智能伦理培训，提高员工对人工智能伦理问题的认识和意识，确保人工智能技术的可持续发展和合规运营。强化人工智能伦理审查和评估：企业应建立健全人工智能伦理审查和评估机制，对人工智能技术进行全生命周期评估，确保人工智能技术在研发、应用和运营过程中的伦理合规性。加强与监管部门的沟通与合作：企业应积极主动与监管部门沟通，了解人工智能伦理治理的最新要求和标准，共同推动人工智能伦理治理体系的完善和发展。通过以上措施，企业可在人工智能生命周期中积极主动履行科技伦理管理责任，实现科技与社会的和谐共生。同时，监管部门也需为科技企业落实人工智能伦理治理提供必要的引导和支持，共同为人工智能领域的伦理治理提供持续动力。

总之，创新主体需在人工智能生命周期中积极主动履行科技伦理管理责任，监管部门需为科技企业落实人工智能伦理治理提供必要的引导和支持，以实现科技与社会的和谐共生。面向未来，科技企业需积极探索创新人工智能伦理治理模式，同时监管部门与创新主体之间应保持紧密合作，共同为人工智能领域的伦理治理提供持续动力。

11.2.3　行业自律

例如，监管部门应充分发挥引导作用，推动行业组织制定关于生成式人工智能的伦理准则、自律公约等行业规范。在此过程中，监管部门需携手行业组织，将领先企业在负责任研发和应用生成式人工智能技术方面的杰出实践经验提炼升华为整个行业的最佳实践和技术指南。这样一来，我们可以构建一套完善的行业自律体系，推动负责任地研发和应用生成式人工智能技术[229]。

为了实现这一目标，监管部门和行业组织应加强合作，共同开展以下工作：

（1）强化政策宣传和培训，提高行业对伦理准则和自律公约的认识和遵循；

（2）鼓励企业分享最佳实践，促进业内交流与合作，推动整个行业的技术进步；

（3）设立评估机制，对企业的负责任研发和应用情况进行监督和评价，确保行业规范得到有效执行；

（4）针对违规行为，制定相应的惩戒措施，维护行业秩序，确保生成式人工智能技术的健康、可持续发展。

通过建立健全的行业自律体系，我们可以在保障国家安全、保护用户隐私、促进创新与发展的同时，提升整个行业的治理水平，为社会带来更多福祉，推动我国生成式人工智能行业的繁荣兴盛。

11.3　小结

正确的规则有助于人们信任他们所使用的产品和服务，从而促进产品服务的普及、进一步的消费、投资和创新，对于人工智能而言也是如此。为了应对未来人工智能技术可能带来的挑战，我们需要前瞻性地研究通用人工智能等未来人工智能技术的经济、社会和安全影响。毕竟现在的人工智能系统的复杂性可能已经远超人类的想象，担忧人工智能的进一步发展可能给人类和人类社会带来巨大风险和灾难性后果并非无稽之谈。许多知名专家，如 OpenAI 公司首席执行官 Sam Altman、深度学习之父 Geoffrey Hinton、以色列历史学家尤瓦尔•赫拉利等，都对人工智能的未来发展提出了警告。

实际上，早在 1960 年，控制论先驱维纳就曾写道："为了有效防止灾难性后果，我们对人造机器的理解必须与机器的能力提升同步发展。由于人类行动的异常缓慢，我们对机器的有效控制可能变得徒劳。等到我们能够对我们的感官传递的信息作出反应，并刹停我们正在驾驶的汽车时，汽车可能早已径直地撞到了墙上。"维纳的警告为现在越来越多的对人工智能发展的担忧和恐惧提供了有力的解释。

然而，我们相信人类有意愿，也有能力打造人机和谐共生的技术化未来，让未来高度技术化的智能社会持续造福于人类发展。当下的和未来的人工智能治理正是实现这一意愿和能力的"助推器"。为此，我们应采取积极措施，建立健全适当的监管和治理框架，以确保人工智能技术的可持续发展，同时让其为人类带来福祉。我们应当关注人工智能的发展，并充分认识到其在经济社会发展中的巨大潜力，同时关注潜在风险，确保人工智能始终造福于人类。

总的来说，就现阶段而言，要求暂停研发生成式人工智能模型，或者对生成式人工智能实施严格监管，似乎都是反应过度了。实际上，暂停是难以执行的，过于严格的监管可能限制生成式人工智能技术给经济社会发展带来的巨大机遇和价值。然而，为了更好地应对诸如隐私、偏见歧视、算法黑箱、知识产权、安全、责任、伦理道德等紧迫问题，针对生成式人工智能建立适当的监管和治理框架是必要的。适当的人工智能监管和治理框架需要平衡对人工智能负面影响的担忧和人工智能技术造福经济社会发展及改善民生的能力。这意味着人工智能监管需要精心设计，精准实施。因为设计优良的监管，对于推动发展、塑造充满活力的数字经济和社会具有强大的影响；而设计糟糕的或限制性的监管则会阻碍创新。

第 12 章 总结与展望

在本章中，我们将探讨多模态人工智能的发展方向。首先，本章将介绍可以构建世界的内部模型进而实现对真实环境理解的世界模型理论，讨论世界模型的进一步发展和对未来的影响。然后，本章将介绍情感计算方向，对当前智能体欠缺的情感识别、情感生成、情感表达能力进行介绍，并展望未来具备情感计算的多模态人工智能对智能体拟人化产生的积极作用。此后，本章将介绍类脑智能体及持续学习方向，讨论类脑低能耗智能体的发展现状，以及展望面向低能耗、自主进化的类脑智能体的未来。最后，本章将介绍拥有决策与交互智慧的博弈智能系统，探究智能体的实时进化和与环境交互的能力，并展望未来发展动态。

12.1 世界模型

在面向未来的发展中，世界模型（World Model）已经成为理解和构建高级智能系统的关键框架之一。尽管这一概念历史悠久，但近年来才获得了前所未有的关注和发展。本小节首先简短总结世界模型的发展现状和理论基础，然后展望世界模型可能会给未来人工智能发展带来的影响。

世界模型首先是一种理论框架，用于指导智能系统通过内部模拟来理解和预测其所处环境的动态。图灵奖得主 Yann LeCun 是世界模型这一理论的强力推进者，强调智能系统需要通过构建对世界的内部模型来实现对环境的理解。世界模型能够预测环境如何响应智能体的特定行为，从而使决策过程更为高效和精确。Jürgen Schmidhuber 在 2018 年发表的论文中[231]表示世界模型主要由两部分组成：状态表征和序列预测。状态表征将观察到的环境转化为低维度的表示，而序列预测则负责预测环境的下一状态。这两个组成部分的结合，使模型不仅能够预测环境的即时反应，而且还能预测长期的环境变化。

世界模型与强化学习特别是基于模型的强化学习紧密相关。在基于模型的强化学习中，世界模型提供了一种机制，使得智能体能够在没有与实际环境互动的情况下学习和决策。这种方法不仅提高了学习效率，而且也使得智能体能够在面对未知环境时做出更为合理的决策。

世界模型的一个重要应用是进行反事实推理（Counterfactual Reasoning），即在模型中模拟不同的决策结果，帮助智能系统在面对新情况时能够做出更加合理的判断。这种能力对于制定高级决策至关重要，例如，在自动驾驶、机器人技术等领域，能够让智能系统在面对前所未有的情况时，做出准确和安全的决策。

展望未来，世界模型的理论和应用将继续促进人工智能领域的发展。随着计算能力的增强和算法的优化，我们可以预期，更加复杂和高效的世界模型将被开发出来，从而在自动化决策、环境理解及问题解决等方面实现更大的突破。特别是在模拟人类认知过程方面，通过深入理解和实现高级认知功能，人工智能将能够在各种复杂的应用场景中，提供更精确和可靠的决策支持。

总之，世界模型作为一种理论框架和实践方法，为构建能够理解其环境并进行复杂决策的智能系统提供了坚实的基础。通过进一步的研究和开发，世界模型将继续推动人工智能向更高级的认知能力和自主决策能力发展，为人类社会带来更深远的影响和价值。

12.2 情感计算

情感计算是人工智能领域的一个重要分支，旨在让计算机具备类似于人类的情感能力，从而更好地与人类进行交互和沟通。它涉及多个技术领域，包括自然语言处理、图像识别、声音识别等，通过这些技术实现对情感的识别、生成和表达。1956 年，达特茅斯会议的召开标志着人工智能正式走上世界历史的舞台。虽然当时连最基本的人工智能算法都还处于理论研究阶段，但以“人工智能之父”马文 • 明斯基为代表的人工智能学者就已经提及情感心智对于全面实现人工智能的重要意义。时至今日，人工智能的理论框架已经得到了进一步的澄清。而其中以类脑智能为核心的研究更是成为当下人工智能领域的主流。类脑智能的终极目标，就是通过各种信息技术手段来实现机器对人脑心智功能的全面模拟。为此，关于人脑心智的内容研究和归纳就显得十分重要。我国著名的心理学家彭聃龄教授曾在《普通心理学》一书中提出：人类的一般心智包含了知（认知）、情（情绪情感）、意（意志）三个部分。根据这一框架，如今全球人工智能技术的发展已经在“知”的领域做到了近乎极致。尤其是近期 ChatGPT 为代表的大规模预训练模型问世，更是将认知智能的整体技术水平提上了一个新的高度。尽管在马文 • 明斯基之后的很多学者都在呼吁学界开展系统化的情感智能研究，但直到 1997 年，麻省理工学院媒体实验室的罗莎琳德 • 皮卡德教授在其著作《情感计算》一书中才正式全面且系统地提出了情感计算的概念和框架体系。由此，关于机器情感智能的研究开始有了规模化的输出。从科学网（Web of Science）的数据来看，1997 年至 2022 年，全球学界在情感计算领域的发文量呈现快速增长的态势。由此可见，情感计算已经成为人工智能整体发展和研究过程当中不可缺失的重要组成部分。情感计算主要包括情感识别、情感生成以及情感表达等方面内容。

在情感识别方面，计算机可以通过分析语音、文本、图像等数据，识别出其中所包含的情感信息。例如，通过语音识别技术可以分析说话者的语调和语速，从而推测其情绪状态；通过文本情感分析可以分析文章或评论中的情感色彩，了解作者的情感倾向；通过图像识别技术可以分析人脸表情，推测出人物的情绪状态。

在情感生成方面，计算机可以根据情境和需求生成符合情感特征的语音、文本或图像。例如，情感生成可以应用于智能客服系统中，让机器人能够以更加友好和亲和的方式与用户进行交流；也可以应用于虚拟现实中，让虚拟角色具备更加逼真的情感表达能力。

在情感表达方面，计算机可以以符合人类情感交流规范的方式表达情感，包括语音、表情等方式。例如，语音合成技术可以让计算机具备逼真的语音表达能力，从而让用户更加自然地与计算机交流；表情生成技术可以让计算机在人机交互中展现出丰富的情感表达，增强交互体验。

情感计算的发展对通用人工智能具有重要意义。首先，情感计算可以让计算机更好地理解人类的情感和意图，从而更加智能地响应人类的需求。其次，情感计算可以提高人机交互的效率和质量，使得人类与计算机之间的交流更加顺畅。最后，情感计算还可以促进人工智能技术的进步，推动人工智能在各个领域的应用。

展望未来，情感计算技术有望与认知智能技术融合，形成更加拟人化的心智功能。这将为商业决策、社会治理及国防军事等领域提供丰富的想象空间。然而，要实现这一目标，需要多元化组织和机构的参与，并且融合双“智”能力，打造我国在新一代人工智能方面的“向阳”环境。

12.3 类脑智能

随着人工智能领域的不断发展，研究者们一直在寻找更加高效、智能的算法和模型，以实现更加复杂和智能化的任务。在这个过程中，类脑智能作为一种新兴的智能系统设计范式，引起了广泛关注。

类脑智能是一种受生物神经系统启发的智能系统设计理念，旨在实现类似人脑的高效能耗比和强大的智能处理能力。与传统的计算模型不同，类脑低能耗智能主要依赖于神经形态工程和神经动力学仿真技术，通过构建神经元网络和模拟神经信号传递过程来实现智能处理。这种模仿人类大脑的运作方式，让计算机软硬件实现信息高效处理，同时具有低功耗、高算力的特点。

具体地，类脑智能有以下优势。（1）低能耗高效率：类脑智能系统利用神经形态工程和神经动力学仿真技术，在硬件设计和算法实现上具有较高的能耗效率，能够在实现高性能计算的同时降低能耗。（2）自适应性：类脑智能系统具有一定的自适应性，能够根据外部环境和任务要求实时调整神经元网络的连接方式和参数设置，实现智能的动态调整和优化。（3）容错性：类脑智能系统具有一定的容错性，能够在一定程度上处理硬件故障和神经元损坏等问题，保证系统的稳定运行和智能处理能力。

类脑智能的发展不仅体现在硬件技术上，还涉及软件和算法方面的创新。人脑具备以下两种能力。第一，人脑有不断学习并且固化知识的能力，因此在学习完成后可以继续学习新的知识，而旧知识依然被保存下来，从而实现知识的不断迭代、更新、增强和扩张。然而，大部分的神经网络并不具备这种持续学习的能力，我们称这种神经网络具有冻结性。例如，ChatGPT 就是一个冻结性语言模型，一旦训练完成，就不能更改参数；如果更改，将会造成灾难性遗忘问题。现在如果问 ChatGPT 美国的总统是谁，它会回答川普而不是拜登（2024 年）。第二，人脑有把已有知识转移到解决新的任务上的能力，这其实是持续学习的一种体现形式。而神经网络在学习新任务时，由于是端到端学习，已经在旧任务上训练完的参数会被新任务的训练参数覆盖，从而也会导致灾难性遗忘问题。训练完成后，新的神经网络可能确实在新任务上表现出色，但是在旧任务上的性能会一落千丈。第一种能力，是人脑对于同一任务，不同数据的持续学习能力。第二种能力，是人脑对于不同任务，不同数据的持续学习能力。人工智能的终极目标是打造一个通用人工智能，而这种智能体的打造必须具备以上两种能力。

类脑智能在人工智能领域有着广阔的应用前景，具体体现在以下几个方面：（1）智能感知与控制：类脑低能耗智能系统可以应用于智能感知和控制领域，实现智能传感器和智能控制器的设计，提高智能设备的性能和能耗效率。（2）智能计算与优化：类脑智能系统可以应用于智能计算和优化领域，实现智能算法和模型的设计，提高计算效率和性能。（3）智能辅助与决策：类脑智能系统可以应用于智能辅助和决策领域，实现智能辅助系统和智能决策系统的设计，提高决策效率和准确性。

总的来说，类脑智能作为一种新兴的智能系统设计范式，具有重要的研究意义和应用价值。未来，随着神经形态工程和神经动力学仿真技术的不断发展，类脑智能系统有望在人工智能领域发挥更加重要的作用，为实现智能化的社会和生活环境提供更加可靠和高效的解决方案。

12.4 博弈智能

博弈智能作为决策与交互的智慧，是一个引人注目的研究方向。它将博弈论与人工智能技术相结合，致力于研究个体或组织间的交互作用，并通过对博弈关系的定量建模来实现最优策略的精确求解，最终形成智能化的决策和决策知识库。博弈智能不仅在理论研究中具有重要意义，也在实际应用中发挥着重要作用，为解决复杂决策问题提供了新的思路和方法。

博弈论[232,233]作为20世纪经济学最伟大的成果之一，主要研究个体或群体在特定约束下的策略优化问题，在经济学、运筹学、政治学、信息技术，数理科学以及军事战略领域具有广泛应用。博弈智能作为一门新兴交叉领域，融合了人工智能和博弈论各自方法的优势，通过对博弈关系的定量建模进而实现最优策略的精确求解，最终形成决策智能化和决策知识库。近年来，随着行为数据的海量爆发和博弈形式的多样化（例如，人机博弈、非对称博弈、非完全信息博弈等），博弈智能得到了不同领域学者的广泛关注，并在现实生活中得到广泛应用。博弈智能主要研究多智能体系统中的博弈策略学习与求解问题，一个典型的多智能体系统是由多个智能体组成的博弈系统，其中每个智能体均在决策上具有一定独立性和自主性，博弈智能旨在对复杂动态多智能体系统内的各智能体之间的交互关系进行建模，实现对不同博弈参与方最优目标或策略的有效求解。近年来，以深度神经网络为代表的机器学习研究提升了决策系统的感知和认知能力，进而极大加速了博弈智能的发展。在以围棋为代表的两人零和博弈中，DeepMind团队研发的AlphaGo[234,235]综合深度神经网络，蒙特卡洛树搜索和自博弈等技术，击败了人类围棋冠军并引起学术界的广泛关注。在以星际争霸Dota 2为代表的不完美信息博弈中，AlphaStar[236]和OpenAI Five[237]也达到了人类顶级专家水平，将博弈智能的研究推到了一个新的高度。

博弈智能具有以下几个显著的特点和优点。（1）交互性与动态性：博弈智能着重研究个体或组织间的交互作用，考虑到博弈过程中的动态变化，强调在决策过程中灵活应对其他参与者的行为和反应。（2）智能化决策：博弈智能通过对博弈关系的定量建模，实现最优策略的精确求解，从而形成智能化的决策过程，提高决策的准确性和效率。（3）多样性与适应性：博弈智能能够应对不同形式的博弈，包括合作博弈、对抗博弈和混合博弈等，具有很强的适应性和灵活性，能够解决多样化的实际问题。（4）广泛应用：博弈智能在游戏领域取得了显著成就，如 AlphaGo 在围棋中的胜利，同时也在自动驾驶、交通管理、金融风险管理等领域得到广泛应用，为解决复杂决策问题提供了新的思路和方法。

博弈智能作为一门新兴交叉领域，融合了博弈论和人工智能各自方法的优势，具有广阔的应用前景和研究价值。通过对博弈关系的深入研究和精确求解，博弈智能为我们提供了一种全新的决策思路和方法，并随着深度学习和机器学习等技术的发展，有望在更多领域展现其强大的能力，如在社会经济、政治决策、医疗健康等领域的应用，为人类社会带来更多的智慧和福祉。

12.5 小结

多模态人工智能正日益成为人工智能领域的热门研究方向。本章主要面向未来，总结并展望了极具潜力的发展方向。首先，本章介绍了世界模型理论，强调了构建世界的内部模型对于实现对真实环境的理解至关重要。未来，随着技术的发展，世界模型将变得更加精确和完整，能够更好地模拟真实世界，为智能体的决策和行为提供更好的支持。然后，情感计算是另一个重要方向，它关注智能体的情感识别、生成和表达能力。未来，具备情感计算能力的多模态人工智能将更具人性化，能够更好地理解和响应人类的情感需求，为人机交互带来更加自然和愉悦的体验。此外，本章介绍了类脑智能。类脑智能模拟了人类大脑的工作原理，具备低能耗以及自主进化的特点。未来，随着研究的深入，我们可以期待类脑智能在各个领域发挥更大的作用，为人类社会带来更多的便利和进步。最后，基于决策和交互智慧的博弈智能是一个备受关注的领域。目前，这些模型已经取得了一定的成就，但仍然面临挑战，例如对更复杂真实世界的交互和实时进化。未来，我们可以期待这些模型在应用场景上取得更大突破，真正进入人类生活的方方面面。

综上所述，多模态人工智能的发展潜力巨大，未来的研究将围绕世界模型、博弈智能、情感计算、类脑智能等方向展开更深入的研究，共同促进通用人工智能的最终实现。我们有理由相信，多模态人工智能一定会为人类社会带来更多的创新和进步。